デスクトップLinuxで学ぶ

コンピュータ・リテラシー

第2版

九州工業大学情報科学センター［編］

朝倉書店

─── 本書の編集・執筆者 ───

監修・編集	中山 仁	
執筆	第1章	中山 仁, 甲斐 郷子
	第2章	甲斐 郷子
	第3章	甲斐 郷子, 中山 仁
	第4章	中山 仁, 井上 純一
	第5章	中山 仁, 井上 純一
	第6章	戸田 哲也
	第7章	冨重 秀樹, 中山 仁
	第8章	戸田 哲也
	第9章	林 豊洋
	第10章	中山 仁, 井上 純一
	第11章	甲斐 郷子, 冨重 秀樹
	付録	林 豊洋, 井上 純一, 冨重 秀樹, 中山 仁
	索引	林 豊洋

1. 本書で登場する製品名などは一般に各開発メーカの登録商標です (本文中では TM や Ⓡ マークは特に明記していません).

2. 本書では，本書を作成する目的だけにこれらの会社名，団体名，製品名，システム名を記載しています．発行元として商標権を侵害する意志・目的はありません．

はしがき

　九州工業大学情報科学センターでは，過去「X ウィンドウによる UNIX 入門」，「ワークステーションでの暮らし方」，「インターネット時代のフリー UNIX 入門」，「Linux で学ぶコンピュータ・リテラシー」など UNIX 系 OS を前提とするコンピュータ・リテラシーに関する教科書を発刊してきました．本書「デスクトップ Linux で学ぶコンピュータ・リテラシー 第 2 版」は，パーソナルコンピュータ向け Linux ディストリビューションとして現在最も広く利用されているものの 1 つである Ubuntu を対象として 2013 年度に刊行した第 1 版をもとに，Ubuntu 16.04 および最新のアプリケーションに対応するように内容をアップデートしたものです．

　本書では，情報系学生が日常的に行う，電子メールの読み書き，Web ページを用いた文献検索や Web ページの作成，LaTeX を用いたレポートや論文の作成をはじめとして，統合プログラム開発環境 (Eclipse) 上でのプログラミングやデバッグ方法に関し，これらのバックグラウンドとなる基本的な技術の理解と，具体的な操作方法に関しバランスよく学べるよう編纂されています．

　今日では，SNS での友人や家族とのコミュニケーションから買い物まで，日常生活の多くの場面でスマートフォンを含むコンピュータを用いたサービスが利用されています．それとともに，残念なことですが，個人情報への不当なアクセスやネットを介した詐欺行為などの問題もとても身近なものになっています．これらサービスを十分に享受するためには，これらを便利に利用するための知識だけでなく，利用にともなうリスクやリスクに対処することができる高度なコンピュータ・リテラシーが，重要になってきています．現在，多くの大学で，学生自身のコンピュータを大学に持込み，講義や実験，研究に適用する BYOD(Bring Your Own Device) 制度を導入し，学生生活を通じ実践的にコンピュータ・リテラシーを修得させようとする動きも始まってきています．本書ではこれらの動きを踏まえ，これらサービスやアプリケーションを利用する上での注意や配慮すべき事項について随所に言及しています．また，付録においては，環境設定の方法やシェルスクリプトなどについても説明し，コンピュータを高度に利用するための知識も解説しています．

　本書は，学部初学年のコンピュータ・リテラシーの教科書として，まったくの初心者であっても独学で Linux 環境をひと通り修得できるよう配慮し，そのために必要な事柄を 1 冊にコンパクトに収めることを主眼に編纂しました．本特徴は，パーソナルコンピュータを用いたフリー UNIX の入門書としても広くご活用いただけるものではないかと考えています．まだまだ改善の余地はありますが，コンピュータ・リテラシー入門書として，多くの読者のお役に立てれることがあれば，執筆者一同これに過ぎる喜びはありません．

　最後に，本書の出版に協力してくださった朝倉書店編集部に心から感謝いたします．

　2018 年 3 月

九州工業大学情報科学センター
センター長　久代 紀之

本書を利用するにあたって

■ 読者への手引

第1章はパーソナルコンピュータやコンピュータ・ネットワークの簡単な紹介です．パーソナルコンピュータやコンピュータ・ネットワークについて，ある程度知識のある方は，第1章を飛ばして，第2章から読み始めてください．

第2章はパーソナルコンピュータで動作する **Linux** の基本的な使い方です．初めて Linux に接する方は，必ず一度は目を通し，できれば実際に操作しながら読んでください．

第3章はファイルとディレクトリについてまとめてあります．Linux や他の UNIX 系 OS のファイル構造についてある程度知識のある方は，第3章を飛ばしてもかまいせん．

第4章は Linux を使った文章の作り方を中心に説明しています．具体的には，**Emacs** と呼ばれるエディタの入門と漢字入力のためのツール **Anthy** の紹介です．

第5章はインターネットの基本的な使い方として電子メールを解説しています．電子メールを読むツールとして **Thunderbird** を紹介しています．

第6章はインターネット上の Web ページ閲覧を解説しています．**Firefox** の基本的な使い方やインターネット上の検索サイトの利用法も解説しています．

第7章は作図・加工ツール **LibreOffice Draw** および **GIMP** の使い方を紹介しています．また，数式やデータをグラフにするためのツール **gnuplot** にも触れています．

第8章は第6章と第7章の知識をもとに自分の Web ページの作成法について説明しています．HTML 文法を簡単に解説した上で **BlueGriffon** での作り方を紹介しています．

第9章は文書整形システム $\mathrm{\LaTeX}$ 入門です．簡単なレポートの作成を例に，$\mathrm{\LaTeX}$ の基本的な使い方を解説しています．また，図形の取り込み方法についても紹介しています．

第10章は **Linux** の特徴とコマンド 入門です．Linux を学習するには是非この章もマスターしてください．

第11章は2つのプログラミング言語 **C** と **Java** について，簡単な例を用いてプログラムの作成方法と実行方法を解説しています．また，統合開発環境 **Eclipse** の利用方法についても簡単に紹介しています．なお，プログラミング言語の文法については説明していませんので，巻末の参考文献を手がかりに各自で勉強してください．

付録は bash, Emacs, Unity デスクトップの環境設定，ファイル転送機能，ファイルマネージャ，シェルプログラミングについて解説しています．これらの知識は Linux に慣れるまで特に必要ありません．また，Windows が動作するコンピュータで，仮想化ソフトウェアを用いて Linux を動かす方法についても紹介します．

■ 表記に関する注意

- 本書では特に断らない限り，パーソナルコンピュータで動作する，Ubuntu (Linux) を前提として記述しています．
- Linux のシェルにはいろいろな種類がありますが，特に断らない限り，本書では bash を前提としています．
- Linux コマンドの書式において，[...] の表記のある部分は，実際の利用に際してこの部分が省略可能であることを示しています．またイタリック体の部分は，具体的な値に置き換えて使用します．例えば *file* となっている場合，具体的なファイル名 prog.c などで置き換えます．*files* のように複数になっている場合には，

      prog1.c prog2.c

  のように，空白で区切って複数のファイル名を指定することができます．
- ターミナルウィンドウから Linux コマンドを入力する場合は，例えば

      $ cc prog.c [Enter]

  のように表記しています (一部を除く)．ここで$はシェルのプロンプト記号です．実際に入力するときはこの記号は省略してください．[Enter]はエンターキーを押すことを表します．
- Emacs のコマンド表記で用いるコントロールキーとメタキーについては，市販のテキストの表記に合わせるため，**C-x**, **M-x** などの記号を用いています．具体的なキー入力の方法については第 4 章を参照してください．なお，[Ctrl]+[x]，[ESC]+[x]などの表記を用いたところもあります．

■ 本書の Linux 環境

- Ubuntu は Debian ベースの Linux ディストリビューションであり，Ubuntu Japanese Team が日本語版を開発・配布しています．
  http://www.ubuntulinux.jp/
- 本書の想定している Linux 環境は，Ubuntu 16.04 LTS をベースに，アプリケーションの追加と環境の変更を行っています．詳しくは，「本書に関する Web ページ」http://www.isc.kyutech.ac.jp/book/をご覧ください．
- 本書を執筆するにあたり，表 1 と表 2 のハードウェアおよびソフトウェアを使用しました．本文中の例題の動作確認は，原則としてこれらの環境下で行っています．なお，使用したソフトウェアの中には Ubuntu をはじめとする様々なフリーソフトウェアが含まれています．ここで紙面を借りて，これらのソフトウェアを提供して頂いた方々に対して感謝いたします．

■ 九州工業大学の Web サーバのご案内

　以下のアドレスで，九州工業大学および本センターの案内を行っています．インターネットに接続しているパソコンから Firefox を使って見ることができます．

　　　http://www.kyutech.ac.jp/　　　九州工業大学
　　　http://www.isc.kyutech.ac.jp/　　九州工業大学 情報科学センター

表1　本書で使用したハードウェア

ハードウェア	機　種　名
パーソナルコンピュータ	DELL OptiPlex9020 USFF

表2　本書で使用したソフトウェア

ソフトウェア	名称 および バージョン
Linux オペレーティングシステム	Ubuntu 16.04 LTS (64bit)
X–Window システム	X.org X server 1.18.4
デスクトップ環境	Unity 7.4.0
C コンパイラ	GNU C ver.5.4.0
Java コンパイラ	java ver.1.8.0_121
統合開発環境	Eclipse ver.3.8.1
オフィススイート	LibreOffice ver.5.1.6.2
グラフ作図ツール	gnuplot Unix ver.5.0
画像ツール	gimp ver.2.8.16
文書整形システム	pLaTeX 2_εver.3.14159265-p3.6-141210-2.6
エディタ	Emacs ver.24.5.1
かな漢字変換システム	Anthy ver.9100h-9 ubuntu-1
電子メールを読むツール	Thunderbird ver.45.7.0
ホームページを見るツール	Firefox ver.45.7.0
ホームページを作るツール	BlueGriffon 2.4.1
仮想化ソフトウェア	VirtualBox 5.2.4

目　　次

第1章　コンピュータを使う前に 1
1.1　道具としてのコンピュータ 1
1.2　コンピュータ 2
　　1.2.1　ハードウェア 2
　　1.2.2　ソフトウェア 3
　　1.2.3　ファイル 4
1.3　ネットワーク 4
1.4　ウィンドウシステム 6
1.5　コンピュータを使うためのルール 7

第2章　初めて Linux を使う方へ 11
2.1　Linux-PC を使う前に 11
2.2　ログイン 14
　　2.2.1　電源を入れる 14
　　2.2.2　利用者名とパスワードの入力 15
　　2.2.3　ログイン直後の画面 15
2.3　ログイン後のマウス操作 16
　　2.3.1　マウスの基本操作 17
　　2.3.2　ウィンドウの選択 19
2.4　Linux コマンドとターミナルウィンドウ 21
　　2.4.1　コマンドの入力と訂正 21
　　2.4.2　Linux コマンドの形式 22
　　2.4.3　コマンドの引数の指定 23
2.5　ファイルを作ってみる 23
2.6　ログアウトとシャットダウン 24
2.7　X ウィンドウの基本操作 26
2.8　コピー・アンド・ペースト 28
2.9　スクロールバー操作 30
2.10　アプリケーションの検索 30
2.11　ワークスペースの切り替え 32

第3章　ファイルとディレクトリ 35
3.1　ファイルとファイル名 35
3.2　ディレクトリとパス名 36
3.3　保護モード 38

第4章　文書の作成 41

vi 目　　次

4.1	エディタ Emacs の特徴	41
4.2	Emacs の基本操作	41
	4.2.1　起動	43
	4.2.2　文字の入力と削除	44
	4.2.3　カーソルの移動と文書の修正	45
	4.2.4　ファイルに保存する	47
	4.2.5　Emacs の終了	48
	4.2.6　コマンドのキャンセル	48
4.3	応用操作	49
	4.3.1　いろいろなカーソル移動と削除のコマンド	49
	4.3.2　バッファの操作	50
	4.3.3　ウィンドウ操作	55
	4.3.4　ブロック編集	57
	4.3.5　文字列の検索と置換	59
	4.3.6　Emacs のコマンドを実行する	62
	4.3.7　マウスオペレーション	62
	4.3.8　操作の取り消し (undo)	64
	4.3.9　主モード	64
4.4	文章作成以外の機能	65
	4.4.1　Info モード	65
	4.4.2　Dired(ディレクトリエディタ) モード	65
4.5	Emacs の主なコマンド	66
4.6	日本語入力システムを使う	69
	4.6.1　Anthy を使ってみる	69
	4.6.2　Anthy の拡張モード	75
	4.6.3　Anthy のまとめ	77

第 5 章	**電子メールの読み書き**	**79**
5.1	電子メールの仕組み	79
	5.1.1　電子メールの利点	79
	5.1.2　メールアドレスについて	80
	5.1.3　利用に関する注意	81
5.2	Thunderbird の使い方	82
	5.2.1　Thunderbird の基本ウィンドウ	82
	5.2.2　メールを読む	84
	5.2.3　メールを出す	86
	5.2.4　フォルダの利用	89
	5.2.5　アドレス帳の利用	91
	5.2.6　メールを使ったファイルの送受信 (添付ファイル)	93
	5.2.7　迷惑メールフィルタ	95

第 6 章	**Web ページを見る**	**99**

6.1	WWW の仕組み	. . . .	99
	6.1.1	ブラウザとサーバ	100
	6.1.2	Web ページと HTML	100
	6.1.3	URL と HTTP	100
6.2	WWW ブラウザ Firefox の使い方	101
	6.2.1	起動と終了	101
	6.2.2	Web ページを見る	101
	6.2.3	タブブラウズを使う	106
	6.2.4	ブックマークを使う	108
	6.2.5	Web ページの印刷	109
	6.2.6	Firefox の設定	110
6.3	検索サイトの利用と諸注意	110
	6.3.1	図書館の OPAC を使う	111
	6.3.2	検索サイトを使う	113
	6.3.3	Web ページに対する注意	115

第7章	画像の作成と加工	117
7.1	画像形式とファイル拡張子	117
7.2	LibreOffice Draw の使い方	117
	7.2.1	Draw の起動と各部名称	118
	7.2.2	メニューバーウィンドウ	119
	7.2.3	Draw による作図	121
	7.2.4	図を LaTeX 文書へ挿入する	124
7.3	GIMP の使い方	125
	7.3.1	GIMP の起動	125
	7.3.2	ツールボックスの各部名称	127
	7.3.3	GIMP による画像編集	128
7.4	gnuplot の使用方法	134
	7.4.1	gnuplot の起動	134
	7.4.2	グラフの環境設定 (set)	134
	7.4.3	グラフの作図	135
	7.4.4	グラフの出力	136
	7.4.5	gnuplot の主なコマンド	138

第8章	Web ページを作る	141
8.1	HTML の基本的な形式	141
8.2	BlueGriffon で作る Web ページ	145
	8.2.1	起動と終了	146
	8.2.2	Web ページの作成	148
	8.2.3	Web ページの装飾	156
	8.2.4	ファイルの保存と WWW ブラウザによる確認	162
8.3	インターネットに Web ページを公開する際の注意	164

viii 目　　次

第 9 章　LʌTEX を使ったレポート作成　　　　　165
9.1　LʌTEX について 165
9.2　LʌTEX による文書作成方法 165
　　9.2.1　ソースファイルの作成 167
　　9.2.2　ソースファイルのコンパイル 169
　　9.2.3　印刷前の確認 171
　　9.2.4　文書の印刷・保存 171
9.3　文書作成のための様々な環境 174
　　9.3.1　document 環境とプリアンブル 174
　　9.3.2　箇条書き環境 (itemize 環境, enumerate 環境, description 環境) . 174
　　9.3.3　中央揃えと右寄せ (center 環境, flushright 環境) 176
　　9.3.4　表の作成 (tabular 環境, table 環境) 176
　　9.3.5　図形の取り込み, 配置 (graphicx パッケージ, \includegraphics, figure 環境) 178
　　9.3.6　表や図の参照 (\label, \ref) 179
　　9.3.7　参考文献の参照 (\cite, \bibitem, thebibliography 環境) . . . 180
　　9.3.8　記述内容をそのまま表示する (\verb, verbatim 環境) 180
　　9.3.9　LʌTEX の数式スタイル 181
　　9.3.10　図表の隣に文章を並べる (minipage 環境) 182
　　9.3.11　特殊文字 183
　　9.3.12　文字レイアウトの変更 184
9.4　LʌTEX マクロの活用 185
　　9.4.1　LʌTEX でのマクロ定義 185
　　9.4.2　マクロの活用例 186
9.5　「参考レポート (図 9.1)」のソースファイル例 188

第 10 章　Linux コマンドを使う　　　　　191
10.1　Linux, UNIX の特徴 191
　　10.1.1　標準入出力とリダイレクション, パイプ 193
　　10.1.2　ファイルの保護モード 194
　　10.1.3　プロセスとジョブ 195
10.2　シェル (bash) の操作 197
　　10.2.1　コマンド行の編集 197
　　10.2.2　標準入出力のリダイレクションとパイプ処理 201
　　10.2.3　その他の機能 203
10.3　Linux コマンド 204
　　10.3.1　ファイルの操作 (cat , more , ls , cp , mv , rm) 204
　　10.3.2　ディレクトリの操作 (mkdir , rmdir , pwd , cd) 208
　　10.3.3　ファイルやディレクトリの管理 (chmod , du) 210
　　10.3.4　プロセス制御 (ps , kill , exit) 211
　　10.3.5　ジョブ制御 (jobs , fg , bg) 213

	10.3.6	プリンタ操作 (lpr , lpq , lprm)	215
	10.3.7	オンラインマニュアル (man)	216
	10.3.8	その他のコマンド (grep , sort , nkf)	217

第 11 章　Linux におけるプログラミング　221

11.1	プログラムの作成と実行	221
	11.1.1　プログラムの作成手順	222
	11.1.2　プログラムの作成環境	224
11.2	C 言語によるプログラム作成手順	224
11.3	Java 言語によるプログラム作成手順	227
11.4	レポートの作成	229
	11.4.1　入力データと出力データ	229
	11.4.2　出力結果の貼り付け	229
	11.4.3　簡単なグラフ作成	231
11.5	統合開発環境 Eclipse の利用	233
	11.5.1　Eclipse の起動と終了	233
	11.5.2　プロジェクトの作成	234
	11.5.3　プログラムの作成と保存	235
	11.5.4　プログラムの実行とデバッグ	236

付録 A　利用環境のカスタマイズ　239

A.1	bash 環境のカスタマイズ　(.bashrc)	239
A.2	Emacs 環境のカスタマイズ (.emacs)	241
A.3	Unity デスクトップ環境の設定	242
	A.3.1　デスクトップの背景とランチャーをカスタマイズする	243
	A.3.2　標準のアプリケーションを変更する	244
A.4	Thunderbird のカスタマイズ	245
	A.4.1　初期設定	245
	A.4.2　設定ウィンドウ	245
	A.4.3　アカウント設定	247

付録 B　ネットワークを使う　249

B.1	リモートコンピュータを利用する (ssh)	249
B.2	ファイルを転送する (sftp)	250
	B.2.1　sftp の起動	250
	B.2.2　ファイル転送	251
	B.2.3　主なサブコマンド一覧	253

付録 C　ファイルマネージャを使う　254

C.1	ディレクトリとフォルダ	254
C.2	Nautilus の基本ウィンドウ	254
C.3	基本的な操作方法	255

| C.4 | USB メモリを利用する | . . . . | 260 |

付録 D　シェルスクリプトの概要　　262

D.1	シェルの種類	. . . .	262
D.2	簡単なシェルスクリプトの例	. . . .	263
D.3	シェルスクリプトの実行	. . . .	263
D.4	シェルスクリプト構文の概要	. . . .	265
	D.4.1　変数の定義	. . . .	265
	D.4.2　制御構造	. . . .	266

付録 E　仮想化ソフトウェアを用いた Linux 環境の利用　　270

E.1	VirtualBox ソフトウェアのダウンロードとインストール	. . . . . .	271
E.2	VM の作成	. . . .	273
E.3	Ubuntu のダウンロードとインストール	. . . .	273
E.4	Ubuntu (ゲスト OS) のセットアップ	. . . .	275

参考文献　　279

索　引　　281

第1章 コンピュータを使う前に

この章では，コンピュータを使う前に知っておいて欲しい事柄として，コンピュータとネットワークの概要と，コンピュータ利用者が注意すべき心得について説明します．なお，たくさんカタカナ語や略語が出てきますが，最初はわからなくても心配しないでください．重要な語については以降の章で順を追って説明します．

1.1 道具としてのコンピュータ

一口にコンピュータといっても，現在の私たちの生活の中には，超高速で大量の計算を行うスーパーコンピュータや金融機関のオンラインシステムといった大規模なものから，家電製品や各種の機器に部品として組み込まれる超小型のものまで，様々な用途とスケールを持ったコンピュータが存在し，利用されています．また，これらのコンピュータの大部分は，インターネットという全世界的なコンピュータ間の通信ネットワークに接続し，いろいろな形で相互に連携しながら働くようになりました．

本書で扱うパーソナルコンピュータは，文字どおり個人レベルで利用するコンピュータであり，コンピュータというと，まずこれを思い浮かべる人も多いでしょう．パーソナルコンピュータは，

- 文章，図や画像，音声，動画など，各種のデジタル情報の作成，編集，表示 (再生)
- 他の人間やコンピュータとのコミュニケーション
- 情報検索・情報発信
- 各種の計算，データ処理

等々，情報にかかわる様々な人間活動を支える，重要な道具となっています．[1]

道具としてコンピュータを使いこなす能力を，読み書き能力を意味するリテラシーに対して，**コンピュータ・リテラシー**[2] といいます．本書では，仕事や生活における様々な場で役立つコンピュータ・リテラシーを身に付けるため，コンピュータ利用に関する基礎的な知識や，具体的な例を用いて操作方法について説明していきます．

---

[1] 個人用コンピュータとしては，スマートフォンやタブレット (タブレット型コンピュータ) なども普及していますが，能力や拡張性などの制約もあって，パーソナルコンピュータに比べると応用分野はやや限られます．

[2] 類語に情報リテラシーがありますが，こちらは情報の受け取り方，取り扱い方などの文化的・社会的な面なども含む概念であり，コンピュータ・リテラシーはその一部と考えられています．

1.2 コンピュータ

　皆さんが通常目にするコンピュータ (パーソナルコンピュータ) は一般に，図 1.1 に示されるような姿をしています．「デスクトップ型」のコンピュータは，本体とディスプレイ，キーボード，マウスなどの装置で構成されています．持ち運ぶことが前提の「ノート型」と呼ばれるタイプでは，それらは本体と一体化されています．

デスクトップ型　　　　　　　　　　ノート型

図 1.1　パーソナルコンピュータ

　コンピュータを構成する，このような実体のある装置を**ハードウェア**といいます．コンピュータを計算の道具や文章作成の道具などとして使えるようにするためには，このハードウェアに，それぞれの道具としての仕事の手順を記述した**プログラム**を実行させる必要があります．物理的な装置であるハードウェアに対し，プログラムやプログラムが用いる**データ**を**ソフトウェア**といいます．

1.2.1　ハードウェア

　ハードウェアは，中央処理装置 (CPU; Central Processing Unit)，メモリ，入出力装置という基本的に 3 つの部分から構成されています．これはどんなコンピュータにも共通した特徴です．

　CPU は，メモリに記憶されたプログラムを解釈実行する装置です．**メモリ**は，プログラムやデータを記憶する記憶装置 (主記憶装置) です．メモリは小さく区切られており，それぞれの区切りはアドレスと呼ばれる番号に対応しています．CPU はアドレスを指定することによって，メモリの任意の場所にあるプログラムやデータを読み出したり書き込んだりすることができます．CPU やメモリはコンピュータの本体内にあります．

　メモリ (主記憶装置) の機能を補完するものとして**補助記憶装置**があります．補助記憶装置には，精密な磁気円盤に情報を記録する**ハードディスク**や，半導体素子に情報を格納する **SSD (Solid State Drive)** などがあります．補助記憶装置はメモリに比べて CPU との

データのやり取りに時間がかかる一方で，メモリよりはるかに大きな記憶容量を持つことができます．また，コンピュータの電源を切ると，メモリに記憶させていた内容は失われてしまいますが，補助記憶装置の内容は保持されます．そのため，補助記憶装置はソフトウェアや文書などの大量のデータを長期間保管するために使われます．ハードディスク，SSD 以外の補助記憶装置としては，USB メモリ，CD-ROM，DVD なども利用されています．

入出力装置は，コンピュータ外部とデータをやりとりするために使われる機器です．キーボード，マウス，ディスプレイ，プリンタ，ネットワーク接続機器などがあります．

キーボードは文字の入力を行う入力装置であり，**マウス**はディスプレイ表示上の位置を指示・入力するために使用する入力装置です．**ディスプレイ**は，コンピュータが出力する文字や絵などを画面に表示する出力装置[*3]であり，**プリンタ**は，コンピュータが出力する文字や画像などを紙に印刷する出力装置です．**ネットワーク接続機器**は有線または無線でコンピュータ同士を接続し，通信を行う入出力装置です．

この他，マイク，スピーカー，カメラなど，音声や画像の入出力装置を備えたコンピュータもあります．

1.2.2 ソフトウェア

コンピュータを利用するために必要なソフトウェアは，大きく**基本ソフトウェア**と**アプリケーションソフトウェア** (略してアプリケーション，アプリなどと呼ぶこともあります) に分けられます．

基本ソフトウェアは**オペレーティングシステム (OS; Operating System)** とも呼ばれ，コンピュータのハードウェアと密接に連携して，コンピュータの動作全般にわたって管理，制御を行います．具体的には，メモリや補助記憶装置に記憶，保管されるデータの管理，様々な入出力装置の制御などがあります．

OS はまた，管理するハードウェアの機能を，より整理された利用しやすい形で，他のソフトウェアやプログラムに提供します．他のソフトウェアは，煩雑なハードウェアの制御をOS に任せることで，より簡単に効率よくハードウェアの機能を使うことができます．またある程度のハードウェアの差異は OS 側が吸収するので，同じソフトウェアを様々なコンピュータハードウェアで動作させることができます．

さらに OS は，コンピュータの機能を，操作する人間にとって利用しやすい形で提供する役割も持っています．コンピュータに文字で指示命令 (**コマンド**) を与えて，その結果をディスプレイに文字で表示させるのも，そうした機能の 1 つの例といえます．ディスプレイ画面上にボタンなどのグラフィックを表示させ，それをマウスなどを使って操作できるようにしたグラフィカル・ユーザ・インターフェース (GUI) を備えることも多くなりました．

パーソナルコンピュータ向けの OS としては，Windows，macOS，Linux などがよく利用されています．Linux は通常，その中核部分に加えて，それを取り巻く各種のソフトウェアやアプリケーションも含めたパッケージとして提供されます．これを Linux ディストリビューション (Linux Distribution) と呼びます．本書で取り上げている Ubuntu は，代表的な Linux ディストリビューションの 1 つです．

[*3] ディスプレイを触ることで入力装置としても使用できる，タッチパネルと呼ばれる装置も存在します．

基本ソフトウェア (OS) に対して，利用者がコンピュータを使って何かをするために使うソフトウェアを**アプリケーションソフトウェア**といいます．ワープロや表計算，Web ブラウザなどがこれにあたります．

世の中には非常に多種多様なアプリケーションソフトウェアが存在するので，多くの場合は適切なアプリケーションソフトウェアを導入して使うことで目的を達成できるでしょう．一方，既存のアプリケーションだけではカバーできない問題に対しては，自分で問題解決のためのソフトウェア (プログラム) を作成して対処することができます．

プログラムを記述，作成するために各種の**プログラミング言語**が開発されてきました．主なものに C，C++，Java, Fortran, JavaScript, Python などがあります．それぞれ異なる特性と得意分野があるので，用途に応じた使い分けが大切です．

1.2.3 ファイル

プログラムで実際に仕事をするためには，データが必要です．例えば，天気予報のプログラムには気象データが必要であり，計算結果として得られるのは予報データです．また，文章作成やコミュニケーションのためのプログラムは，データとして文章や図表，画像などを取り扱います．言語処理プログラムは，そのプログラミング言語で書かれたプログラムを処理対象のデータとして取り扱います．

このようにコンピュータで取り扱われるデータの内容は，数値データや文章，プログラムなど，広い範囲にわたっていますが，それらを別々の方法で扱うのではなく，すべて「ひとまとまりの情報」として，統一的に扱います．この「ひとまとまりの情報」は，**ファイル**と呼ばれる単位で，ハードディスクに保存したり，ネットワークを経由してデータ転送したりします．

コンピュータ内のファイルは，考え方としては紙の資料をとじて保存したものと同様です[*4]．ただし，紙の資料をとじたものは，形や大きさ，色などの違いがあり，それにより区別することが可能であるのに対し，コンピュータ内のファイルにはこのような違いがありません．そのため，ファイルごとに異なった名前 (ファイル名) を付けることでコンピュータ内の個々のファイルを区別する必要があります．内容の異なるファイルに同じ名前を付けてはならず，同じ名前ならば同じ内容のデータをさすことになります．つまり，ファイルはファイル名を指定することで，保存したり，参照したりすることができるようになるわけです．

1.3 ネットワーク

複数のコンピュータを通信ケーブルや電波などの通信媒体で相互接続したものを**コンピュータ・ネットワーク**といいます (図 1.2)．コンピュータ・ネットワークのうち，比較的狭い範囲 (およそ同一の建物や敷地内くらいまで) を接続するものを LAN (Local Area Network)，国内各地や海外など，より遠距離，広範囲での通信を行うものを WAN (Wide Area Network) と呼んで区別することもあります．こうした LAN や WAN の多くは，相互に接続してさらに大規模なネットワークを形作っています．この全世界規模の「ネットワー

[*4] こういう紙でとじたものをファイルといいます．コンピュータ内のファイルの名前はここから来ています．

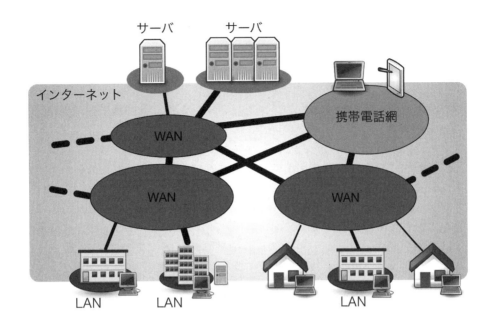

図 1.2　コンピュータ・ネットワーク (インターネット)

クのネットワーク」をインターネットと呼びます．自分のコンピュータを自宅や学校，会社のLANにつないだり，携帯電話に接続するだけで，インターネットを経由して世界中のコンピュータとの通信が可能となるのです．

　パーソナルコンピュータは，単体でアプリケーションを動かして利用することもできますが，今日では，インターネットに接続して他のコンピュータと連携しながら動作するアプリケーションが急速に増えています．こうしたネットワーク接続を前提とするアプリケーションの多くは，サーバと呼ばれるコンピュータを利用します．サーバはネットワークに接続し，特定のアプリケーションに対応するサービスに特化したコンピュータです．代表的なものとしては，電子メールサーバ，WWW (World Wide Web) サーバ，Twitter や Facebook などの SNS (Social Networking Service) のサーバ，音楽や動画の配信サーバなどがあります．

　一方，サーバと連携して利用者の側で様々な機能を実行するパーソナルコンピュータやスマートフォンなどは，クライアントあるいは端末 (情報端末) などと呼ばれることがあります．ちなみに端末という用語は，単純に離れた場所にあるコンピュータの入出力だけを行う装置やソフトウェアをさす場合もあります．

　コンピュータ・ネットワークは大変便利で強力な技術ですが，逆に悪意を持って使用されると，コンピュータとそれを利用する人にとって大きな脅威となります．自分のコンピュータに知らないうちに不正に侵入され，重要な情報やデータを盗まれたり壊されたりするような事態が，現実的なリスクとなっています．それどころか，コンピュータを遠隔操作されて別の犯罪に加担させられていたなどという事例も，それほど珍しいことではなくなってきました．ネットワークの便利さや快適さだけを求めるのではなく，こうしたいわゆるネットワークセキュリティの問題についても，必要な知識を持ち，リスクを意識しながら備えてい

くことが重要となるでしょう．

1.4　ウィンドウシステム

　利用者がコンピュータ上でいくつもの仕事を同時に行えるようになると，例えば，あるプログラムの表示結果を見ながら，関連するプログラムを動かしたりすることができるため，大変便利です．このような目的のために，ディスプレイ画面に**ウィンドウ**と呼ばれる表示領域を配置し，仮想的に複数の画面を利用者に提供するのが**ウィンドウシステム**です．利用者は，ディスプレイ上に表示された複数のウィンドウに対し，マウスやキーボードを使って，ウィンドウを開く，閉じる，ウィンドウの大きさを変える，ディスプレイ上でのウィンドウの位置を動かすなどの操作が行えます．

　Linux では多くの場合，ウィンドウシステムの基本的な機能を提供する **X ウィンドウシステム**と，統一的なウィンドウまわりのデザインや操作方法を提供する**デスクトップ環境**という 2 つのソフトウェアの組合せによってウィンドウシステムを構成しています．利用される代表的なデスクトップ環境には，Unity や GNOME，KDE があります．

　図 1.3 に X ウィンドウシステムの画面の例を示します．ここではデスクトップ環境として Unity を用いています．

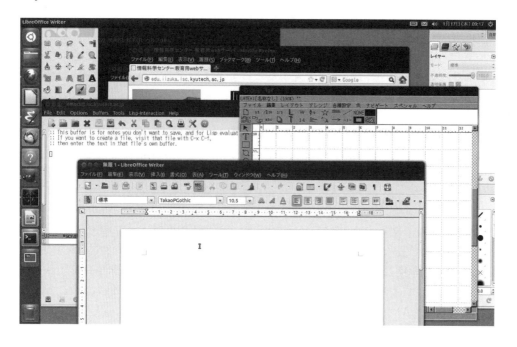

図 1.3　X ウィンドウシステムの画面の例 (Unity デスクトップ)

1.5 コンピュータを使うためのルール

Linux が動作するパーソナルコンピュータは，ネットワークを通して他のコンピュータと接続して用いられるのが一般的です．例えば，利用者のファイルを集中的に管理する**ファイルサーバ**と呼ばれるコンピュータや，電子メールを管理する**メールサーバ**と呼ばれるコンピュータ，高速計算を担当する計算サーバと呼ばれるコンピュータなどと接続します．もちろん，ネットワークを使わずに Linux を使うこともありますが，本書ではネットワークを通してファイルサーバやメールサーバといった**コンピュータ資源**を共有している環境を想定しています．

多くの利用者がコンピュータ資源を共有している環境では，各人が最低限のマナーを守らないと，たとえ本人に悪意がなくても他の利用者に迷惑をかけることがあります．また，悪意のあるなしにかかわらず，他人の利用妨害から自分の身を守る必要もあります．

コンピュータやネットワークの共有に対する配慮

個人で所有するパーソナルコンピュータではあまり意識する機会はないかもしれませんが，学校や会社では，1 台のコンピュータを複数の利用者が同時に使うことがあります．そのような環境では，他の利用者が同じコンピュータを使っている場合は，他の利用者の仕事を邪魔するような負荷の重いプログラムはできるだけ実行しないように注意する必要があります．具体的には，メモリや CPU を著しく使うようなプログラムの実行や，ウィンドウを不必要に開く操作などは，コンピュータの負荷状態を考慮し，他人に迷惑がかからない時間帯に行うようにしましょう．

コンピュータと同様，ネットワークも多くの利用者と共有しています．大きなファイルの転送といったネットワークを長時間占有するような行為は，他の利用者に迷惑がかかるので，時間帯を選ぶなど注意深く行ってください．

ネットワーク経由で簡単に入手できるフリーソフトウェア[*5]は便利な存在です．しかし，コンピュータやネットワークに重大な障害を与えるバグ[*6]やコンピュータ・ウィルス[*7]を持っている可能性もあります．このようなバグやウィルスを持ったソフトウェアを実行させた場合には，自分が使用したコンピュータだけでなく，ネットワークで接続している他のコンピュータにも被害がおよぶことがあります．フリーソフトウェアの利用は十分に注意を払って行ってください．

パスワードの管理

ネットワークに接続された複数のコンピュータは，**システム管理者**によって管理されています[*8]．コンピュータを使用するにはシステム管理者から「利用許可を得る」必要があり，利用許可を得た利用者は，**利用者名**と**パスワード**を受け取ります．

[*5] 無償のソフトウェアのことをフリーソフトウェアといいます．

[*6] プログラムに関する誤りのことをバグといいます．

[*7] 管理者や利用者の知らない間に，コンピュータ上でファイルを消去するなどの破壊行為を行うプログラムのことをコンピュータ・ウィルス (ウィルス) といいます．

[*8] 個人でコンピュータを利用している場合，あなたは利用者であると同時に管理者でもあります．

このうち利用者名は，他の利用者に対しても公表されていますが，パスワードは銀行カードの暗証番号と同様，本人以外には秘密であり，本人を識別するための重要な鍵といえます．そのため，パスワードが他人に知られてしまうと，大事なファイルが消去されたり故意に変更されてしまうだけでなく，そのパスワードで使えるコンピュータを拠点にして，世界中の他のコンピュータが攻撃される可能性も生じます．

このような事態が起きないようにするために，利用者は以下に示すような点に注意を払い，パスワードの管理を厳重に行う必要があります．

- 自分の利用者名は，たとえ友人でも他人に利用させてはなりません
- 自分の利用が終わったら，必ずログアウト (2.6 節参照) してください
- 他人の目に付く場所にパスワードを記録してはいけません
- 簡単に他人が推測できるパスワードは使用してはいけません．特に，利用者名と同じもの，名前と同じもの，タレントの名前，辞書に載っている単語などは使わないでください
- パスワードは定期的に変更するように心がけてください

また，一度変更したパスワードを忘れてしまうと，システム管理者でもそのパスワードを調べることは不可能です．このため，パスワードを再発行することになり，システム管理者に多大な負荷がかかります．パスワードは決して忘れないように注意してください．

法的権利に対する配慮

インターネットを通して個人が世界に向けて簡単に情報発信できるようになり，おもしろい情報や役に立つ情報，人目を引く情報を作成しようとするあまり，深く考えずに他人の権利を侵害してしまうことがあります．他人の法的権利の侵害は，たとえ好意からであっても訴訟にまでおよぶ可能性があります．情報発信する場合には，以下のような事柄に留意してください．

- プライバシーの侵害，例えば他人の写真や履歴など個人情報を本人の許可なしに公開したり，他人を中傷・誹謗したりしてはいけません
- 知的所有権，つまり他人 (他社) の著作権，特許権，意匠権，商標などに抵触する情報を権利者の許可なしに公開してはいけません．例えば，他人が作成した画像ファイルやアニメのキャラクターの絵などを著作権者の許可なく公開してはいけません
- 自分の法的権利を守るためには，情報公開する際にどこまで自分の権利を主張するかを明記したり[9](例:「個人で利用するのは自由ですが，改変や再配布は許可しません」)，悪用されて困るような個人情報は公開しないなどといった注意が必要です

また，有償のソフトウェアの不法コピーを決して行ってはいけません．最近では，ある一定の管理組織 (サイト) に対してソフトウェアのコピーを有償で許可するサイトライセンスと呼ばれる契約方法があります．しかし，サイトライセンスでも許可されたサイト以外での利用は禁止されていますので，ソフトウェアの利用規定に反しないよう注意してください．

---

[9] 明記しなくても権利はあります．

組織ごとのルールに対する配慮

　上記の他に，コンピュータやネットワークを管理している組織ごとにそれぞれ規則があります．これらについても配慮してください．

第2章　初めて Linux を使う方へ

　パーソナルコンピュータで動作する Linux では，多くの場合ユーザインタフェースとしてウィンドウシステムを採用しています．この章では，**X ウィンドウシステム**を使って，Linux が動作するパーソナルコンピュータ (Linux-PC) の基本的な使い方について説明します．ただし，Linux-PC の種類やシステムの環境設定によって使い方が多少異なりますので，皆さんが利用するシステムのガイドを参照してください．

2.1　Linux-PC を使う前に

　皆さんが使用する Linux-PC は，文字を入力するための**キーボード**，結果を表示する**ディスプレイ**，ディスプレイ上の位置情報を簡単に入力するための**マウス**がセットになっています．パソコンを触ったことがない人にとっては，キーボードはキーの位置がよくわからず戸惑ってしまうことがあります．Linux-PC の電源を入れる前に，キーボードについて説明しておきます．なお，マウスについては後述します．

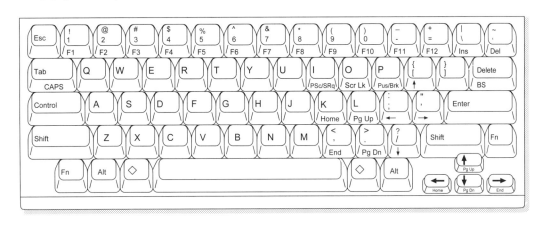

図 2.1　キーボードの例

キーボードの種類

　キーボードにはいろいろな種類があり，キーの配置も微妙に違いますので，本書の説明と実際に使用するキーボードが異なる場合は注意が必要です．本書では，図 2.1 に示すキーボードを例にして説明します．キーボードには，英字や数字または記号などが書かれている

普通のキーと，他のキーと組み合わせて使うキーや，キーボードの状態を変更するためのキーなどの**特殊キー**があります．

図 2.2 に示すキーのうち，Control キー，Shift キー，Fn キー，Alt キーは他のキーと組み合わせて使用しますが，その他のキーは単独で使用できます．例えば，空白を 1 文字入力する時はスペースキーだけを 1 回押します．また，Enter キー[*1]は通常は 1 行の入力の終わりに押します．

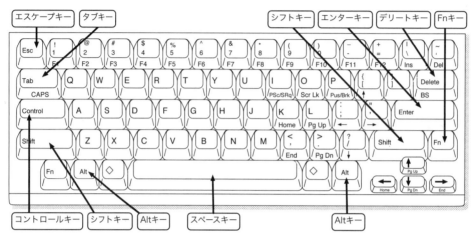

図 2.2　キーの名称

文字の入力

文字の入力には，キーをそのまま押す場合と，特殊キーと組み合わせてキーを押す場合の 2 通りがあります．例えば，A キーを押すと小文字の **a** が入力され，Shift キーを押したまま A キーを押すと大文字の **A** が入力できます．つまり，英字キーにおいては，キーをそのまま押すと英小文字が，Shift キーと組み合わせてキーを押すと英大文字が入力できます[*2]．

なお，Linux-PC と末永く付きあうためには，キーボードの正しいタイピングを覚えることを薦めます．タイピングの教科書やトレーニングソフトは各種市販されています．

1 つのキーに複数の文字が印刷されている場合には，キーの上面 (指が触れる面) とキーの前面 (指が触れない面) で入力方法が異なります．該当キーを押すとキー上面の下段に印刷されている文字が入力できます．Shift キーを押したまま該当キーを押すと，キー上面の上段に印刷されている文字が入力できます．

例えば，キーボード左上付近にある次のキーでは，数字の 1 と記号の！がキー上面に，**F1** という文字がキー前面に書かれています．そのままこのキーを押すと数字の 1 が，Shift キーを押したままこのキーを押すと記号の！が入力できます．

[*1] キーボードの種類によっては，Return キーが同じ働きをします．
[*2] CAPS キー（または CapsLock キー）がオンになっていると，ちょうど逆の動作をします．

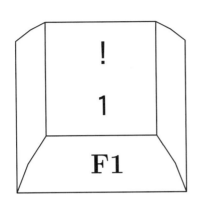

なお，キー前面の F1 は，F1 という文字を入力するのではなく，ファンクション 1(F1) キーと同じ働きをすることを示しています．これは，本書が採用している小型キーボードでは，通常のキーボードに独立したキーとして存在する，カーソルキーやファンクションキーを省略しているためです．よって，キー前面を入力する時には，**Fn** キーと組み合わせて入力します．例えば，F1 キーを押したい場合は，**Fn** キーを押したまま 1 キーを押すと入力できますし，バックスペースを入力したい場合は，**Fn** キーを押したまま **Delete** キーを押します．

いろいろなキーの名称

英数字以外の記号文字とその名称 (通称) を表 2.1 に示します．キーの名称はここに示した以外にもいろいろな呼び方があります．

表 2.1　記号文字の名称 (通称)

記号	文字の名称	記号	文字の名称
!	エクスクラメーション	@	アット，アットマーク
#	シャープ	$	ダラー
%	パーセント	^	ハット
&	アンパサンド	*	アスタリスク
-	マイナス，ハイフン	_	アンダースコア
=	イコール	+	プラス
'	シングルクォーテーション	"	ダブルクォーテーション
`	バッククォート	~	チルダ
;	セミコロン	:	コロン
,	コンマ，カンマ	.	ピリオド，ドット
\	バックスラッシュ *	|	縦棒，バー，パイプ
/	スラッシュ	?	クエスチョン
<	左アングル	>	右アングル
(	左かっこ，左丸かっこ	)	右かっこ，右丸かっこ
[	左角かっこ，左スクエアブラケット	]	右角かっこ，右スクエアブラケット
{	左波かっこ，左カーリーブラケット	}	右波かっこ，右カーリーブラケット

* バックスラッシュの代わりに ¥ になっているキーボードもあります．

2.2 ログイン

　Linux は，1台のコンピュータを複数の利用者が使用することが可能で，いろいろな利用者の様々なデータが共存しています．そのため，どのデータはどの利用者が扱ってよいかを，Linux が認証する必要があります．Linux が利用者を認証するために行う手続きのことを，**ログイン** (login) といいます．ログインは利用者が Linux に対し「私が今から利用します」と宣言をしている状態と同じです．ログインには，

　　　　　利用者名[*3](username)　と　**パスワード** (password)

の2つが必要です．銀行のキャッシュディスペンサーと対応付けるとすれば，利用者名はカードの口座番号，パスワードは暗証番号に相当します．Linux は利用者名とパスワードで利用者を識別します．当然のことですが，パスワードを他人に教えたり聞いたりしてはいけません．特にパスワードは，ログインを行っている人が本当に「本人」であるかどうかを確認するための唯一の鍵です．パスワードは基本的に利用者本人が管理するもので，ログインした後であればその利用者が自由に変更することができます[*4]．

2.2.1 電源を入れる

　それでは，コンピュータの電源スイッチを ON にしましょう．このとき，ディスプレイの電源も入っていることを確認します．コンピュータの動作が始まると，起動状況を示す画面がしばらく続いた後で図 2.3 に示すような画面が表示されます[*5]．

図 2.3　ログイン画面の例

　この画面を**ログイン画面**といいます．画面上には，I 印のカーソルと↑印のマウスカーソルが表示されています．**カーソル**はキーボードからの入力に対して，文字がどこに入力されるかの「場所」を示しています．**マウスカーソル**は画面上で×または↑の形をしており，画面上のマウスの位置を示します．

[*3] ユーザ名，ユーザ ID，ログイン名，ログイン ID，利用者番号などいろいろな呼び方があります．
[*4] 変更には，コマンド (passwd, yppasswd) や，システム管理者が指定するパスワード変更用ソフトウェアを使います．
[*5] ログイン画面の表示は，システム管理者の設定で異なります．一部のシステムでは，上記とは異なるログインを行った後に，X ウィンドウを起動する場合もあります．

2.2.2 利用者名とパスワードの入力

ログイン画面では，利用者名を入力して Enter キーを押し，次にパスワードを入力して Enter キーを押して**ログイン**を行います．注意点は，利用者名の入力では入力した文字がそのまま画面に表示されますが，パスワードの入力では入力した文字が表示されない，または代わりに「·」または「*」が表示されることです．パスワードは画面上で確認できないので注意して入力します．

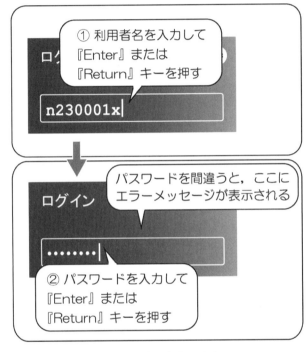

図 2.4 利用者名の入力

図 2.4 の例では，

1. 「ユーザー名」に対して利用者名 (例. n230001x Enter)
2. 「パスワード」に対してパスワード (例. pen,guin Enter)

を入力しています．

2.2.3 ログイン直後の画面

正しい利用者名とパスワードを入力すると，ログイン画面が消え，図 2.5 に示すようなデスクトップ画面が表示されます．ログイン直後の画面はシステム管理者の設定によって異なります．また，付録 A に述べる方法により利用者が独自の設定をすることもできます．

ここでは，デスクトップ環境として Unity を用いた例を示しています．なお，画面の背景部分のことを**ルートウィンドウ**といい，ルートウィンドウとは色の異なる画面左部を**ラン**

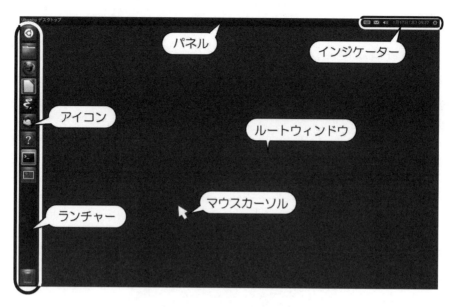

図 2.5 ログイン直後の画面

チャーといいます．ランチャーやルートウィンドウ上にファイルやプログラムを表す小さな絵が並んでいますが，これを**アイコン**といいます．また，画面最上部の細長い部分を**パネル**といい，右端にアイコンが並んでいる部分を**インジケーター**といいます．

うまくログインできない？？

もし利用者名やパスワードを間違えた場合には，ログイン画面にエラーメッセージが表示されログインは失敗します．図 2.4 の状態に戻りますので，利用者名とパスワードを再度確認し，次の点を注意してやり直してみてください．

- 大文字と小文字は区別されます．大文字を入力するときは同時に Shift を押す必要があります
- タイプミスをしていませんか？ 英小文字の l(エル) と数字の 1(イチ) などにも注意します
- 他の種類のパスワード (例えば，メール受信用パスワード) と間違っていませんか？
- キーを長く押しすぎていませんか？ 長く押すと同じ文字が複数入ってしまいます

2.3 ログイン後のマウス操作

マウスはその形がネズミに似ていることから付けられた名称です．キーボードが文字情報を入力する装置であるのに対し，マウスは画面の位置情報を簡単な操作で入力できる装置です．

2.3.1 マウスの基本操作

マウスを奥・手前・左右に動かすと，画面上のマウスカーソルが上下左右に動きます．マウスを図 2.6 に示すように持ち，マウスパッドと呼ばれるマウス専用の下敷の上で動かすと，画面上でマウスカーソルが動きます．画面を見ながらマウスを動かし，マウスカーソルを目的の位置まで移動させます．

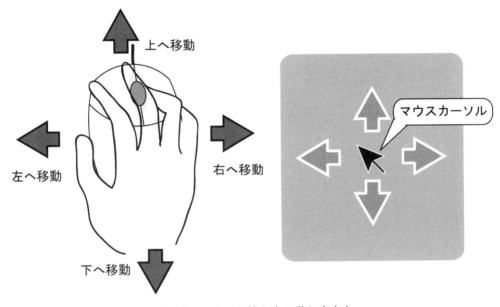

図 2.6 マウスの持ち方と動かす方向

また，マウスには複数の**マウスボタン**が付いており，マウスボタンの押し方とマウスの動かし方の組合せで，様々な操作が可能となります．なお，本書では，左，中央[*6]，右の 3 個のマウスボタンがあるマウスを前提に操作方法を説明します．マウスボタンの操作を示すため，次のような省略図を使用します．

マウスの基本操作には，クリック，ダブルクリック，ドラッグの 3 つがあります．
これから，ログイン後のウィンドウ操作を例にマウス操作を練習します．

[*6] 中央マウスボタンは，指で回す操作が可能なマウスホイールである場合があります．

クリック操作

　クリックは，マウスボタンを一瞬カチッと押して離す操作をいい，マウスカーソルで何かを選択したり，アプリケーションを起動する時に用います．例えば，ランチャー上の「端末」アイコンにマウスカーソルを合わせて，図 2.7 に示すように左マウスボタンをクリックしてみます．タイトルバーに「端末」と書かれたウィンドウが立ち上がり，ルートウィンドウ上に表示されます．

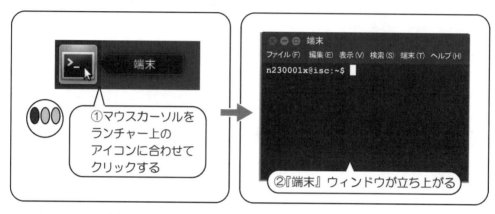

図 2.7　クリック操作によるアプリケーションの起動

ドラッグ操作

　ドラッグは，アイコンやウィンドウなど画面内の対象を移動させる操作です．マウスカーソルをその対象に合わせて，マウスボタンを**押したまま**マウスを動かし，移動したい場所でマウスボタンを離すという一連の操作を行います．

　ウィンドウ上部にあるタイトルバーにマウスカーソルを合わせドラッグすることで，**ウィンドウを移動**することができます[*7]．図 2.8 に示すように，ウィンドウのタイトルバーにマウスカーソルを合わせて，左マウスボタンを押したままマウスを動かします．マウスの動きに合わせてウィンドウが移動し，マウスボタンを離すと位置が確定します．

ダブルクリック操作

　ダブルクリックは，マウスが動かないように注意しながら，**すばやく 2 回連続でクリック**することです．例えば，図 2.9 に示すように左マウスボタンで，ウィンドウ上部にあるタイトルバーをダブルクリックしてみます．そうするとウィンドウがルートウィンドウ一杯の大きさで表示されます．元の大きさに戻すには，図 2.10 に示すように，画面上部のパネルにマウスカーソルを合わせ左マウスボタンでダブルクリックするか，パネル上の左側に表示される ▢ をクリックします．

　[*7] ドラッグ&ドロップと呼ばれる操作もあります．これは，画面内の対象を移動（ドラッグ）させた後に，別の対象物に渡す（ドロップ）操作です．

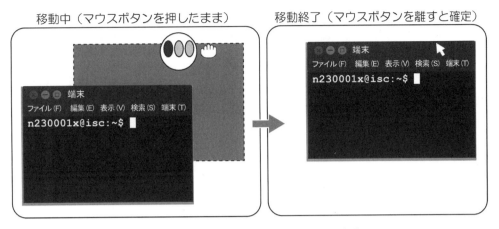

図 2.8　ドラッグによるウィンドウの移動

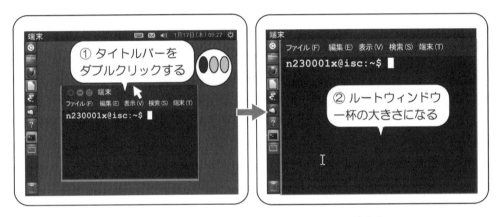

図 2.9　ダブルクリックによるウィンドウの最大化

2.3.2　ウィンドウの選択

　ルートウィンドウ上に 1 つのウィンドウしか開いていない場合は，キーボードからの入力はそのウィンドウに対して行われます[*8]．しかし，2 つ以上のウィンドウが開いている場合は，キーボードからの入力がどのウィンドウに対して行われているか意識する必要があります．

　端末ウィンドウが 1 つ開いている時に，ランチャー上の端末アイコンにマウスカーソルを合わせて右マウスボタンをクリックすると，図 2.11 に示すようにメニューが表示されます．「新しい端末」にマウスカーソルを合わせてクリックすると，「端末」と書かれたウィンドウがもう 1 つ立ち上がります (図 2.12)．

　そこで，キーボードから aaa と入力してみてください．図 2.13 に示すように，ウィンド

[*8] ログイン直後のウィンドウが 1 つの場合でも，はじめに「ウィンドウの選択」が必要なこともあります．

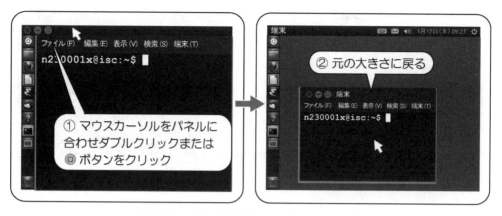

図 2.10　最大化したウィンドウを元に戻す

図 2.11　端末ウィンドウをもう 1 つ立ち上げる

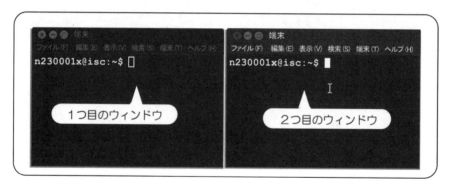

図 2.12　アプリケーションの選択後の画面例

ウのタイトルバーが濃くなっている方にキー入力が行われ，文字が表示されます．
　次に，図 2.13 に示すようにマウスカーソルをもう一方のウィンドウの中に移動させ，左マウスボタンをクリックしてみてください．クリックしたウィンドウのタイトルバーに色が付き，ウィンドウが選択されたことを示しているはずです．この状態で，キーボードから何か文字を入力すると，選択したウィンドウに表示されます．
　このようにキーボードから文字を入力する場合，「ウィンドウの選択」を行う必要があります．目的とするウィンドウを一度選択すると，新たに別のウィンドウを選択しない限り，

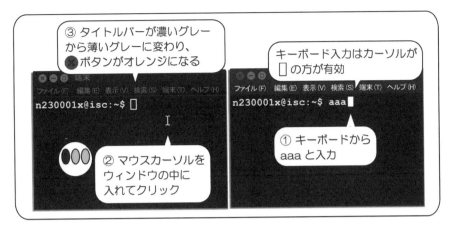

図 2.13 マウスカーソルによるウィンドウの選択

キーボードからの文字の入力はそのウィンドウに対して行われます[*9].

2.4 Linux コマンドとターミナルウィンドウ

Linux を利用者の思い通りに動かすためには，Linux に対する指示命令である **Linux コマンド** (第 10 章参照) を習得する必要があります．Linux コマンドを入力し処理できるウィンドウのことを**ターミナルウィンドウ**[*10]といいます．利用者は，Linux コマンドをターミナルウィンドウに対して入力することで，Linux にコマンドの処理を命令することができます．また，ターミナルウィンドウは，Linux からのメッセージも合わせて表示することができます．

ターミナルウィンドウに相当するウィンドウとしては，kterm, xterm などがあります．マウス操作の練習に使ったウィンドウ (タイトルバーに「端末」と書かれている) もターミナルウィンドウの 1 つです．

2.4.1 コマンドの入力と訂正

ここでは，カレンダーを表示する Linux コマンド (**cal**) を使って，Linux コマンドの入力と訂正方法について説明します．

まず，ルートウィンドウにターミナルウィンドウがない場合，ランチャー上の端末アイコンを左マウスボタンでクリックしてターミナルウィンドウを開きます (2.3.1 項参照)．既にターミナルウィンドウが開いている場合は，コマンドを入力するためのターミナルウィンドウを選択します．マウスカーソルを図 2.13 に示すようにターミナルウィンドウの中に置き，左マウスボタンをクリックしましょう．

次に，キーボードから cal と入力します．ターミナルウィンドウに cal と正しく表示さ

[*9] これはウィンドウシステムの設定によります．本書の設定以外に，ウィンドウ内にマウスカーソルを入れる (左マウスボタンを押す必要がない) ことでウィンドウを選択できる場合もあります．

[*10] 端末ウィンドウともいいます．

れているかを確認し Enter を押します．入力文字を間違ったときは，BS を押すと右から 1
文字ずつ消すことができますので，修正して cal Enter と正しく入力します．図 2.14 に
cal コマンドの実行結果を示します．

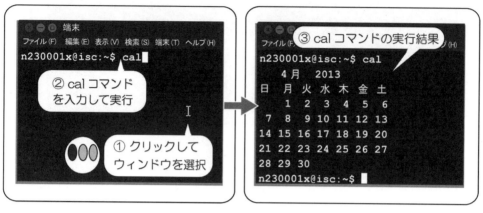

図 2.14 Linux コマンドの実行例

2.4.2 Linux コマンドの形式

コマンドの一般的な入力形式は次のようになります．

```
コマンド名   -オプション ... -オプション 引数 ... 引数
```

オプションは，通常のコマンドの動作を変更するもので，必要に応じて指定します．ほとんどの Linux コマンドには複数のオプションが用意されています．使い慣れると 1 つのコマンドでいろいろなことができて便利です．

引数は，コマンドの実行に必要な情報を指定するものです．引数も省略できる場合があります．その場合には，コマンドごとにあらかじめ決めておいた値が引数として指定されたものとして動作します．このように，あらかじめ決めておいた省略時の値のことを**デフォルト**といいます．コマンド名，オプションや引数の数と意味はコマンドによって異なります．

引数やオプションを指定する際に注意すべき点は，

- コマンド名の後には 1 つ以上の空白をおきます
- オプションや引数を複数指定するときは，それぞれを空白で区切ります
- オプション文字は - (ハイフン，マイナス) の後に空白をおかず続けて指定します

などです．

Linux では，利用者のコマンド入力が可能であることを示すために，**プロンプト**と呼ばれる文字 (または文字列) をディスプレイに表示します．利用者や管理者の環境設定によって，表示されるプロンプトは異なりますが，よく使われるのは $ や % などの記号です．キー

ボードからのコマンド入力は，それぞれのコマンドの形式にあわせてキーを押した後，最後に Enter を押す必要があります．Enter が押された後，OS はコマンドを実行します．

2.4.3 コマンドの引数の指定

以下にコマンドの実行例を示します．この例の最初の行で，$は Linux が表示したプロンプトであり，cal 4 2013 Enter が利用者による入力です．cal はカレンダーを表示させるコマンドであり，4 と 2013 は，cal の引数です．利用者はこのコマンド入力により，2013 年 4 月のカレンダーの表示を OS に要求しています．Linux は，2013 年 4 月のカレンダーを表示した後に，再びプロンプトを表示して，コマンド入力が可能になったことを示します．

```
─── コマンドの実行例 ───
$ cal 4 2013  Enter
        4 月 2013
 日 月 火 水 木 金 土
        1  2  3  4  5  6
  7  8  9 10 11 12 13
 14 15 16 17 18 19 20
 21 22 23 24 25 26 27
 28 29 30
$
```

次に，ターミナルウィンドウで cal 2013 Enter と入力して cal コマンドの動作の違いを確認してみてください．引数を 1 つにして 2013 を指定すると，2013 年の 1 年分のカレンダーが表示されます．つまり，cal コマンドでは，引数の指定が 1 つの場合は第 1 引数を「年」として解釈し，引数の指定が 2 つの場合は第 1 引数を「月」，第 2 引数を「年」として解釈していることがわかります．

2.5 ファイルを作ってみる

Linux を利用する上で最も重要な概念の 1 つに，ファイル (file) があります (1.2.3 項，第 3 章参照)．ファイルは 1 つのまとまった情報を保存しておくためのものです．例えば，Linux コマンドの実行結果をファイルとして保存しておけば，いつでも必要な時に再利用することができます．ファイルを作ったり，あるいは既に作成してあるファイルを参照するためには，ファイル名を指定します．

ここで cal コマンドの実行結果をファイルに保存してみます．通常はコマンドの実行結果は一時的にターミナルウィンドウ上に表示されるだけですが，これをファイルとして保存すれば，後でその内容を再利用することができます．図 2.15 に示すように cal 2013 > kekka.txt Enter と入力すると，ファイル名が kekka.txt であるファイル

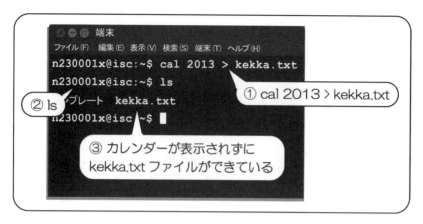

図 2.15 ファイルに結果を保存

に cal コマンドの結果が保存されます[*11].

　これは標準入出力のリダイレクション (10.1.1 項参照) と呼ばれている方法で，Linux においてコマンドの実行結果をファイルに保存するための簡単な方法です．本当にファイルに保存されているかどうか，ls コマンド (10.3.1 項参照) で確かめてみます．ls コマンドは既に存在するファイルの名前をターミナルウィンドウ上に表示します．ls コマンドを実行すると，図 2.15 に示すように，kekka.txt ファイルができていることがわかります．

　次に kekka.txt ファイルの内容を確認してみましょう．ファイルの内容を確認するためには，cat コマンド (10.3.1 項参照) を利用します．cat kekka.txt Enter と入力すると，ファイルに保存された内容 (2013 年のカレンダー) が表示されます．

2.6　ログアウトとシャットダウン

　Linux-PC を使い終わったら最後に必ず**ログアウト** (logout) します．ログアウトせずに放置すると，他人によって大切なファイルを壊されたり盗まれたりする恐れがあります．ログアウトはログイン操作のちょうど逆の操作で，Linux に利用の終了を伝えるためのものです．

　ログアウトの手順は以下の通りです．画面上部インジケーターの右端にあるシステムボタン　を左または右マウスボタンでクリックし，表示されるメニューから「ログアウト」をクリックします．すると図 2.16(右側) のような確認のウィンドウが表示されます[*12]．ここで「ログアウト」ボタンをクリックするとログアウト処理が開始されます．しばらくすると，再び図 2.3 のようなログイン画面が表示されます．

　なお，ログアウトの方法はシステム管理者の設定によって多少異なります．もし説明する方法でログアウトできない場合は，システム管理者に問い合わせてみてください．

[*11] bash: kekka.txt: 存在するファイルを上書きできませんというメッセージが表示される場合は，ファイルが既に存在します．10.3.1 項で説明する rm コマンドを使ってファイルを削除 (rm kekka.txt Enter) してからもう一度やり直します．

[*12] システム管理者の設定によっては，確認のウィンドウが表示されない場合もあります．

2.6 ログアウトとシャットダウン

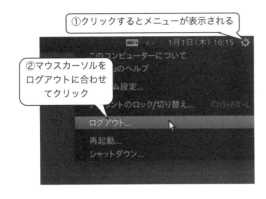

図 2.16　ログアウト

　第 1 章で説明したように，Linux では，複数の利用者がコンピュータ資源を共有しています．よって，ログアウト後の Linux-PC の扱いは，利用者の環境によって異なります．Linux-PC の停止はシステム管理者が行う場合もあれば，利用者自身で行うこともあります．
　Linux-PC の停止が利用者自身に任されている場合は，画面上部インジケーターの右端にあるシステムボタン を左または右マウスボタンでクリックし，表示されるメニューから「シャットダウン」をクリックします．すると図 2.17 のような確認のウィンドウが表示されます．ここで右側のボタンをクリックし，Linux-PC を停止 (電源オフ) させます．なお，左側のボタンをクリックした場合は，再起動が行われます．

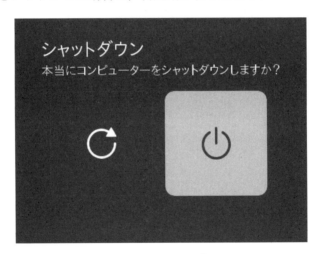

図 2.17　シャットダウン

　一度ログアウトした後にシャットダウンしたい場合は，図 2.18 に示すように，ログイン画面のインジケーター右端にあるシステムボタンをクリックし，表示されるメニューから「シャットダウン」をクリックします．

図 2.18: ログイン画面からのシャットダウン

2.7 X ウィンドウの基本操作

この節では，ウィンドウの移動やウィンドウの大きさの変更などの基本操作について，もう少し詳しく説明します．

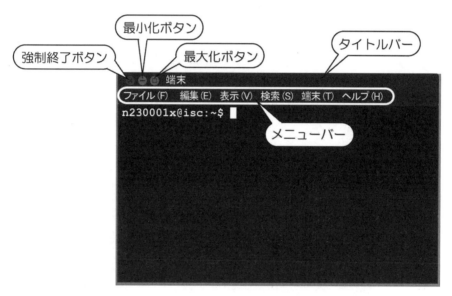

図 2.19 いろいろなウィンドウ操作ボタン

ウィンドウには，図 2.19 に示す**操作ボタン**が付属しています．この操作ボタンをマウスで操作することにより，ウィンドウに対する操作ができます．それぞれのボタンの機能を表 2.2 に示します．なお，タイトルバーは操作ボタンではありませんが，ウィンドウの移動やウィンドウの重なり状態を変更する時に利用します．

ウィンドウを開く

ランチャー上の端末アイコンを左マウスボタンでクリックすると，Linux コマンドを実行できるウィンドウが開きます．ウィンドウが自動的に適当な位置で開いた場合は，タイトルバーをドラッグして希望の位置に移動させます．なお，ウィンドウを開くことをウィンドウを**オープン** (open) するということもあります．

2.7　X ウィンドウの基本操作

表 2.2　いろいろなウィンドウ操作ボタン

名　　称	操作ボタンの機能
強制終了ボタン	ウィンドウを強制終了する
最小化ボタン	ウィンドウを最小化 (アイコン化) する
最大化ボタン	ウィンドウを画面一杯に広げる
メニューバー	ウィンドウ操作をメニューで選択する

　ここでは Linux コマンドを入力するためのターミナルウィンドウを開く例を示しましたが，ランチャーから同様にして，文章を入力するための Emacs ウィンドウを開くこともできます．

　なお，Linux コマンドを使って直接ウィンドウを開くこともできます．このためにはまず，既に開いているターミナルウィンドウにマウスカーソルを移動させ，左マウスボタンをクリックします (2.3.2 項参照)．そして，キーボードから例えば gnome-terminal & Enter と入力してみます．すると新しいターミナルウィンドウが開きます．同様に，ターミナルウィンドウから emacs & Enter と入力して，Emacs ウィンドウを開くこともできます．

ウィンドウサイズの変更

　ウィンドウサイズの変更には，「好みのサイズ」，「最小のサイズ」，「最大のサイズ」といった 3 つの操作方法があります．

好みのサイズへの変更

　マウスカーソルをウィンドウの外枠に合わせると，マウスカーソルの形が枠の付いた矢印に変わります．この状態で，左マウスボタンを押してドラッグすると，図 2.20 に示すように枠が表示され，マウスを動かすにつれてその大きさを変えることができます．

　好みの大きさになったところでマウスボタンを離すと，ウィンドウがその大きさに変わります[13]．

最小サイズへの変更 (ランチャーに隠す)

　最小化ボタン ▬ を左マウスボタンでクリックすると，ルートウィンドウ上から消えます．多くのウィンドウを開いて作業している場合に，一時的にウィンドウを整理するために使用します．

　ランチャー上には，図 2.21 に示すように，アプリケーションを示すアイコンの左側に，起動していることを示す白い三角が表示されます．このアイコンを左マウスボタンでクリックすれば元の大きさ，元の場所にウィンドウを戻すことができます[14]．

---

[13] ウィンドウシステムによっては，いったんウィンドウを「大きく」する方向に動かし，それからウィンドウを小さくする方向に動かす必要があります．

[14] 設定によってはダブルクリックで戻る場合もあります．

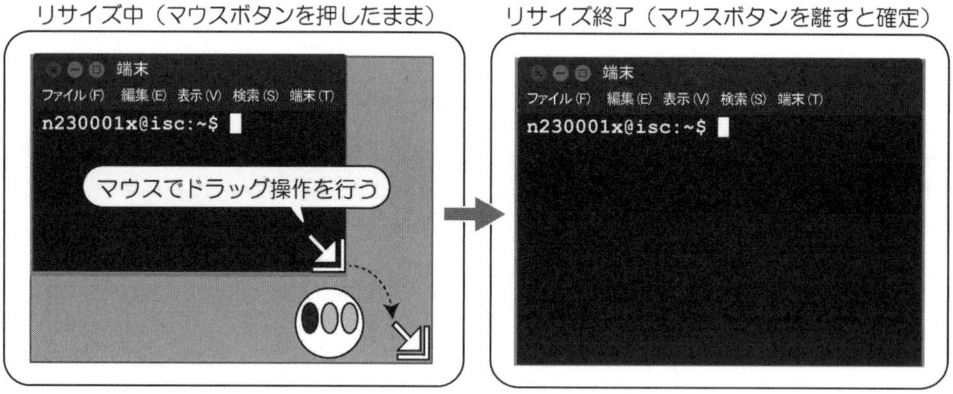

図 2.20 ウィンドウのリサイズ

図 2.21 起動したアプリケーションのアイコン

最大サイズへの変更

最大化ボタン ロ を左マウスボタンでクリックすると，タイトルバーをダブルクリックした場合（図 2.9 参照）と同様にウィンドウが画面一杯に広がります．作図ツールを使って図形を描く時は，大きなウィンドウの方が便利です．もう一度このボタンをクリックすると元の大きさ，元の場所にウィンドウが戻ります．

2.8 コピー・アンド・ペースト

ターミナルウィンドウ内に表示されている文字列を，簡単なマウス操作により一時的な作業領域 (コピーバッファ) に保存 (コピー; copy) し，それを希望する場所に貼り付ける (ペースト; paste) ことができます．このような操作をコピー・アンド・ペースト (copy and paste) といいます．この操作により，キーボードから入力する手間が減り，作業効率が格段に向上します．

1. 文字列のコピー操作
   (a) コピー元のウィンドウを最前面に出します (ウィンドウを選択します)
   (b) マウスカーソルを移動させ始点の位置に合わせます
   (c) 左マウスボタンを押したままマウスを操作して範囲を指定します．マウスボタンを離すと終点の設定になります
2. 文字列のペースト操作
   (a) ペースト先のウィンドウを最前面に出します (ウィンドウを選択します)

(b) マウスカーソルを移動させペースト先の始点の位置に合わせます
(c) 中央マウスボタンを押してペーストします

コピー操作

ここでは，コピー・アンド・ペーストにより，ターミナルウィンドウにおける cal コマンドの実行結果を Emacs ウィンドウに貼り付ける例を示します．

まず，始点となる文字の位置へマウスカーソルを移動させて左マウスボタンを押し，押したままマウスを動かすと文字が反転表示され，その**範囲が指定**されます．指定された範囲の内容はコピーバッファと呼ばれる記憶領域に格納されます (図 2.22)．

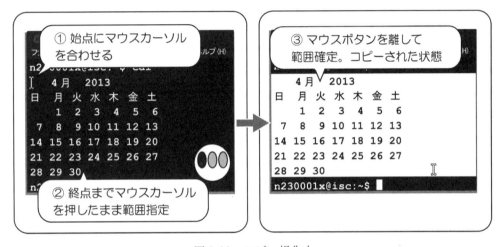

図 2.22　コピー操作中

ペースト操作

図 2.23 に示すように，ペーストしたい位置 (別のウィンドウでもよい) にマウスカーソルを移動し，中央マウスボタンを押します．すると，コピーバッファに格納された文字列がマウスカーソルのある場所にペーストされます[*15]．

なお，一度コピーバッファに格納された文字列は，新たなコピー操作によってコピーバッファが更新されない限り残っています．したがって，何回でも同じ文字列をペーストすることができます．

[*15] ウィンドウの種類によっては，マウスカーソルではなくカーソルのある場所にペーストされます．

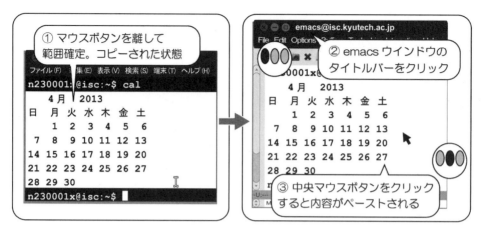

図 2.23 ペースト操作

2.9 スクロールバー操作

　Linux コマンドが実行できるターミナルウィンドウでは，Linux コマンドの実行ログ (履歴) を表示する機能があります[*16]．図 2.24 に示すように，ウィンドウの右側に**スクロール領域**が表示されています．スクロール領域には**スクロールバー**があり，スクロールバーをマウスで操作することで，スクロールして見えなくなった Linux コマンドの実行ログ (履歴) を表示することができます．

　スクロールバーの長さは，Linux コマンドの実行ログ (履歴) の記憶量によって，次第に短くなっていきます．なお，実行ログ (履歴) の記憶量の最大値を越えた場合は，古い実行ログ (履歴) から消えていきます．

　図 2.24 に示すように，マウスカーソルをスクロールバーに合わせて，マウスボタンを使い分けます．

2.10 アプリケーションの検索

　アプリケーションの起動方法として，これまでにランチャー上のアイコンをクリックする方法と Linux コマンドを用いる方法について説明しました．Ubuntu ではこれ以外に，**アプリケーション検索**や起動を行う機能である **Dash** を用いることができます．

　左マウスボタンで画面左上の Dash ホームアイコン ![icon] をクリックすると，図 2.25 のような **Dash** 画面が表示されます．

　上部に検索するキーワードを入力するフィールド，下部には **Lens** と呼ばれる検索カテゴリーを示すアイコンが表示されています．中央部には最近使ったアプリケーションやファイルのアイコン，検索された結果などが表示されます．中央部に並んだアイコンのうち，起動したいアプリケーションをクリックすると，そのアプリケーションが起動します．

[*16] kterm では，`-sb` オプションを指定すると，kterm ウィンドウにスクロール領域が現れます．

2.10 アプリケーションの検索

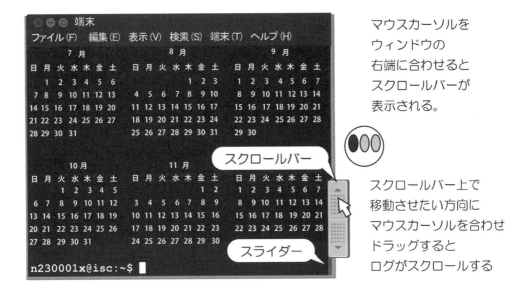

図 2.24 スクロールバーの操作

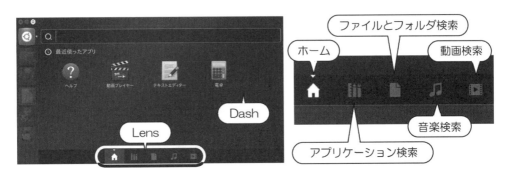

図 2.25 Dash 画面 (左) と Lens の種類 (右)

図 2.26 では検索カテゴリーとして「アプリケーション検索」をクリックし，検索キーワードとして「terminal」と入力した例を示します．本書の環境では，ランチャー上にある「端末」と，「Xterm」，「UXterm」という名前のアプリケーションが検索結果として得られます[17].

---

[17] ソフトウェアがコンピュータ上で正しく動作できるよう，ハードウェアや OS，他のソフトウェアに合わせてセットアップすることを**インストール**するといいます．Ubuntu では多くのアプリケーションソフトウェアがインストールされていますが，インストールされたすべてのアプリケーションが Dash で検索できるわけではありません．

図 2.26　アプリケーションの検索

2.11　ワークスペースの切り替え

　多くのウィンドウを開いて作業をする場合，もっとディスプレイ画面が広ければ作業しやすいのに，と思うことがあります．実際に表示されているより広いディスプレイ領域を提供する機能のことを一般的に仮想デスクトップといい，多くのデスクトップ環境で採用されています．Ubuntu では**ワークスペース**といわれる 2 × 2 の仮想デスクトップ領域を提供しています．

　ただし，デスクトップ環境の設定によってはワークスペース機能が有効になっていない場合もあります (ランチャーにワークスペーススイッチャー・アイコンが表示されていない)．その時は，本書付録 A.3 節を参考に，「システム設定」ツールから [外観] → [挙動] タブを選択し，そこで「ワークスペースを有効にする」にチェックを入れてください．

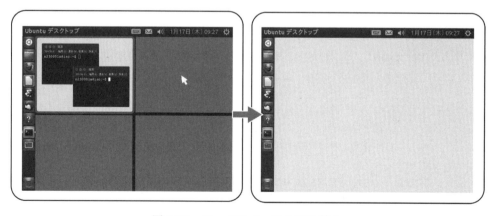

図 2.27　ワークスペースの切り替え

ランチャー上のワークスペーススイッチャー・アイコン ▫ を左マウスボタンでクリックすると，図 2.27 (左) のように 4 分割された画面（2 × 2）で構成されるワークスペース全域が表示されます．ルートウィンドウが薄い色のワークスペースは作業が行われている場所です．隣のワークスペースを使う場合は図 2.27 に示すように移動したいワークスペースの上で右マウスボタンをクリックまたは左マウスボタンをダブルクリックすると，移動したワークスペースが表示され，そこで作業を行うことができます．

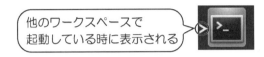

図 2.28　別のワークスペースで起動しているアプリケーションのアイコン

新しいワークスペースには何もウィンドウが開いていませんが，別のワークスペースでアプリケーションが起動している場合は，図 2.28 に示すようにアイコンの左側の表示が白い三角から不等号記号に変化しています．この状態でアイコンを左マウスボタンでクリックした場合は，そのアプリケーションが動作しているワークスペースが即座に表示されます．

また，あるワークスペースで開いているウィンドウを別のワークスペースに移動させたい場合は，ワークスペーススイッチャー・アイコンを左マウスボタンでクリックし，ワークスペース全域を表示させた後，該当するウィンドウを左マウスボタンでドラッグし，別のワークスペースに移動させます（図 2.29）．

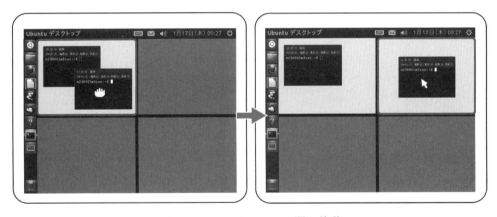

図 2.29　ワークスペース間の移動

マウス操作に関する略記

本章では，マウス操作の内容を正確に伝えるために，「左マウスボタンをクリック」のように，マウスボタンとマウス操作の種類の両方を記述していました．しかし，マウスの基本操作は常にマウスボタンに対して行われるため，上記の表現から「マウスボタンを」を省略して「左クリック」といった短い表現を使うことがよくあります．

また，アプリケーションの起動やウィンドウの選択など，よく行われるマウス操作は左マウスボタンを使う場合が多いため，特にマウスボタンの指定がなく「クリック」と書かれた場合は「左マウスボタンをクリック」の意味で使われています．同様に「アイコンやメニュー項目を左マウスボタンでクリックすることにより選択する」操作を，単に「選択する」と表現することがあります．

本章以降はこのようなマウス操作に関する省略表現を使用します．

第3章　ファイルとディレクトリ

　この章では，Linux を使いこなす上で必要不可欠な，ファイルとディレクトリについて説明します．

3.1　ファイルとファイル名

　文章やプログラム，データなどのひとまとまりの情報をコンピュータ内に保存する単位が**ファイル**です．エディタ (第 4 章) やコマンド (第 10 章) などで作成した情報をファイルとして保存することで，後で利用したり加工したりすることができます．

　個々のファイルは名前 (ファイル名) によって区別されるため，ファイルごとに異なった名前を付ける必要があります．Linux では，**ファイル名**の記述には主に英数字を使いますが[*1]，その場合大文字と小文字は区別されます．例えば，air.c と Air.c は別のファイルです．名前の最大長は Linux の種類などによって異なりますが，多くの場合 255 文字まで使用できます．また，特殊な用途に用いる以下の 18 文字はファイル名に使ってはいけません．

　　/　*　?　'　"　;　&　(　)　|　<　>　\　[　]　!　{　}

　なお，ファイル名における文字「.」(ピリオド) については，通常の文字としても使いますが，いくつかの場面では特別な意味を持つので注意してください．

　まず，ファイル名のピリオドから最後までの部分が，そのファイルの種類を表す場合があります．これを**拡張子** (extension) または**サフィックス**といいます．Linux では，拡張子は表 3.1 のように使い分けられています．アプリケーションによっては，プログラムを保存したファイルの拡張子が決められている場合がありますので，特別な理由がない限りこの慣習に従ってください．

　また，先頭にピリオドが付いたファイル名のファイルは，利用者の環境設定情報の保管など，少し特殊な用途のために使われます．こうしたファイルは，ファイル名の表示を行うコマンド ls(10.3.1 項参照) でも普通は表示されません[*2]．

　以上の点に注意して，わかりやすいファイル名を付けることを心掛けましょう．

[*1] ファイル名には日本語も使えますが，利用環境や使用するアプリケーションによっては正しく取り扱えないことがあります．

[*2] -a オプションを指定すれば表示できます．

表 3.1 ファイル名の拡張子

拡張子	用途	ファイル名の例
.c	C のプログラムファイル	prog.c
.h	C のヘッダファイル	conf.h
.o	オブジェクトファイル	prog.o
.java	Java のプログラムファイル	sample.java
.tex	LATEX のソースファイル	report.tex
.html	HTML のファイル	index.html
.pdf	pdf 形式の文書ファイル	doc.pdf
.gif	GIF 形式の画像ファイル	isci.gif
.png	PNG 形式の画像ファイル	isct.png
.jpg	JPEG 形式の画像ファイル	kyutech.jpg
.ps	PostScript 形式のファイル	asakura.ps
.txt	TEXT 形式のファイル	memo.txt

3.2 ディレクトリとパス名

多数のファイルを効率よく整理するためには，ファイルを内容や用途ごとに分類して保存できれば便利です．これは，洋服タンスの「引出し」を使って，洋服の種類や使う人ごとに分類整理することと似ています．この「引出し」に相当するものとして，Linux では，複数のファイルをひとまとめにして入れておく**ディレクトリ**[*3] を使います．ファイルと同じく，ディレクトリにも名前を付けます．名前に関する規則はファイル名と同様ですが，通常は拡張子を付けません．

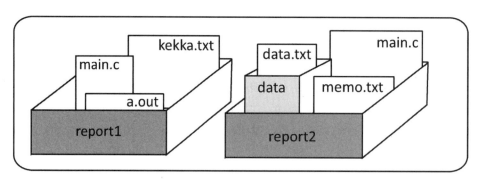

図 3.1 ディレクトリの利用

[*3] Linux では，ディレクトリも特殊なファイルの一種として扱われます．普通のファイルがプログラムや数値，文章などのデータを保管するのに対して，ディレクトリには，そのディレクトリが含むファイルとディレクトリの名前，ハードディスク上での保存場所などの情報が保存されています．Windows やグラフィカルユーザインターフェース (GUI) を用いたプログラムにおける**フォルダ**とほぼ同様の概念です．

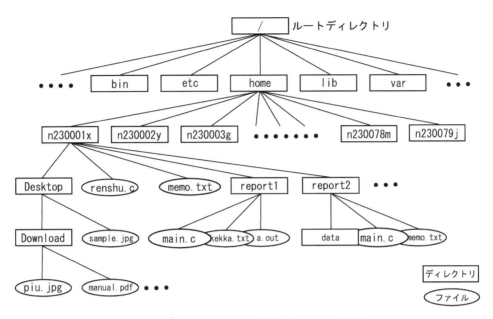

図 3.2 Linux のファイル構造 (ツリー構造)

　図 3.1 に示す例では，利用者は 2 件のレポートに関する複数のファイルを，report1, report2 という 2 つのディレクトリに分けて整理しています．ディレクトリを使わないと，例えば「レポート 1 のための main.c」と「レポート 2 のための main.c」を区別して取り扱うためには，両者に別のファイル名を付けなければなりません．しかしそれぞれを異なったディレクトリに入れることで，こうした問題を避けることができています．

　また，ディレクトリにはファイルだけでなく，別のディレクトリを入れることもできます．図 3.1 に示す例では，report2 ディレクトリ中に，data というディレクトリが存在しています．

　あるファイルやディレクトリから見て，自分が「含まれている」ディレクトリのことを親ディレクトリといい，逆に，親ディレクトリから見て「含んでいる」ディレクトリを子ディレクトリまたはサブディレクトリといいます．Linux では，すべてのファイルとディレクトリがこの親子関係で結ばれています．

　「親」→「子」の関係を，上から下へ線で結んだ形で模式的に表すと，Linux のファイル構造の全体像は図 3.2 のようになります．ちょうどたくさんの枝や葉を持った樹木 (を上下逆さまにしたよう) に見えることから，Linux のファイル構造をツリー構造と呼びます．

　ファイルはツリー構造の中で葉の部分に相当します．図 3.2 の例では main.c, memo.txt, sample.jpg などがファイルです．home や Desktop などのように，その下にさらに枝が分岐しているものはディレクトリです．ツリー構造の根元にあたる (一番上にある) /(スラッシュ) で表されたディレクトリを，ルートディレクトリと呼びます．

　ファイルは基本的にその名前によって識別されます．ただし，ファイル構造が図 3.2 のようなツリー構造であるため，たとえファイル名が同じであっても別のディレクトリの下にあれば別のファイルとして扱われます．

　ファイル構造全体の中で 1 つに決まるように付けられたファイル名のことを絶対パス名と

いいます．これは，ルートディレクトリからファイルまでの経路にあるディレクトリをすべて書き連ねたもので，ディレクトリとディレクトリ，ディレクトリとファイルの間は / で区切ります．例えば，図 3.2 の例だと，ディレクトリ report1 内のファイル main.c の絶対パス名は/home/n230001x/report1/main.c に，また report2 の main.c の絶対パス名は/home/n230001x/report2/main.c となります．

　しかしファイルの指定に，いちいち長い絶対パス名を使うのは不便です．そこで，現在利用者が作業しているディレクトリを**カレント** (current；現在という意味) **ディレクトリ** (または**カレントワーキングディレクトリ**) とし，そこからの経路でファイルを指定するという方法が用意されています．カレントディレクトリから相対的な経路で示されるファイル名のことを**相対パス名**といいます．例えば，カレントディレクトリが/home/n230001x であるとき，図 3.2 のファイル renshu.c のカレントディレクトリからの相対パス名は，

　　　　renshu.c または ./renshu.c

になります．また，ファイル sample.jpg の相対パス名は，

　　　　Desktop/sample.jpg または ./Desktop/sample.jpg

となります．

　通常，Linux にログインした直後のカレントディレクトリは，各利用者ごとに 1 つずつ割り当てられている**ホームディレクトリ**と呼ばれるディレクトリに設定されています．例えば図 3.2 の例では，利用者名が n230001x の利用者のホームディレクトリは/home/n230001x であり，ログイン直後のカレントディレクトリも/home/n230001x です．利用者は必要に応じて，カレントディレクトリを別のディレクトリに移すことができます．

　最後に，表 3.2 に特殊なディレクトリの記法について示しておきます[4]．

表 3.2　特殊なディレクトリの記法

ディレクトリ名	内　　　容	相対パスの例
/	ルートディレクトリ	
.	カレントディレクトリ	./renshu.c
..	親ディレクトリ	../n230001x
~	ホームディレクトリ	~/renshu.c
~利用者名	利用者名で指定された利用者のホームディレクトリ	~b230001x

3.3　保護モード

　ある利用者が作ったファイルやディレクトリを別の利用者が勝手に覗いたり，書き換えたり，削除したりしないようにするために，Linux ではファイルやディレクトリごとに**保護**

---

[4] 厳密には，ホームディレクトリはシェルに依存する機能です．

モード (またはファイルモード) を持っています．保護モードは，ファイルやディレクトリの利用者をファイルの所有者，グループ，それ以外の人に区別，またファイルやディレクトリのアクセス方法を読み出し，書き込み，実行にそれぞれ区別し，利用者ごとにどのアクセス方法を許可するか (またはしないか) を設定するものです．保護モードに関する操作には，保護モードの変更 (chmod)，ファイルやディレクトリごとの保護モードの表示 (ls -l) があります．詳細については 10.1.2 項および 10.3.1 項を参照してください．

第4章　文書の作成

エディタは，プログラムや各種の文書といったテキストファイル[*1]を新しく作成したり，既に存在するテキストファイルを修正するためのプログラムです．文字の入力，削除，コピーして貼り付けるなど，編集に必要な機能を備えています．エディタは，プログラムやデータだけでなく，レポートや手紙などの文書までと幅広く編集できることから，エディタはコンピュータを使う上で最も基本的なアプリケーションの１つであるといえます．通常，テキストファイルの作成はキーボードから文字を入力することで行います．英数字だけで構成されたテキストファイルを編集するのであればこれで十分ですが，漢字を含む日本語のテキストファイルを編集したい場合には，キーボード上のキーだけでは少な過ぎるため，ひらがなやローマ字で入力された文字を漢字に変換する機能が必要です．このような機能を**かな漢字変換機能**といいます．この章では，エディタとして Emacs，かな漢字変換機能を持つ日本語入力システムとして Anthy の使い方について説明します．

4.1　エディタ Emacs の特徴

エディタには，コンピュータシステムの種類や用途などの違いによって，様々な種類があり，それぞれ異なった操作方法を持っています．Linux の世界にも多くのエディタがありますが，中でも **vi** と，本書で説明する **Emacs** というエディタがよく使われています．Emacs には多くのバージョンがありますが，共通する大きな特徴としては次のようなものがあげられます．

- 豊富な編集機能を持っている
- １つのウィンドウに複数のファイルを同時に表示し，修正することができる
- 機能の多くが Lisp というプログラミング言語で書かれているため，利用者自身がプログラムを作成して，Emacs の機能を拡張することができる
- 多くのアプリケーションを Emacs の中から直接起動することができる
- 編集操作をキーボード，マウスのどちらでも行える
- 英語，日本語だけでなく，中国語，韓国語，ドイツ語など多言語が扱える

4.2　Emacs の基本操作

Emacs でテキストファイルを作成する場合の基本的な手順は，以下の通りです．

[*1] 文字の情報の入ったファイルのことをテキストファイル，文字ファイルなどといいます．

1. Emacs を起動する
2. テキストファイルを編集する
   - 文字を入力する
   - 文字を削除する
   - 編集位置 (カーソル) を移動させる
   - ファイルに保存する
3. Emacs を終了する

Emacs には，より効率的に編集作業を行うための機能が数多く備わっていますが，ここに挙げた必要最小限の操作だけでも文書が作成できます．ここでは，これらの基本操作について説明します．

キー操作の表記について

Emacs を用いて文書の編集作業を行うには，Emacs に対して編集用のコマンドを入力する必要があります．Linux コマンドとは異なり，Emacs の多くのコマンドは，特別なキーボード操作の組合せによって入力するようになっています．まず，キー操作について説明します．

コマンド入力は，**コントロールキー** Ctrl と**メタキー** Meta [*2] を普通の英数字キーと組み合わせて使います．例えば，Emacs の中でカーソルを 1 文字分左に動かす場合には，

Ctrl を押したまま B を押す

と操作します．本書では，以後は Ctrl + B，またはもっと簡略化して

C-b

と表記します．同様に「Meta を押したまま X を押す」操作は，Meta + X または

M-x

と表記します．この **C-b** や **M-x** といった操作の表現は，Emacs のコマンドを説明する場合によく使われるものです．また，スペースキー，Del，Enter，Tab，Backspace は，それぞれ単に **SPC**，**DEL**，**Enter**，**TAB**，**BS** と表記します．

キーボードの種類によっては，コントロールキーは付いているが，メタキーのないものがあります．Emacs を使う際，このようなキーボードでは**エスケープキー** Esc を代用します．ただし，メタキーとは操作方法が少し違います．例えば M-x の場合だと，

Esc を押してから X を押す
(Esc を押してすぐに離し，続いて X を押す)

という操作になります．メタキーを使う操作でも，エスケープキーを使う操作でも，コマンドの効力は同じで，操作の表記も共通です．キーボードの種類や，自分にとっての使いやす

[*2] メタキーを **Alt** キー Alt などで代用する Linux-PC もあります．

さで選んでください．

Emacs におけるコントロールキーとメタキーの操作方法を表 4.1 に示します．

表 4.1 Emacs コマンドのキー操作

表記	キー操作の方法
C-b	Ctrl を押したまま B を押す
M-x	方法 (1)：Meta を押したまま X を押す
	方法 (2)：Esc を押してすぐに離し，続いて X を押す
C-x C-f	方法 (1)：まず **C-x** を操作し，次に **C-f** を操作する
	方法 (2)：Ctrl をずっと押したまま，X を押してすぐに離し，続いて F を押す
C-x i	まず **C-x** を操作し，Ctrl と X を離した後，I を押す
M-x next-line	まず **M-x** を操作し，続いてミニバッファ (図 4.1 参照) で文字列 next-line を入力し，最後に Enter を押す

4.2.1 起動

Emacs を起動するには，以下に示すように，ターミナルウィンドウ上で **emacs** コマンドを入力します[*3]．

Emacs を起動すると，画面に図 4.1 のようなウィンドウが現れます．指定した名前のファイルが存在すれば，Emacs は起動直後にそのファイルを Emacs 内部のバッファと呼ばれる作業領域に読み込み，ファイルの内容を表示します．指定したファイルが存在しない場合には，新たなファイルの作成とみなされ，表示は空のままです[*4]．

Emacs の画面は図 4.1 に示すようないくつかの部分からできています．まず最上部のメニューバーは，マウスを使っていろいろな機能を選択するためのものです．詳しくは 4.3.7 項のマウスオペレーションで説明します．

ファイルの内容が表示されている部分を**ウィンドウ**といいます．これは X ウィンドウ画面のウィンドウとは関係なく，Emacs の画面の一部分です．以下の Emacs に関する説明では，特に断らない限り「ウィンドウ」とは Emacs 内部のウィンドウを指します．

ウィンドウの中には，文字の入力位置を示す**カーソル**があります．カーソルがある場所の文字は，白黒反転して表示されます．起動直後，カーソルはウィンドウの左上隅にあります．各部の名称と簡単な説明を以下に示します．

- **スクロールバー**…マウスボタンを使って，表示位置を移動することができます

[*3] 本書の環境では，ランチャーから「Emacs」アイコン を選択しても起動できます．
[*4] ファイル名を指定せずに起動し，あとから Emacs コマンド **C-x C-f** でファイルを読み込ませることもできます．

44 第 4 章　文書の作成

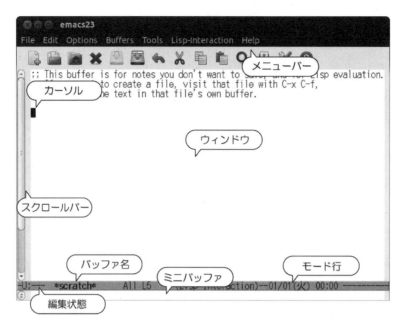

図 4.1　Emacs 画面の例 (ファイル名の指定なし)

- **モード行**…ファイル名や動作状態などの各種情報が表示されます．例えば，モード行の編集状態の部分では，編集状態に応じて，未編集「--」，編集中「**」，編集不可「%%」のように表示が変わります
- **ミニバッファ**…エコー領域とも呼ばれます．ここは，Emacs からのメッセージが表示される他，利用者がある種のコマンドやデータ，あるいはメッセージに対する応答を入力したりするのに使用します

4.2.2　文字の入力と削除

　Emacs では通常，キーボードから入力した文字が，ウィンドウ内のカーソルがある位置にそのまま書き込まれていきます．例として，次の文字列を入力します．

```
This is a first line.
```

　タイプミスしたら，**BS** を押してカーソルの直前（左側）の文字を消します．端末環境によっては，**BS** ではなく **Del** を使うようになっているものもあります．
　入力し終わったら，最後に **Enter** を押します．するとカーソルは，今入力した行の次の行の先頭（左端）に移ります．このとき，前の行の最後には目には見えませんが，**Enter** に対応する「行末を示す文字」が入っています．また，最初空だったバッファに文字を入力したため，モード行の編集状態が，未編集「--」から編集中「**」に変わっています．
　同様にして，図 4.2 の状態になるように残りの 2 行を入力しておきます．

4.2 Emacs の基本操作   45

図 4.2 sample.txt の入力

4.2.3 カーソルの移動と文書の修正

文書の修正・変更は，次の手順で行います．以下では，これらの操作に必要なキー操作について説明します．

1. 変更したい場所までカーソルを動かす
2. 変更したい部分を削除する
3. 新しい文字列を入力する

カーソルをウィンドウの中で上下左右に動かすためには，下に示す**カーソル移動コマンド**を使います．キーボードに →　←　↓　↑ のような矢印キーがある Linux-PC では，多くの場合，それらをコントロールキーによるカーソル移動コマンドの代わりに使えるようになっています．

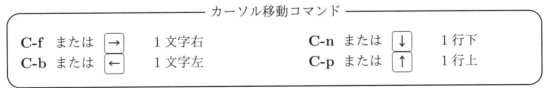

カーソル移動コマンドを使ってカーソルを左へどんどん動かし，行の左端 (行頭) まで来ると，それ以上左には進まず，上の行の右端 (行末) に移ります．逆にカーソルが行の右端にある時にさらに右側に動かすと，カーソルは下の行の行頭に移動します．

カーソルを上へ動かし，先頭行まで来るとそれ以上は進みません．しかし，下へ動かすと

最終行を過ぎても下に進み続けます．この時，最終行の後ろには，行末文字だけの行 (空行) が追加されていきます．作成する文書の用途によっては，このような空行が付いていると都合の悪い場合があるので，注意が必要です．

```
―――― 文字削除 ――――
BS                    カーソルの左
C-d または Del        カーソル位置
```

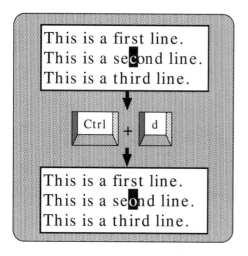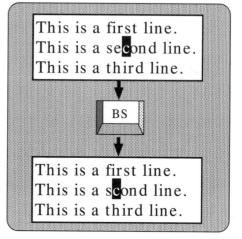

図 4.3　文字削除コマンド

　文字を消すコマンドには，**BS** と **Del** の他に **C-d** があります．**BS** がカーソルの左側の文字を消すのに対し，**C-d** と **Del** はカーソルがある位置の文字が消え，カーソルの右側の文字列が 1 文字分左にずれます（図 4.3）．

　行の左端で **BS** を入力すると，上の行の行末文字が消えるので，現在行が上の行の行末につながります．また，行末で **Del** または **C-d** を入力した場合には，その行の行末文字が消えるので，下の行が現在行につながります．

　カーソル移動コマンドと削除コマンドを使って，例文の 2 行目 second を削除して **2nd** に書き直してみます．

1. カーソルを **second** の **s** の位置に動かす
2. **C-d** を 4 回押して，**second** を **nd** にする
3. 新しい文字 **2** を入力し，**nd** を **2nd** にする

　入力された文字は，カーソル位置に挿入されていき，カーソルの右側に元からあった文字列は右にずれます．**BS** を使って削除する場合は，最初にカーソルを動かす位置が second の **o** の右隣になります．

4.2.4　ファイルに保存する

　Emacs においてファイルを読み込む動作は，実は，Emacs のバッファ（一時的な格納場所）の中にファイル内容のコピーを作ることです．したがって，これまで行ってきた入力や

編集の結果は，バッファ内のコピーに対するものでしかありません．元のファイルに編集結果を反映させるためには，図 4.4 に示すように，修正されたバッファの内容を元のファイルに書き戻す必要があります．

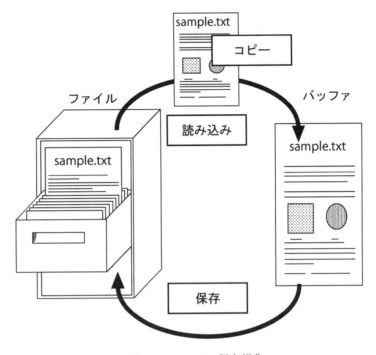

図 4.4　ファイル保存操作

バッファの内容をファイルに書き戻す操作を，文書の**保存**または**セーブ**といい，次のコマンドを入力します．

―――――― 文書の保存 (セーブ) ――――――
C-x C-s

保存が正しく行われると，ミニバッファに

　　Wrote /home/n230001x/sample.txt

という表示が現れ，保存されたファイル名が表示されます．なお，バッファの内容を修正しない状態 (モード行の編集状態の表示が -- になっています) で保存操作をしても，ミニバッファに

　　(No changes need to be saved)

と表示されるだけで，保存は実行されません．

　保存操作をせずに Emacs を終了すると，入力や編集をした結果が失われてしまうので注意が必要です．また，Linux-PC が突発的な事故で停止したときなども，それまで編集した結果が失われてしまいます．編集作業の途中であっても，時々ファイルに保存する習慣を付

けておきましょう.

4.2.5 Emacs の終了

テキストファイルの編集作業を終えて Emacs を終了するには 2 つの方法があります. 1 つは作業内容の保存を確認して終了する方法,もう 1 つは確認せず終了する方法です.作業内容の保存を確認するには,次のコマンドを入力します.

```
────────── 終了（保存を確認する）──────────
C-x C-c
```

この時,作業内容を保存していないと,ミニバッファに

```
Save file /home/n230001x/sample.txt? (y,n,!,.,q,C-r or C-h)
```

という表示が現れ,入力待ちになります.編集内容を保存する場合は **y** を,保存しない場合は **n** を入力します. **n**,つまり編集内容を破棄して終了すると答えるとさらに,

```
Modified buffers exist; exit anyway? (yes or no)
```

と再度確認を求めてきますので,あくまで保存しない場合は **yes** を入力します.ここで **no** と答えると,終了自体を取り止めます.

保存を確認せずに Emacs を終了するには,次のコマンドを入力します.

```
────────── 終了（保存を確認しない）──────────
C-u C-x C-c
```

コマンドを入力すると即座にウィンドウが閉じ,Emacs が終了します.

4.2.6 コマンドのキャンセル

Emacs のコマンドにはいくつかのキーの組合せで起動するものや,起動した後で,さらに入力をしなければならないものもあります.こうした複雑なコマンド入力の途中で,間違いに気付くなどして操作をやり直したい場合,次のコマンドを入力してコマンドをキャンセルします.

```
────────── コマンドのキャンセル ──────────
C-g
```

C-g を入力すると,その直前のコマンド入力を取り消します.このコマンドはコマンドの実行結果を取り消すものではないので,例えば,**BS** で消してしまった文字をこの方法で復活させることはできません.

4.3 応用操作

4.3.1 いろいろなカーソル移動と削除のコマンド

基本操作では上下左右への移動と 1 文字単位での削除の方法を説明しました．数行しかないファイルの編集であればこれらのコマンドで十分ですが，取り扱うファイルサイズが大きくなってくると，1 文字単位の操作だけでは作業の効率が上がりません．Emacs にはより大きな単位で移動や削除などの操作を行うコマンドが数多くあります．ここでは，それらの中からよく利用するものを説明します．また，画面の**スクロール**と，それに関連するコマンドについても説明します．

カーソル移動

カーソルを行の先頭 (左端) または行末 (右端) に動かすには，次のコマンドを使います．

```
―――― 行頭，行末への移動 ――――
C-a      行の先頭
C-e      行末
```

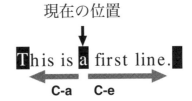

また，文書の先頭や末尾に動かすのは，以下のコマンドです．

```
―――― 文書の先頭，末尾への移動 ――――
M-<      文書の先頭
M->      文書の末尾
```

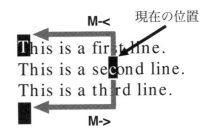

行番号，すなわち文書の先頭から何行目かを指定して，その行に移動するには次のコマンドを使います．

```
―――――― 行番号指定の移動 ――――――
M-x goto-line
```

このコマンドでは **M-x** まで入力したところでミニバッファに **M-x** と表示されるので，続けて `goto-line` という文字列を入力して最後に **Enter** を押します[5]．すると今度は

　　　　Goto line:

と表示され，行番号の入力を求めてきます．行番号を入力し **Enter** を押すとカーソルがその行の先頭に移動します．

---

[5] **M-x** で始まるコマンドについては 4.3.6 項を参照してください．

画面スクロール

　Emacs のウィンドウに表示できる行数は限られているため，文書が長くなると全体を表示することができなくなります．そこで，Emacs ではウィンドウを文書を見るために開いた小窓と考えています．カーソルが移動して小窓の外に出そうになると，Emacs は文書を繰り上げたり繰り下げたりして，再びカーソルが小窓の中に来るようにします．

　このようにして文書の表示部分を移動させることを**スクロール**といいます．カーソルが画面下方 (文末方向) に動いて，文書表示が繰り上がるように動くのを**スクロールアップ**，逆にカーソルが画面上方 (文頭方向) に動いて表示が繰り下がるのを**スクロールダウン**といいます．Emacs の場合，自動的にスクロールする行数は，スクロールした直後にカーソル位置の行がおよそ画面中央になるよう調整されています．

　スクロールは，カーソル移動に伴って自動的に行われますが，以下のコマンドを使って手動で行うこともできます．

―――――― 画面スクロール ――――――
C-v	1 画面分スクロールアップ
M-v	1 画面分スクロールダウン

　実行後のカーソルは原則として，スクロールアップの場合は画面最上行に，スクロールダウンの場合は最下行に，それぞれ移ります．

文字列削除

　複数の文字を一度に削除するには，次のコマンドを使います．

―――――― 行末までの削除 ――――――
C-k

　C-k を入力すると，カーソル位置から行末までの文字をまとめて削除します．

　カーソルが行の先頭にある時にこのコマンドを実行すると，その行は空行 (行末文字だけの行) になります．空行でさらにこのコマンドを使うと，行末文字も消えて行自体がなくなり，下にあった行が 1 行ずつ繰り上がります．

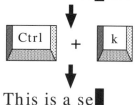

4.3.2　バッファの操作

　Emacs では，バッファと呼ばれる作業領域の中ですべての編集作業を行います．図 4.4 に示したように，利用者はファイルの内容を一度バッファに読み込んで (コピーして)，バッファの内容を編集し，再びファイルに保存します．

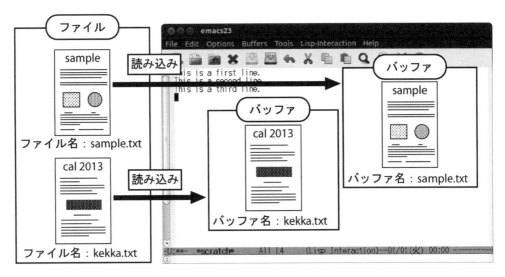

図 4.5　バッファの概念

　Emacs は，同時に複数のバッファを使うことができます．図 4.5 に示すように，別々のファイルを同時に編集したり，1 つのウィンドウを分割してそれぞれに違うファイルを表示したりすることができます[*6]．また，バッファ間でデータを受け渡したりすることもできるので，あるファイルの内容の一部を別のファイルに切り貼りすることもできます．
　以下では，バッファに関連する主なコマンドを紹介します．

ファイルの読み込み

　バッファにファイルを読み込むには，以下のコマンドを使います．

```
──────────── ファイルの読み込み ────────────
C-x C-f    新規読み込み
C-x i      ファイル挿入
```

　新規読み込みコマンドを実行すると，ミニバッファに

　　　Find file:

という表示が現れるので，読み込むファイル名を入力します．入力後 **Enter** を押すと，新たにバッファが用意され，そこにファイルが読み込まれます．
　Emacs 起動時にファイル名を指定した場合には，Emacs 本体の起動直後，自動的にこのコマンドが実行されます．図 4.5 は，2.5 節で作成したファイル kekka.txt と 4.2 節で作成したファイル sample.txt を，新規読み込みでバッファに読み込んだ例を示しています．
　なお，既に別のファイルを編集している時に新規読み込みコマンドを実行すると，それま

[*6] それぞれのバッファはバッファ名を持っています．普通は，バッファに読み込んだファイルのファイル名がバッファ名となります．

で使っていたバッファは新しいバッファと入れ換わりに見えなくなります．先に使っていた
バッファをもう一度操作できるようにするには，後で述べる「表示するバッファの切替え」
の操作を行います．

ファイル挿入コマンドを実行すると，ミニバッファに

```
Insert file:
```

という表示が現れるので，挿入するファイル名を入力します．入力後 **Enter** を押すと，新
しいバッファでなく，現在操作しているバッファのカーソル位置に，指定したファイルの内
容が割り込む形で読み込まれます．現在編集中の文書の中に，別のファイルの内容をそのま
ま取り込みたい場合などには便利です．

ファイルの保存

バッファ上で編集した文章をファイルに保存するには，以下のコマンドを使います[7]．

― ファイルの保存 ―

C-x C-s　　同名で保存
C-x C-w　　別の名前で保存

同名で保存コマンドを実行すると，編集した内容はバッファと同名のファイル（多くの場
合，読み込んできた元のファイル）に自動的に保存され，ミニバッファに保存したファイル
名が表示されます．

```
Wrote /home/n230001x/sample.txt
```

別の名前で保存コマンドを実行すると，ミニバッファに

```
Write file: ~/
```

という表示が現れるので，保存するファイル名を入力します（図 4.6）．ファイルをカレント
ディレクトリに保存する場合には，そのままファイル名を入力して最後に **Enter** を押しま
す．別のディレクトリに保存する場合は，**BS** などでディレクトリ部分を消すなどして，改
めてディレクトリとファイル名を入力して最後に **Enter** を押します．

別の名前で保存コマンドを使って，保存するファイル名を変更した場合，バッファ名も変
更したファイル名と同じ名前に変わります．その後，同名で保存コマンドを行う場合は，変
更後のファイル名が使われます．

別名 (sample2.txt) を付けたバッファがファイルに保存されると，ミニバッファに

```
Wrote /home/n230001x/sample2.txt
```

と表示され，モード行の編集状態が，「**」から「--」に変わります．

---

[7] いずれのコマンドも，保存後に引き続きバッファの内容を編集することができます．

4.3 応用操作

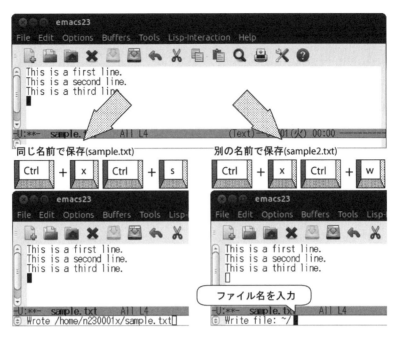

図 4.6 保存操作例

表示するバッファの切り替え

Emacs は同時に複数のバッファを使うことができますが，1 つのウィンドウに表示できるバッファは，基本的には 1 つです[*8]．ウィンドウに表示するバッファを切り替えるには，以下のコマンドを使います．

――― バッファの切り替え ―――
C-x b

コマンドを実行すると，ミニバッファに

    Switch to buffer (default *Messages*):

という表示が現れ，切り替え先バッファ名を入力できるようになります．バッファ名を入力して **Enter** を押すと，ウィンドウには指定したバッファが表示されます．この時，単に **Enter** を押すと，default の後ろに示されたバッファ名 (上の例では*Messages*) が入力されたことになります．

また，切り替えようとするバッファ名がわからない時には，バッファ名の代わりに **TAB** を押します．図 4.7 に示すように，ウィンドウが上下に分割され，現在使っているバッファの一覧が表示されますので，バッファ名を確認して入力します．この一覧画面はバッファ名を入力し終わると自動的に消え，元の状態に戻ります．

[*8] 後述するウィンドウ機能を使用すれば，画面を分割して複数のバッファを表示することができます．

図 4.7 バッファの切り替え (一覧画面)

バッファの削除

編集中のバッファを削除するには，以下のコマンドを使います．

―――――― バッファの削除 ――――――

C-x k

コマンドを実行すると，ミニバッファに

```
Kill buffer (default sample2.txt):
```

という表示が現れるので，削除するバッファ名を入力します．入力後 **Enter** を押すと，指定したバッファが削除されます．削除される対象は，最後にファイルに保存した後の作業内容です．

この時，単に **Enter** を押すと，`default` の後ろに示されたバッファ名 (上の例では `sample2.txt`) が入力されたことになります．バッファ名がわからない時には，バッファ名の代わりに **TAB** を押します．すると，ウィンドウが上下に分割され，現在保持しているバッファの一覧が表示されますので，バッファ名を確認して入力します．

このコマンドは，バッファを削除するだけで，そのバッファに読み込まれていたファイルを削除するものではありません．削除が実行されると，ウィンドウには直前に表示していた別のバッファが表示されます．

バッファの一覧表示

Emacs が使っているバッファの一覧を表示するには，以下のコマンドを使います．

バッファの一覧表示

C-x C-b

コマンドを実行すると，図 4.8 に示すように，ウィンドウが上下に分割され，現在使っているバッファの一覧が下のウィンドウに表示されます．

なお，この表示はそのままでは画面から消えません．このような分割された画面の操作については，次項，ウィンドウ操作で説明します．

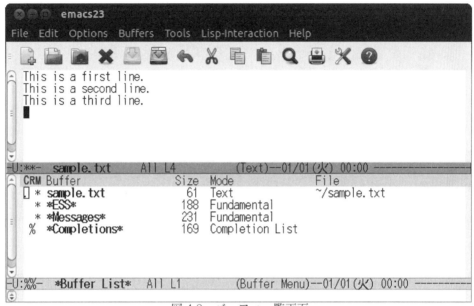

図 4.8　バッファ一覧画面

4.3.3　ウィンドウ操作

Emacs には，現在表示しているウィンドウを上下または左右に分割し，新しいウィンドウを作成する機能が備わっています．この機能を用いることで，それぞれのウィンドウに異なったバッファを表示させることや，1 つのバッファを 2 つまたはそれ以上のウィンドウで同時に表示させることができます[*9]．

ウィンドウの分割

1 つのウィンドウを 2 つのウィンドウに分割するためには，以下のコマンドを使います．

[*9] 1 つのバッファを 2 つのウィンドウに表示している場合，片側を編集すると，もう一方のウィンドウにも反映されます．

―――――――― ウィンドウの分割 ――――――――

C-x 2	上下に分割
C-x 3	左右に分割

上下に分割コマンドを実行すると，図 4.9 のようになります．分割した直後は，どちらのウィンドウにも分割前に表示されていたバッファが表示されます．この状態でさらに分割コマンドを使うと，カーソルがある側のウィンドウが再び 2 つに分かれます．

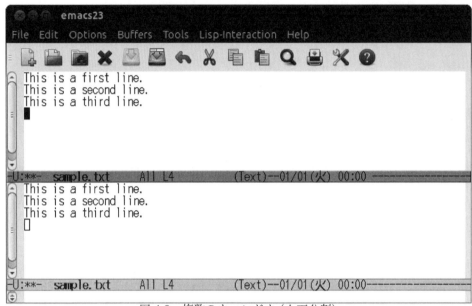

図 4.9 複数のウィンドウ (上下分割)

操作するウィンドウの選択

複数のウィンドウを表示していても，一度に操作できるのは，原則として，カーソルが位置する 1 つのウィンドウだけです[10]．あるウィンドウで表示している内容を操作したい場合には，そのウィンドウにカーソルを移動させる必要があります．ウィンドウ間を移動するには，以下のコマンドを使います．

―――――――― ウィンドウ間のカーソル移動 ――――――――

C-x o

ウィンドウが 2 つの場合は，このコマンドを実行するたびにカーソルがウィンドウ間を行き来します．ウィンドウが 3 つ以上の場合は，循環的にウィンドウを移動します．

ウィンドウを閉じる

複数開いているウィンドウを閉じて 1 つにするには，以下のコマンドを使います．

―――――――――――――――――――――

[10] 例外として，カーソルのないウィンドウをスクロールするコマンドがあります．

4.3 応用操作　　　　　　　　　　　　　　　57

―――――― 他のウィンドウを閉じる ――――――

C-x 1

コマンドを実行すると，現在カーソルがあるウィンドウ以外のすべてのウィンドウを閉じます．なお，このコマンドは表示を閉じるもので，閉じたウィンドウに表示されていたバッファを削除することではありません．

2つのファイルを一度に編集する

　実際に，バッファとウィンドウの機能を使って，2つのファイルを一度に編集してみます．手順は以下の通りです．

1. Emacs を起動し，**C-x C-f** で第 1 のファイル (例えば `sample.txt`) を読み込む
2. **C-x 2** でウィンドウを 2 つにする
3. **C-x C-f** で，今度は第 2 のファイル (例えば `sample2.txt`) を読み込む

　これで，上下 2 つのウィンドウにそれぞれ `sample.txt`, `sample2.txt` の内容が表示されています．あとは **C-x o** で操作ウィンドウを切り替えながら，両方の内容を修正することができます．編集が終わったら，それぞれのファイルを保存します．

4.3.4 ブロック編集

　文章中の比較的広い範囲を，削除，複製したり，あるいはひとまとめに別の場所に移動させる操作を，Emacs では**ブロック編集**といい，いくつかのコマンドが用意されています．ブロック編集に関するコマンドは，単独ではあまり意味を持ちません．いくつかのコマンドを組み合わせることによって，各種の作業を行うことができます．以下では主なブロック編集操作の手順を説明します．

　説明の中で，**リージョン**とは，Emacs においてブロック編集操作の対象となる範囲のことをいいます．また，**カットバッファ**は，削除やコピーを行ったリージョンの内容を一時的に保管する作業領域です．バッファという名前が付いていますが，通常のバッファのようにウィンドウに表示して内容を編集することはできません．

―――――― ブロック削除 ――――――

1. リージョンの指定
2. リージョンを削除 (内容はカットバッファに移動)

―――― ブロック移動 ――――

1. リージョンの指定
2. リージョンを削除 (内容はカットバッファに移動)
3. 移動先にカーソルを移動
4. カットバッファの内容を挿入

―――― ブロックコピー ――――

1. リージョンの指定
2. リージョンをカットバッファにコピー
3. 移動先にカーソルを移動
4. カットバッファの内容を挿入

　カットバッファの内容は，別のリージョンの削除などにより書き換えられるまでは，そのまま残っています．そこでコピー操作の後半の「カットバッファの挿入」を何度も繰り返せ

ば，リージョンのコピーをいくつも作ることができます．

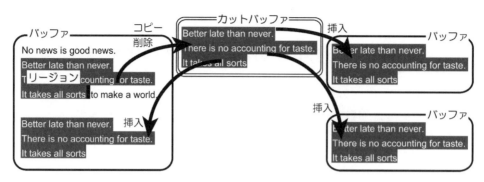

図 4.10　カットバッファを使ったリージョンの移動，コピー

　カットバッファは，複数のバッファ間の共通領域です．そのため，あるバッファでカットバッファに入れたリージョンの内容を，別バッファに移動して挿入することもできます．この方法を使えば，複数のバッファ間でデータをやりとりすることができます（図 4.10）．

　上の手順を整理すると，ブロック編集の機能は大きく

- リージョンの指定
- リージョンの削除 (またはカットバッファへのコピー)
- カットバッファの内容の挿入

という作業の組合せになっていることがわかります．以下では，具体的にどのようなコマンドを使ってブロック編集を行うかについて説明します．

リージョンの指定

　Emacs のリージョンは，あらかじめ文書中に付けておいた**マーク**の位置と，現在のカーソル (正確には，カーソルの直前) 位置との間です．リージョンを指定する手順は以下の通りです．

―――――――――― リージョンの指定 ――――――――――
　1. リージョンの先頭にカーソルを移動し，マーク設定コマンドを入力する
　2. リージョンの末尾の次の文字にカーソルを移動する

リージョン先頭のマークは次のコマンドを使って設定します．

―――――――――― マーク設定 ――――――――――
C-SPC または **C-@**

マークを設定しても，ミニバッファに Mark set という表示が出るだけで，画面上に印が付いたりすることはありません．また，マーク設定コマンドを再度入力すると，そこが新しいマーク位置になります．

リージョンの削除とコピー

リージョンを元のバッファから削除してカットバッファに入れるコマンド，また，元の
バッファから削除せずにカットバッファへコピーするコマンドは，それぞれ次の通りです．

―――――― リージョンの削除，コピー ――――――

C-w	リージョンの削除
M-w	リージョンのコピー

これらのコマンドは，カーソルをリージョンの末尾の次の文字に移動させた直後，引き続い
て入力します．

カットバッファの内容の挿入

カットバッファの内容をバッファの文書中に挿入するには，挿入したい位置までカーソル
を動かしてから，次のコマンドを入力します．

―――――― カットバッファ内容の挿入 ――――――

C-y

4.3.5 文字列の検索と置換

文書中の特定の文字列を捜し出す検索機能は，エディタの重要な能力の 1 つです．多くの
エディタでは，検索する文字列を最初に入力しますが，Emacs ではインクリメンタルサー
チと呼ばれる，1 文字入力するごとに検索が進んでいく操作方式を使います．

検索機能を使うためには，以下のコマンドを入力します．

―――――― 検索 ――――――

C-s	順方向 (文書の末尾方向) の検索
C-r	逆方向 (文書の先頭方向) の検索

コマンドを入力すると，ミニバッファに

    I-search:

または

    I-search backward:

という表示が現れ，検索する文字列を入力できるようになります．

では，図 4.11 の例で sea という単語を検索してみましょう．まず，s を入力します．カー
ソルが検索開始位置から見て最初に見つかった s の直後に移動します．続けて e と a も入
力します．カーソルは最初に見つかった se そして sea の後まで移動します．このように，
インクリメンタルサーチでは，検索文字列に 1 文字付け加わるたびに，その時点での検索文
字列が最初に現れる場所にカーソルを移動していきます．

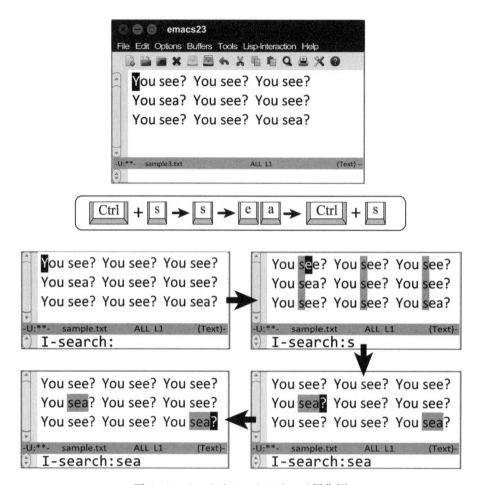

図 4.11　インクリメンタルサーチ操作例

　検索結果がこれで十分であり，カーソルを現在の位置で止めたい場合には，**Enter** を押します．一方，これが目的の文字列ではなく，別の **sea** を探したい場合，**C-s** を再び押すと，次の **sea** を探してカーソルを移動します．検索を取り止める場合には **C-g** を入力します．この場合カーソルは検索を開始した位置に戻ります．

　また，インクリメンタルサーチではなく，先に検索文字列をすべて入力してから，検索をスタートさせたい場合もあります．そのような場合には検索コマンドを起動した後，検索文字列の入力の最初に **Enter** を押します．すると，ミニバッファの表示が「I-search:」から「Search:」に変わり，その後文字を入力してもインクリメンタルサーチの動作をしません．文字列を入力し終えて，再度 **Enter** を押して，初めて検索が開始されます．

　文書中の特定の文字列を検索し，それを別の文字列に置き換えるのがエディタの置換機能です．Emacs は何種類かの置換コマンドを持っていますが，よく使われるコマンドは**確認付き置換**コマンドです．

4.3 応用操作

―― 確認付き置換 ――

M-%

これは，現在のカーソル位置より文末方向に向かって指定した文字列を，順次別の文字列に置換するコマンドです．置換を指定した文字列ごとに，置換するかどうかの確認を求めてきます．

以下では，図 4.12 のような内容の文書で，**second** を **2nd** に置換する場合を例にして，置換の操作について説明します．カーソルは最初文頭にあるものとします．

置換コマンドを入力すると，ミニバッファに

```
Query replace:
```

と表示されるので，置換 (検索) しようとする文字列 (second) を入力して **Enter** を押します．続けて次に，置換後の文字列 (2nd) を入力して **Enter** を押します．すると先に入力した文字列が検索されて，カーソルがその文字列 (例だと 2 行目の second) の直後に移動します．

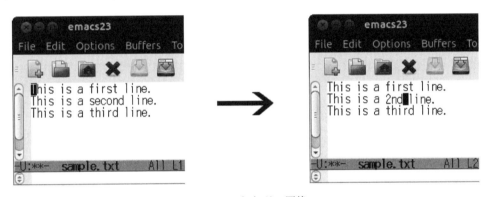

図 4.12　文字列の置換

ここでミニバッファに

```
Query replacing second with 2nd: (? for help)
```

のような表示が現れ，置換を実行するかどうかの確認を行います．確認に対し，次のような入力を行います．

―― 置換確認操作 ――

SPC または **y**	置換する
Del または **n**	置換しない
Enter または **q**	コマンドを終了する

図 4.12 の例では **SPC** を押して置換を行います．1 ヶ所の置換操作が終わると，自動的に次の置換候補が検索され，その場所にカーソルが移動します．例の場合，次の候補が存在しないので置換を終了します．なお，置換の処理を途中でやめたいときは，実行確認の入力で **Enter** を押す，または q を入力します．

もし，1つ1つの置換候補についての確認が不要であれば，次の一括置換コマンドを使うことで，よりすばやく処理を行うことができます．

― 一括置換 ―

M-x replace-string

使い方は，置換確認のステップを除けば，確認付き置換の場合と同じです．

4.3.6 Emacs のコマンドを実行する

Emacs のすべてのコマンドには，4.5 節で示すようなコマンド名が付いています．例えば，カーソルを1文字分右に動かすコマンド **C-f** は，**forward-char** がコマンド名です．このコマンド名を指定して Emacs コマンドを実行する方法があります．

― Emacs コマンドの実行 ―

M-x コマンド名

M-x を入力すると，ミニバッファに「M-x」という表示が現れるので，続けてコマンド名を入力します．

原理的には Emacs のすべてのコマンドは，この方法で利用できます．しかし，カーソルを1文字分動かしたい時に，このような長いコマンドを入力するのは大変です．そこで，比較的よく使うコマンドは，1個から数個のキー入力操作に割り当てられています．**M-x** は割り当てられてないコマンドを利用する場合に使用します．

4.3.7 マウスオペレーション

X ウィンドウシステムに対応した Emacs では，一部の機能の選択や操作がマウスを使って行えます．ここでは，マウスにより操作可能な機能を大きく3つの種類に分けて説明します．

メニューの操作

Emacs ウィンドウの上部にはメニューバーがあり，いくつかの項目が表示されています[11]．これらの項目をクリックして選択することにより，それぞれ操作メニューが表示されます．図4.13の例では，Edit メニューをクリックしてメニューを表示させています．

この中から適切な項目を選ぶことで，キーボードによるコマンド入力と同様の操作を行うことができます．なお，右端に三角の印のある項目は，そこにさらに下位のメニューがあることを示しています．また，Buffers メニューをクリックすると，現在のバッファの一覧が，メニューの形で表示されます．この中の各項目 (バッファ名) をマウスで選択すれば，表示するバッファを切り替えることができます．

---

[11] 使用状況によって，メニュー項目は多少変化します．

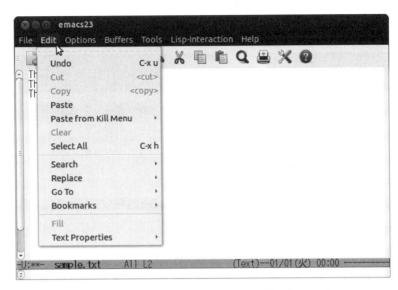

図 4.13　マウスで Edit メニューを開いたところ

マウスによるカーソル移動

　マウスを使ってウィンドウ内の任意の場所をクリックすると，カーソルがその場所に移動します．なお，行末よりも右側の，文字のない場所をクリックすると，カーソルはその行の行末に移動します．

　また，画面左端のスクロールバーをドラッグあるいはクリックすることにより，ターミナルウィンドウの場合 (2.9 節参照) と同様に，ウィンドウ表示を自由にスクロールさせることもできます．

コピー・アンド・ペースト

　この機能はブロック編集でのコピーにあたる操作をマウスで行うものです．

―――― マウスによるコピー・アンド・ペースト (ブロックコピー) の方法 ――――

1. 始点の位置にマウスカーソルを移動する
2. そこでマウスの左ボタンを押したまま，終点の位置までマウスをドラッグする．ドラッグ中は，図 4.14 左側のように，選択範囲 (リージョン) がオレンジ色で表示されます
3. 終点の位置でボタンを離す．オレンジ色表示の範囲の内容がカットバッファにコピーされます
4. コピー先にマウスカーソルを移動し，中央マウスボタンをクリックする．カットバッファの内容がマウスカーソルで指示した文字の直前に挿入されます．図 4.14 の例では，2 行目の最後にマウスカーソルをあわせて中央マウスボタンをクリックした状態です．

　カットバッファに入った内容は，単に同じ Emacs ウィンドウの中だけでなく，他の Emacs

ウィンドウやターミナルウィンドウなどにもコピーすることができます．

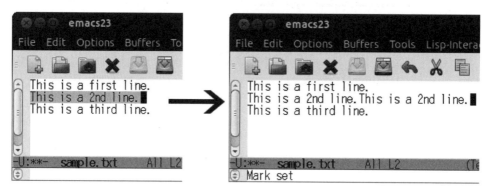

図 4.14 マウスによるリージョンの指定

4.3.8 操作の取り消し (undo)

Emacs は起動時から現時点までに行ってきた編集操作を記憶しています．そのため，それまで行ってきた編集操作を取り消して，元の状態に戻すことができます．この元に戻す操作をアンドゥ (undo) といい，以下のようなコマンドで実行できます．

―――― アンドゥ操作 ――――
M-x undo	直前の 1 つの操作を取り消す
C-x u	過去の操作までさかのぼって 1 操作ずつ取り消す

直前の 1 つの操作を取り消すコマンドは，2 度続けて実行すると，直前の取り消し操作自体が取り消されます．つまり何もしなかったのと同じ状態になります．

4.3.9 主モード

ファイルを読み込んでバッファを作成する時，Emacs はファイル名に付いている拡張子を手がかりに，編集作業に適したバッファの操作環境を自動的に選択します．例えば，改行した時に自動的な行揃えをするかどうかや，**TAB** を押した時のスペースの長さなどといった事項です．また，左括弧と右括弧との対応をチェックする機能などが付加されることもあります．

このような，バッファに基本的に与えられる特性のことを**主モード**といいます．バッファの主モードはモード行に表示されています．主モードには，以下のようなものがあります．

Text: 普通の文章を作成する時の主モード．ファイル拡張子は .txt や .text
C: C プログラムを作成する時の主モード．ファイル拡張子は .c
TeX: TeX で文章を作成する時の主モード．ファイル拡張子は .tex

4.4 文章作成以外の機能

Emacs は，文章を作成するエディタ機能以外にも，各種の付加的な機能を持っています．ここでは，Emacs の様々な操作の解説が見られる Info モードと，ファイルの削除，名前の変更など，ファイル操作をメニュー形式で実行できる Dired モードについて説明します．

4.4.1 Info モード

Info モードは Emacs に関する一種のオンラインマニュアルです．Emacs 自身についての解説や使用法だけでなく，かな漢字変換の方法や，Emacs 上で動作する各種拡張ソフトウェアの情報も見ることができます．Info モードの起動および操作は表 4.2 の通りです．

表 4.2　Info モードのコマンド

コマンド	機能	コマンド	機能
M-x info	Info モードの起動	**d**	最初のメニューに戻る
TAB	次のタグに移動	**n**	次のページへ
M-TAB	前のタグに移動	**p**	前のページへ
SPC	Info を見る	**u**	前の大項目へ
q	終了		

4.4.2 Dired(ディレクトリエディタ) モード

Dired モードでは，Emacs ウィンドウでファイル一覧を表示し，その上でファイルのコピー，削除，名前の変更などができます．また，このファイル一覧からファイルを選択し，編集作業に移ることもできます．Dired モードは，**M-x dired** を入力して起動します．このモードでの操作キーは表 4.3 の通りです．

表 4.3　Dired モードのコマンド

コマンド	機能	コマンド	機能
d	削除マークを付ける	**u**	削除マークの取り消し
x	削除の実行	**C**	コピー
R	ファイル名の変更	**f**	編集 (ファイルの場合)
v	ファイルの表示	**f**	ディレクトリの変更
q	終了		

4.5 Emacs の主なコマンド

Emacs 終了

機能	キー	コマンド名
終了	C-x C-c	save-buffers-kill-emacs

ファイル操作

機能	キー	コマンド名
ファイルの読み込み (新しいバッファを開く)	C-x C-f	find-file
ファイルの読み込み (新しいバッファを開かない)	C-x C-v	find-alternate-file
ファイルの読み込み (書き込み禁止モード)	C-x C-r	find-file-read-only
ファイルの保存 (同名で保存)	C-x C-s	save-buffer
ファイルの保存 (別の名前で保存)	C-x C-w	write-file
ファイルの挿入	C-x i	insert-file

エラー回復

機能	キー	コマンド名
コマンド中断	C-g	keyboard-quit
画面の再表示	C-l	redraw-display
ファイルの復活		recover-file
変更の取消し (undo 機能)	C-x u	advertised-undo
現在までの変更を元に戻す		revert-buffer

削除

機能	キー	コマンド名
カーソルの左の 1 文字を削除	BS	delete-backward-char
カーソル位置の 1 文字を削除	C-d	delete-char
カーソルの左の 1 単語を削除	M-BS	backward-kill-word
カーソル位置の 1 単語を削除	M-d	kill-word
カーソル位置から行末までを削除	C-k	kill-line

ウィンドウ

機能	キー	コマンド名
カレントウィンドウを消去	C-x 0	delete-window
カレントウィンドウ以外を消去	C-x 1	delete-other-windows
ウィンドウを上下に分割	C-x 2	split-window-vertically
ウィンドウを左右に分割	C-x 3	split-window-horizontally
カレントウィンドウの変更	C-x o	other-window

カーソル移動

機能	キー	コマンド名
1 文字左へ	C-b	backward-char
1 文字右へ	C-f	forward-char
1 行上へ	C-p	previous-line
1 行下へ	C-n	next-line
行の左端へ	C-a	beginning-of-line
行の右端へ	C-e	end-of-line
前の画面へ	M-v	scroll-down
次の画面へ	C-v	scroll-up
左の画面へ	C-x >	scroll-left
右の画面へ	C-x <	scroll-right
ファイルの先頭へ	M-<	beginning-of-buffer
ファイルの後尾へ	M->	end-of-buffer
指定行へ		goto-line
1 単語左へ	M-b	backward-word
1 単語右へ	M-f	forward-word
文の左端へ	M-a	backward-sentence
文の右端へ	M-e	forward-sentence

リージョン (ブロック)

機能	キー	コマンド名
マークの設定	C-SPC	set-mark-command
マークとカーソル位置とを入れ換える	C-x C-x	exchange-point-and-mark
リージョンを削除	C-w	kill-region
削除したリージョンの挿入	C-y	yank

検索と置換

機能	キー	コマンド名
順方向の検索	C-s	isearch-forward
逆方向の検索	C-r	isearch-backward
確認付き置換	M-%	query-replace
一括置換		replace-string
正規表現を用いた置換		replace-regexp

バッファ

機能	キー	コマンド名
バッファの選択	C-x b	switch-to-buffer
バッファの削除	C-x k	kill-buffer
バッファのリストを表示	C-x C-b	list-buffers

コーディングシステムの設定

機能	キー	コマンド名
漢字 fileio コードの切り替え	C-x Enter f	set-buffer-file-coding-system
漢字 input コードの切り替え	C-x Enter k	set-keyboard-coding-system
漢字 display コードの切り替え	C-x Enter t	set-terminal-coding-system
漢字 process コードの切り替え	C-x Enter p	set-buffer-process-coding-system
ファイルに対するコーディングシステムの切り替え	C-x Enter c	universal-coding-system-argument

Dired モード　　M-x dired で以下のコマンドが使用できる.

機能	キー	コマンド名
ファイルに消去マークを付ける	d	dired-flag-file-deletion
消去マークを消す	u	dired-unmark
自動セーブファイルに消去マークを付ける	#	dired-flag-auto-save-files
Backup ファイルに消去マークを付ける	~	dired-flag-backup-files
消去マークを付けたファイルを削除する	x	dired-do-flagged-delete
下の項目に移動する	n	dired-next-line
上の項目に移動する	p	dired-previous-line
コピーする	C	dired-do-copy
ファイル名を変更する	R	dired-do-rename
ファイルまたはディレクトリの選択	f	dired-advertised-find-file
マーク文字を変更する	c	dired-change-marks

4.6 日本語入力システムを使う

これまでの文書作成方法の説明では，主にキーボードから直接入力できる英字や数字だけを使ってきました．しかし，実際に文書を作成するにあたっては，日本語の文字を入力することも必要になります．通常，Linux では英数字の取り扱いを主に考えられているので，日本語入力のためには，図 4.15 に示すように，キーボードなどからの入力を日本語文字に変換する，**日本語入力システム**と呼ばれるソフトウェアを使う必要があります．

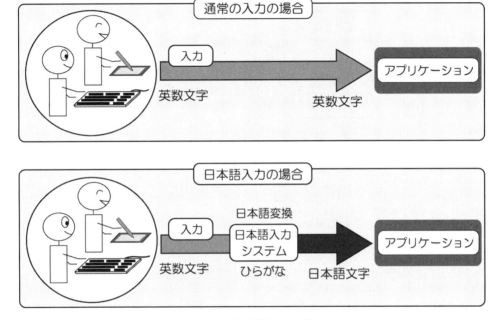

図 4.15　日本語入力の流れ

日本語入力システムにはいくつもの種類がありますが，本書では **Anthy** というシステムを使った日本語入力の方法を紹介します[*12]．Anthy は，入力したい日本語文字列の読みをローマ字で入力して漢字に変換する**かな漢字変換機能**を持つ日本語入力システムです．

4.6.1　Anthy を使ってみる

Anthy による日本語入力操作には，

- 文字列をローマ字で入力する操作
- 漢字列に変換する操作
- 同音異義語などから正しい漢字列を選ぶ操作

[*12] Anthy が使用できるかどうかは，システム管理者に確認してください．また，Ubuntu では iBus-Anthy が標準でインストールされている場合があります．この場合はインプットメソッド，入力方法が若干異なります．

などいくつかの段階があり，各段階の状態のことを**モード**といいます．図 4.16 に示すように，Anthy には大きく分けて 6 つのモードがあり，各モードごとに操作方法や使えるコマンドが異なります．日本語入力は，これらのモード間を行き来しながら行います．ここでは，これらのモードに沿って説明します．

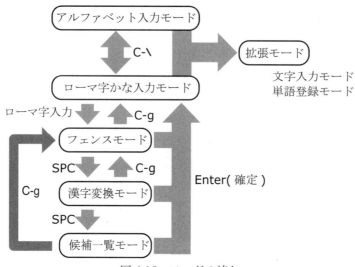

図 4.16　モードの流れ

Anthy の起動（ローマ字かな入力モード）

Emacs を起動し，起動直後の Emacs のモード行を確認します．

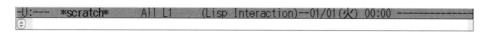

図 4.17　Emacs のモード行（アルファベット入力モード）

図 4.17 のような Emacs の状態を**アルファベット入力モード**といいます．この状態ではキーボードから打ち込んだ文字がそのまま Emacs のウィンドウに表示されます．日本語入力を行うためには，以下のコマンドを入力します．

────── アルファベット入力モードとローマ字かな入力モードの切り替え ──────

C-\\(バックスラッシュ)

すると，図 4.18 に示すようにモード行に「(Lisp Interaction あ)」という表示が現れます[*13]．この状態を**ローマ字かな入力モード**といいます．なお，**C-** を再度入力すると，アルファベット入力モードに戻ります[*14]．

[*13] Anthy が正常に起動しない場合は，システム管理者に問い合わせてください．
[*14] 本書の環境では，Emacs のマーク設定コマンドとの競合を避けるために入力モードの切り替えを **C-** にしています．なお，Anthy 起動後に **C-SPC** を入力すると iBus-Anthy が起動します．

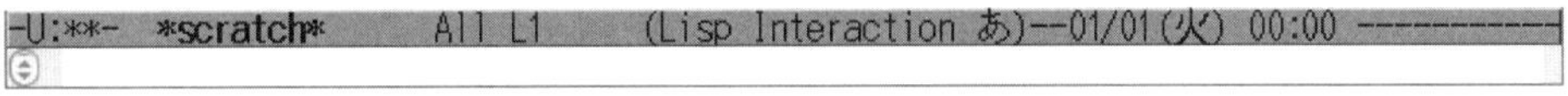

```
-U:**-  *scratch*     All L1    (Lisp Interaction あ)--01/01(火) 00:00 -----------
⊖
```

図 4.18　Emacs のモード行（ローマ字かな入力モード）

ローマ字によるひらがなの入力（フェンスモード）

　実際に，かな漢字変換を行ってみます．例として「裏庭には二羽鶏がいる」という漢字かなまじり文を作成します．

　ローマ字かな入力モードで，キーボードから

　　　uraniwanihaniwaniwatorigairu

と入力します．すると Emacs のウィンドウには次のように表示されます．

　　　|うらにわにはにわにわとりがいる█

　このように，ローマ字かな入力モードでは，入力したアルファベット列をローマ字とみなし，その都度ひらがなに変換して表示します[15]．

　ひらがな文字列の左端に表示されている "｜" をフェンスといいます．フェンスとカーソルに囲まれ，アンダーラインが引かれている部分が，かな漢字変換の対象文字列です．この状態を**フェンスモード**といいます．

　フェンスモードでは，次のようなコマンドを使って，フェンス内の文字列を編集することができます．間違ったひらがな文字列を入力した場合などは，これらのコマンドを使って修正します．

―――――――― フェンスモードにおける操作 ――――――――

C-a	カーソルをフェンス内の文頭へ移動
C-e	カーソルをフェンス内の文末へ移動
C-f または →	カーソルを右へ 1 文字分移動
C-b または ←	カーソルを左へ 1 文字分移動
C-d	カーソル上の 1 文字を削除
C-h	カーソルの直前（左）の 1 文字を削除

　フェンス内のひらがな文字列を確定するには，以下のコマンドを入力します．**Enter** を押して文字列を確定すると，ひらがな文字列がそのまま表示され，ローマ字かな入力モードに戻ります．

―――――――― 文字列の確定 ――――――――

Enter

――――――――――――――――――

[15] ただし，"wq" のようにローマ字読みのできない入力に対しては表示しません．

フェンス内のひらがな文字列を，漢字かなまじり文に変換するためには，以下のコマンドを入力します．

___漢字かなまじり文への変換___

SPC

すると，フェンス内が次のように漢字を含む文字列に変換されます[16]．この状態を**漢字変換モード**といいます．

|[裏庭に]│埴輪│鶏が│いる

この時点で，入力したひらがな文字列に誤りがあることを見つけたら，**C-g** を入力することでフェンスモードに戻りますので，そこで正しいひらがな文字列に変更します．

___モードのキャンセル___

C-g   1つ前のモードに戻る

C-g は，漢字変換モードだけでなくフェンスモードでも同じ働きをします．このため，2度続けて **C-g** を入力するとモードがローマ字かな入力モードまで戻り，ひらがな文字列がフェンスと一緒に消えてしまいますので注意してください．

文節の移動と文節長の変更（漢字変換モード）

Anthy は，ひらがな文字列をいくつかの文節に区切り，文節ごとに漢字かなまじり文に変換します．変換された文字列の中にあるフェンスは，Anthy が判断した文節の区切りを表しています．例文の場合は，図 4.19 に示すように 4 つの文節に区切られています．

裏庭に │ 埴輪 │ 鶏が │ いる
文節1　　文節2　　文節3　　文節4

図 4.19　文節の切り分け

例文のように変換がうまくいかない原因としては，文節の区切りが不適切である可能性があります．この場合，利用者は文節の長さを調整したり，文節ごとに再変換を行ったりすることで，正しい変換結果を得ることができます．

文節の長さを調整するには，まず「どの文節を変更の対象とするのか」を決める必要があります．漢字変換モードで，現在どの文節が操作対象であるかを示すのが，[ ] に囲まれ網掛け文字になっている部分です．これを**注目文節**といいます．操作対象とする文節を変更するには，以下の文節移動コマンドを使って，注目文節を移動させます．

---

[16] 実際にどのような漢字かなまじり文になるかは，システムによって異なります．

4.6 日本語入力システムを使う

―――――― 注目文節の移動 ――――――

C-a	フェンス内の最初の文節へ移動
C-e	フェンス内の最後の文節へ移動
C-f または →	右へ 1 文節移動
C-b または ←	左へ 1 文節移動

例文の場合，最初の文節が「うらにわに」で区切られてしまったため次の文節が「はにわ」になっています．これを「うらにわには」あるいは「うら」「にわには」にすれば，以降の区切りが正しくなるかもしれません．

文節の長さを調整するには，次の 2 つのコマンドを使います．

―――――― 文節長の変更 ――――――

C-i または **Tab**	文節を縮める
C-o	文節を伸ばす

C-i を使うと注目文節の右端の文字が切り離されて文節が短くなり，**C-o** を使うと注目文節の右側の文節から文字が取り込まれて文節が長くなります．

例文では，**C-o** を入力して注目文節を 1 文字伸ばし「うらにわには」に変更します．文節長を操作すると漢字かなまじり文が一旦解除され，全文ひらがなで表示されますが，漢字変換モードのままです．

| [うらにわには] | にわにわとりがいる

文節を希望の長さに変更したら，もう一度 **SPC** を押します．すると，以下のような漢字かなまじり文になります．

| [裏庭には] | 庭 | 鶏が | いる

変換が正しく行われ，漢字かなまじり文を確定する場合は **Enter** を押します．確定すると，フェンスが消え，確定時の日本語文字列がそのまま表示され，ローマ字かな入力モードに戻ります．

例文の場合はおかしな部分が残っているので，まだ確定してはいけません[*17].

―――――― 漢字かなまじり文の確定 ――――――

Enter

続けて，例文の 2 番目の文節を「庭」から「二羽」に修正します．

C-f または → を使用して注目文節を「庭」に移動させ，以下のコマンドを入力します．例文の場合，**SPC** を押します．

| 裏庭には | [庭] | 鶏が | いる

[*17] Anthy では文節ごとに確定することはできません．**Enter** を押すと全文確定になります．

74　　第 4 章　文書の作成

―― 漢字変換モードにおける操作 ――

SPC	漢字かなまじり文の変換（再変換）
C-n	次の変換候補を表示（次候補がない場合は無効）
C-p	前の変換候補を表示（前候補がない場合は無効）

- 次変換候補を表示
  C-n を使用すると，注目文節上に次変換候補を表示します．再度使用するとさらに
  次変換候補を表示します．
- 前変換候補を表示
  C-p を使用すると，注目文節上に前変換候補を表示します．再度使用するとさらに前
  変換候補を表示します．前変換候補表示の流れは次変換候補表示の流れの逆順です．

文節が正しく変換されたら，漢字かなまじり文を確定するか他の文節に移動します．

例文のようにうまくいかない場合には，もう一度 **SPC** または **C-n** を入力します．する
と次の変換候補が表示されます．これでもうまくいかない場合には再度 **SPC** または **C-n**
を入力します．すると，注目文節を示す [ ] が < > に変わり，図 4.20 に示すように，ミニ
バッファに変換候補の一覧が表示されます．この状態を**候補一覧表示モード**といいます．

```
-U:**-  *scratch*      All L1   (Lisp Interaction あ)--01/01(火) 00:00 --------
 a:[丹波] s: 荷輪  d: 二話  f: 二羽  g: 二把  h: 2話  j: 2話  k: 2羽  l: 弐話
```

図 4.20　Emacs のモード行（候補一覧表示モード）

漢字かなまじり文の再変換 (候補一覧表示モード)

候補一覧表示モードにおけるコマンドは以下の通りです．**C-n** や **C-p** を使って希望の変
換候補が表示された行に移動し，希望する変換候補の左にあるアルファベットを入力するこ
とで確定できます．

―― 候補一覧表示モードにおける操作 ――

a, s, d ～ j, k, l	それぞれに対応した候補を選択
C-g	候補の中から選ばずに候補一覧モードを終了
C-n	次の変換候補一覧ページへ移動（次ページがない場合は無効）
C-p	前の変換候補一覧ページへ移動（前ページがない場合は無効）

例文では「にわ」の正しい変換候補「二羽」は左から 4 つ目 **f:** にありますので，**f** を入力
して確定します．確定すると，注目文節は自動的に次の文節へと進みます．

このようにしてすべての文節を正しく変換し終えたら，**Enter** を押して確定します．確
定するとローマ字かな入力モードへ戻ります．

4.6　日本語入力システムを使う　　75

―――― 漢字かなまじり文の確定 ――――

Enter

4.6.2　Anthy の拡張モード

　この項では，特殊な文字の入力や，単語の登録などを行うことができる**拡張モード**について説明します．拡張モードは，ローマ字かな入力モードから，コマンドを入力することにより起動します[18]．

入力文字モード変更

　Anthy には，ひらがな入力以外にカタカナ入力モード，アルファベット入力モードなどがあります．それぞれ，ローマ字かな入力モードから，以下のコマンドを入力することにより起動します．

―――― 入力文字モードの変更 ――――

M-x anthy-hiragana-map	全角ひらがな入力
M-x anthy-katakana-map	全角カタカナ入力
M-x anthy-hankaku-kana-map	半角カタカナ入力
M-x anthy-wide-alpha-map	全角アルファベット入力
M-x anthy-alpha-map	半角アルファベット入力

　この中で，漢字かなまじり文の変換が行えるのは全角ひらがな入力モードのみです．全角カタカナ入力モードで文字を入力して **SPC** を押すとフェンスモード，漢字変換モード，候補一覧表示モードにはなりますが，実際の漢字変換は行えません．

|ウラニワニハニワニワトリガイル█

単語登録

　Anthy は，かなと漢字を対応付けた辞書を使って変換を行います．このため，特殊な人名や難しい漢字など，辞書に読みが登録されていない単語はうまく変換することができません．こうした単語をうまく変換するようにするため，Anthy には利用者自身が新しい単語を辞書に追加して，辞書を拡張できる機能があります．

　アルファベット入力モードまたはローマ字かな入力モードから，次のコマンドを入力することにより単語登録モードが起動します．

―――― 単語登録モード ――――

M-x anthy-add-word-interactive　単語登録モードの起動

―――――――――――――――――――――

[18] iBus-Anthy が起動している状態では単に x が入力されます．アルファベット入力モードにしてから入力してください．

76 第4章 文書の作成

　単語登録モードを起動すると，図4.21のようにミニバッファに**単語 (語幹のみ)：**と表示
されます．

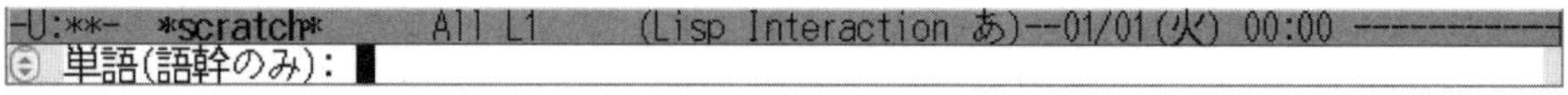

```
-U:**-  *scratch*    All L1    (Lisp Interaction あ)--01/01(火) 00:00 --------
 単語(語幹のみ):
```

図 4.21　単語登録

　例として「嘉麻市 (かまし)」という地名を登録してみます．まず **C-** を入力してミニ
バッファ内をローマ字かな入力モードに切り替えて[19]，「嘉」「麻」「市」を1文字ずつ入力，
変換して「嘉麻市」を入力します．この際のローマ字入力は「かまし」ではなく「か」「あ
さ」「いち」などでも構いません．希望の漢字に変換後，**Enter** を押します．

```
-U:**-  *scratch*    All L1    (Lisp Interaction あ)--01/01(火) 00:00 --------
 単語(語幹のみ): 嘉麻市
```

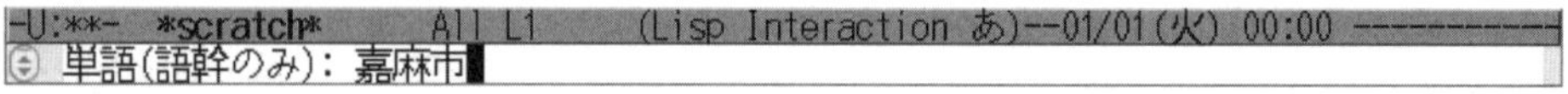

　次に読みを入力します．**C-** を入力してミニバッファ内をローマ字かな入力モードに切
り替えて「かまし」と入力し **Enter** を押します．

```
-U:**-  *scratch*    All L1    (Lisp Interaction あ)--01/01(火) 00:00 --------
 読み (嘉麻市): かまし
```

　続いて品詞を選択します．「嘉麻市」は地名ですから，「2:その他の名詞」を選択，2を入
力して **Enter** を押して決定します．すると「1:人名 2:地名:」という選択肢が表示されます
ので「2:地名」を選択，2を入力して **Enter** を押して決定します[20]．

```
-U:**-  *scratch*    All L1    (Lisp Interaction あ)--01/01(火) 00:00 --------
 カテゴリー 1:一般名詞 2:その他の名詞 3:形容詞 4:副詞: 2
```

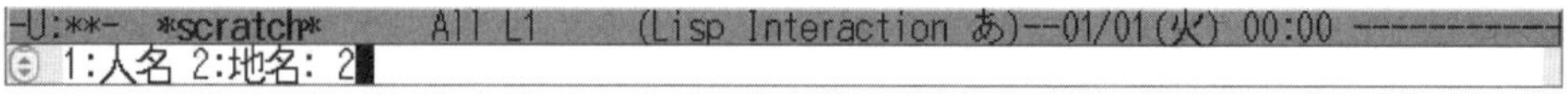

```
-U:**-  *scratch*    All L1    (Lisp Interaction あ)--01/01(火) 00:00 --------
 1:人名 2:地名: 2
```

　登録が終了すると，ミニバッファに登録完了のメッセージが表示され，単語登録モードが
終了します．以降は，登録した読み「かまし」から登録した単語「嘉麻市」に変換すること
ができるようになります．

```
-U:**-  *scratch*    All L1    (Lisp Interaction あ)--01/01(火) 00:00 --------
 嘉麻市(かまし)を登録しました
```

---

[19] この際，Emacs のモード行にモード変化は表示されません．

[20] 全角入力は受け付けませんので注意してください．

4.6.3 Anthy のまとめ

モード変更

キー	機能	コマンド名
C-\	漢字入力モードの切り替え 単語登録モード 全角ひらがな入力モード 全角カタカナ入力モード 半角カタカナ入力モード 全角アルファベット入力モード 半角アルファベット入力モード	 anthy-add-word-interavtive anthy-hiragana-map anthy-katakana-map anthy-hankaku-kana-map anthy-wide-alpha-map anthy-alpha-map

全角ひらがな入力モード

キー	機能
L	全角アルファベット入力
l	半角アルファベット入力
C-j	全角ひらがな入力に戻る

基本操作 1

キー	フェンスモード	文節移動
C-a	カーソルをフェンス内の文頭へ移動	フェンス内の最初の文節へ移動
C-e	カーソルをフェンス内の文末へ移動	フェンス内の最後の文節へ移動
C-f, →	カーソルを右へ 1 文字分移動	右へ 1 文節移動
C-b, ←	カーソルを左へ 1 文字分移動	左へ 1 文節移動
C-d	カーソル上の 1 文字を削除	
C-h	カーソルの直前（左）の 1 文字を削除	

文節長の変更

キー	機能
C-i, TAB	文節を縮める
C-o	文節を伸ばす

基本操作 2

キー	候補一覧表示モード	漢字変換モード
C-n, ↓	次の変換候補一覧ページへ移動	次変換候補を表示 (1 候補)
C-p, ↑	前の変換候補一覧ページへ移動	前変換候補を表示 (1 候補)
C-g	候補一覧モードを終了	フェンスモード (戻る) へ
C-m, Enter	カーソル上の候補に決定	

Anthy のローマ字かな対応表

入力	表示	入力	表示	入力	表示	入力	表示	入力	表示	入力	表示
a	あ	ka	か	sa	さ	ta	た	na	な	ha	は
i	い	ki	き	si	し	ti	ち	ni	に	hi	ひ
u	う	ku	く	su	す	tu	つ	nu	ぬ	hu	ふ
e	え	ke	け	se	せ	te	て	ne	ね	he	へ
o	お	ko	こ	so	そ	to	と	no	の	ho	ほ
ma	ま	ya	や	ra	ら	wa	わ	nn	ん		
mi	み	yi	い	ri	り	wi	うぃ				
mu	む	yu	ゆ	ru	る	wu	う				
me	め	ye	え	re	れ	we	うぇ				
mo	も	yo	よ	ro	ろ	wo	を				
ga	が	za	ざ	da	だ	ba	ば	pa	ぱ		
gi	ぎ	zi	じ	di	ぢ	bi	び	pi	ぴ		
gu	ぐ	zu	ず	du	づ	bu	ぶ	pu	ぷ		
ge	げ	ze	ぜ	de	で	be	べ	pe	ぺ		
go	ご	zo	ぞ	do	ど	bo	ぼ	po	ぽ		
xa	ぁ	xya	ゃ	xtu	っ						
xi	ぃ	xyu	ゅ	xtsu	っ						
xu	ぅ	xyo	ょ								
xe	ぇ	xwa	ゎ								
xo	ぉ										
gya	ぎゃ	gwa	わ	zya	じゃ	ja	じゃ	dya	ぢゃ	bya	びゃ
gyi	ぎぃ	gwi	うぃ	zyi	じぃ	ji	じ	dyi	ぢぃ	byi	びぃ
gyu	ぎゅ	gwu	う	zyu	じゅ	ju	じゅ	dyu	ぢゅ	byu	びゅ
gye	ぎぇ	gwe	うぇ	zye	じぇ	je	じぇ	dye	ぢぇ	bye	びぇ
gyo	ぎょ	gwo	を	zyo	じょ	jo	じょ	dyo	ぢょ	byo	びょ
pya	ぴゃ	va	ゔぁ	kya	きゃ	sya	しゃ	dha	でゃ	tha	てゃ
pyi	ぴぃ	vi	ゔぃ	kyi	きぃ	syi	しぃ	dhi	でぃ	thi	てぃ
pyu	ぴゅ	vu	ゔ	kyu	きゅ	syu	しゅ	dhu	でゅ	thu	てゅ
pye	ぴぇ	ve	ゔぇ	kye	きぇ	sye	しぇ	dhe	でぇ	the	てぇ
pyo	ぴょ	vo	ゔぉ	kyo	きょ	syo	しょ	dho	でょ	tho	てょ
sha	しゃ	tya	ちゃ	cha	ちゃ	tsa	あ	nya	にゃ	hya	ひゃ
shi	し	tyi	てぃ	chi	ち	tsi	い	nyi	にぃ	hyi	ひぃ
shu	しゅ	tyu	ちゅ	chu	ちゅ	tsu	つ	nyu	にゅ	hyu	ひゅ
she	しぇ	tye	ちぇ	che	ちぇ	tse	え	nye	にぇ	hye	ひぇ
sho	しょ	tyo	ちょ	cho	ちょ	tso	お	nyo	にょ	hyo	ひょ
fa	ふぁ	mya	みゃ	rya	りゃ						
fi	ふぃ	myi	みぃ	ryi	りぃ						
fu	ふ	myu	みゅ	ryu	りゅ						
fe	ふぇ	mye	みぇ	rye	りぇ						
fo	ふぉ	myo	みょ	ryo	りょ						

第5章 電子メールの読み書き

　電子メール (以下では単にメールということもあります) は，コンピュータ・ネットワークを利用したアプリケーションソフトウェアの代表的なものの1つで，文字どおり「手紙」のようなひとまとまりのメッセージを，1人または特定の複数の人に送るためのツールです．なお，対象が不特定多数である場合には，Web ページの**掲示板**や Twitter などのミニブログ，Facebook などの SNS を使います．ここでは，まず電子メールを使うのに必要ないくつかの事項について述べた後，電子メールリーダ **Thunderbird** を使った基本的なメールの読み書きの操作，さらに受け取ったメッセージの整理などについて説明していきます．

5.1　電子メールの仕組み

5.1.1　電子メールの利点

　人間の情報交換の手段は，電話やファクシミリ，さらには郵便など，様々なものがありますが，こうした従来からの通信手段と比べると，電子メールには次のような特長があります．
　電子メールの中身 (メッセージ) は通常，コンピュータで処理できる文字データの形をとります．したがって他の文字データやファイルと同様，それらを保存し，必要に応じて加工することや，あるいは保存されているメッセージから必要な情報を検索する，などといった処理が容易にできます．さらに，

- 届いたメッセージの一部を切り出してそれに自分のコメントを加え，再び発信する
- ソースプログラムを送って相手側で実行し，評価してもらう
- ネットワークで接続したデータベースにコマンドを送り，自動的に検索結果を返してもらう

といった応用も可能です．
　次に，電子メールでは，メッセージを送る側とそれを受けとる側が時間的にそろっている必要がありません．発信者の方で自分が好きな時にメッセージを送り出すと，あとはコンピュータのメール配送システムが処理してくれます．配送されたメッセージは，いったん受信側のコンピュータ (メールサーバ) に蓄えられます．受信者は自分の都合のよい時に，届いたメッセージを手元のパソコンなどで受信して読むことができます[*1]．そのため，電話のように，相手が忙しい最中に呼び出して迷惑をかけたりする心配がありません．海外と連絡する時にも，時差を気にしなくてすみます．図 5.1 に電子メールの配送の流れを示します．

[*1] これは逆に，いつメッセージを読んでもらえるかわからない，という欠点でもあります．

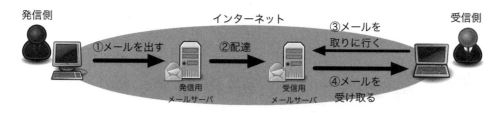

図 5.1 電子メール配送の流れ

また電子メールは，宛先を複数指定するだけで同一の内容のメッセージを，同時に複数の相手に送ることができるので，特定のグループ内での連絡が簡単に行えます．さらに，メールを介しての打合せや会議をすることもできます．メールを使った会議だと，参加者全員が特定の時間帯に特定の場所に集まらなくても議論を進めることができますし，また保存されたメッセージが議事録としての役割を果たすことになります．

5.1.2　メールアドレスについて

電子メールをやりとりする時には，通常の郵便での差出人や受取人の住所，氏名に相当するものが必要です．これをメールアドレスといいます．

メールアドレスは例えば，

  watashi@nyumon.kyutech.ac.jp

のように書きます[*2]．メールアドレスは

- ネットワーク上のどこのシステム (コンピュータ) の
- 誰であるか

という 2 つの情報を持っています．メールアドレス表記の@の右側が「どこのシステムの」，そして左側が「誰であるか」に相当します．

この「誰であるか」の部分には通常，そのシステムあるいはメールサーバにおける利用登録名 (ユーザ名) を使います．

一方「どこか」を示す右側の部分は，ピリオド (.) で区切られています．そのそれぞれをサブドメインといい，システムがどのような組織や地域に属しているかを示しています．右端のサブドメイン名は所属する国を表し[*3]，左にいくほど指定する範囲が狭くなっていきます．前の例の場合だと，サブドメイン名はそれぞれ，

  watashi @ <u>nyumon</u> . <u>kyutech</u> . <u>ac</u> . <u>jp</u>
      サブドメイン名 または　九州工業大学　教育機関　日本
      コンピュータ名など

のような範囲を表しています．このアドレスを右から読めば「日本，大学，九州工業大学，

[*2] この章で用いるメールアドレスはすべて架空のものです．
[*3] 国コードの付かないアドレスもあります (.com ドメインなど)．

nyumon(という名前のシステム) に所属する利用者 watashi」を示すことになります. 国際郵便の宛先の書き方を連想してもらうとわかりやすいかもしれません.

また,複数のメールアドレスをグループ化して 1 つの代表アドレスを付け,その代表アドレスにメッセージを送るだけで,グループのメンバー全員にコピーを配布することができます. これをメーリングリストといい,特定のグループ内の連絡などによく使われます.

5.1.3 利用に関する注意

ここでは,電子メールを利用するにあたって注意すべき点をいくつか挙げておきます. これらの他に,手紙や電話などを利用する際の常識的なマナーに気を付けることはいうまでもありません.

- 宛先のメールアドレスは正確に

  間違えると正しい宛先に届かないのはもちろんですが,メッセージの配送途中でエラーを引き起こしてコンピュータ管理者に迷惑をかけることもあります. 出す前には十二分に確認してください. メールアドレスの文字列の中には空白を入れてはいけません. 初心者の中にはメールアドレスの@や. の前後に空白をはさむ人がいますが,これもいけません.

  自分のメールアドレスを他人に教える時も注意しましょう. 名刺その他の印刷物に記載する場合には,より一層慎重にしてください.

- メールアドレスの取り扱いは慎重に

  必要な相手にメールアドレスを伝えるのは問題ありませんが,例えば Web 上のアンケートなどに安易にアドレスを書き込んだりするのは考えものです. そのようにして入力されたアドレスが,迷惑メール (5.2.7 項) のターゲットとして利用されたりする場合があるからです. メールアドレスを知らせるのは,できるだけ確実に信頼のおける範囲に留めましょう. さらに,他人のアドレスについてはより慎重に考え,原則として勝手に第三者には知らせないようにしましょう.

- 不用意に添付ファイルは開かない

  見知らぬ人から添付ファイル (5.2.6 項) が付いたメールをもらった場合には,安易に開いたり実行したりしないようにしましょう. 「ゲームソフトです」などといわれると実行したくなりますが,ウィルスプログラムだったり,詐欺情報だったりするおそれもあります.

  たとえ知人からであっても,不審なメールが届いた場合には注意が必要です. その知人の環境に感染したコンピュータ・ウィルスが,勝手に送信したメールかもしれないからです. このようなファイルが来たら開かずに,システム管理者に報告するとともに,知人に「変な添付ファイルが付いたメールが来たが,ウィルスに感染してないか?」と注意してあげるとよいでしょう.

  添付ファイルを開いて実行しなければウィルスに感染することはほとんどありませんが,電子メールリーダの中には自動的に開いて実行する,添付された画像をプレビューする機能などを持つものがあります. こうした機能は便利ですが,利用者がチェックできないまま自動的に実行されてしまうため,画像ファイルに見せかけた

ウィルスがあった場合，それに感染してしまうことになります．できる限りこうした
機能は停止しておくこと，電子メールリーダは常に最新のバージョンに更新すること
に気を付けねばなりません．

- **電子メールは「はがき」?**

　電子メールのメッセージは通常，他人が簡単に覗くことはできません．その点では
葉書よりも通信の秘密は守りやすくなっています．しかし，悪意を持った人間が，相
当の準備をもってすれば，メッセージを盗み見たり，改ざんしたりすることは不可能
ではありません．またメールアドレスの間違いや機器のトラブルで，メールの配送上
の障害が発生すると，そのメールが管理者の下に届いて，内容が「見えて」しまうこ
ともあります．必要以上に心配するのも考えものですが，万が一にもそういうことが
起こってはいけない，本当に重要なメッセージを送る場合には，メッセージを暗号化
して送ることや，あるいはメール以外の別の通信手段 (郵便など) を利用するなどの
方法を考えましょう．

- **悪意を持った迷惑メールに注意する**

　広告や宣伝を一方的に送りつけてくる迷惑メールだけでなく，フィッシング詐欺に
代表される，個人情報の獲得を狙った悪質な迷惑メールが増加しています．銀行や会
員サイトを詐称し，様々な理由を付けて口座番号や暗証番号を盗み出そうとしてきま
す．悪意の第三者に情報が渡ってしまうと回収はほぼ不可能な上，さらに別の詐欺に
利用されてしまったり，または逆に加害者になってしまう場合もあります．

　たとえ有名企業からの電子メールであっても，タイトルや本文が不審なものは差出
人が詐称されている可能性を考えて開かない，本文中に提示されているリンクを安易
にクリックしないなどの対応が必要です．

5.2　Thunderbird の使い方

　電子メールリーダ Thunderbird は Web ブラウザ Firefox と同じく，Mozilla プロジェ
クトが中心となって開発されているオープンソースソフトウェアです．Linux 以外にも
Windows や Mac OS X，各種 UNIX 系 OS などの多くのコンピュータ環境で利用すること
ができます．また，基本的な電子メールの送受信に加えて，メールの検索や管理，さらにセ
キュリティ，迷惑メールへの対応など，非常に多彩な機能を備えています．

　Thunderbird を使い始めるにあたっては，メールアカウント情報の設定やメールサーバ
との通信に関する設定など，いくつかの準備作業が必要です．このような初期設定作業は，
利用者が自分で行う場合もありますが，コンピュータの管理者があらかじめ済ませている場
合もあります．詳しくは利用しているコンピュータの管理者に問い合わせてください．

5.2.1　Thunderbird の基本ウィンドウ

　ターミナルウィンドウから Thunderbird を起動する場合は，

5.2 Thunderbird の使い方

─ Thunderbird の起動 ─

```
$ thunderbird Enter
```

と入力します．また本書のウィンドウ環境では，ランチャーから「Thunderbird」アイコン を選択することでも起動できます．

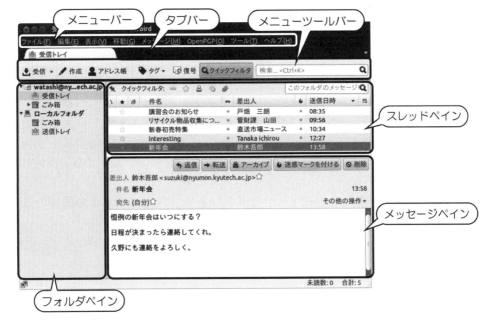

図 5.2　Thunderbird の基本ウィンドウ

Thunderbird を起動すると，図 5.2 のようなウィンドウ (基本ウィンドウ) が表示されます[*4]．起動時に新しいメールを受信する設定になっている場合，メール受信用のパスワード入力を求めるダイアログ (図 5.3) が表示されるので，パスワードを入力して「OK」をクリックします．

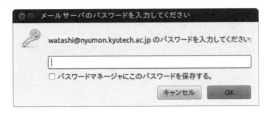

図 5.3　受信パスワードの入力

基本ウィンドウは，図 5.2 に示す通り，大きく 3 つの表示領域 (ペイン) にわかれてい

[*4] タブバーを右クリックすることで，標準設定では表示されていないメニューバーを表示させることができます．本書ではメニューバーが表示されている前提で説明します．

ます．画面左側の**フォルダペイン**は，メールを保存するフォルダ[*5] の状況を表示します．
Thunderbird の動作に必要な**受信トレイ**と**ごみ箱**の 2 つのフォルダは最初から設定されて
います．標準では受信したメールは**受信トレイ**に入れられますが，利用者が新しいフォルダ
を追加し，メールを分類保管することもできます (5.2.4 項参照)．

　画面右上の**スレッドペイン**は，フォルダの中のメールの件名や送信者のアドレスなどを一
覧表示する部分です．そして，右下には**メッセージペイン**が表示されます．メッセージペイ
ンは現在閲覧しているメールの差出人や件名など詳細な情報が書かれたヘッダー，返信や転
送，削除といったボタンが表示されたツールバー部分と，メールの本文が表示される部分か
ら構成されています．

　また，ウィンドウ上部には，Thunderbird の機能メニューを並べた**メニューツールバー**が
あります．メニューツールバーには比較的よく使う機能に対応したボタンが配置され，それ
らをクリックすることでそれぞれの機能を呼び出すことができます．

　メニューツールバーの上には**タブバー**があります．タブとは同一ウィンドウ内に複数の
メールを表示させる機能であり，それぞれのメールごとに**タブ**と呼ばれる見出しを付けて配
置されます．タブバーにはこの見出しが表示されます．受信トレイもタブの 1 つとして扱わ
れます．

　タブバーのすぐ上側には**メニューバー**が表示されます．Thunderbird の操作のほとんど
は，メニューバーから対応するメニューを選択することで呼び出せます．

　Thunderbird を終了するにはメニューバーから

　　　　[ファイル] → [終了]

を選択します．

5.2.2　メールを読む

新しく到着したメールを受信する

　メールサーバに届いている自分へのメールを読むためには，いったん自分のコンピュータ
に受信する必要があります．Thunderbird の標準設定では，Thunderbird を起動した時に
受信動作を行い，その後は 10 分間隔で自動的に受信動作を行います．起動後最初にメール
を受信する時には，メール受信パスワードを入力するダイアログが表示される[*6] ので，正し
いパスワードを入力します (図 5.3)．

　手動で受信動作を行うには，メニューツールバーの「受信」ボタンをクリックするか，ま
たは，メニューバーから [ファイル] → [新着メッセージを受信] → [すべてのアカウント] を
選択します[*7]．

[*5]　ディレクトリとフォルダの違いについては 付録 C.1 項を参照してください．

[*6]　アカウント設定時にパスワードを記憶させている場合は表示されません．

[*7]　1 つの Thunderbird で複数のアカウントを使用する際には，アカウントを選択することによって個別に受
　　信することもできます．

受信したメールを読む

　標準では受信したメールは**受信トレイ**フォルダに入っています．フォルダペインの受信トレイをクリックして選択すると，スレッドペインに受信トレイのメールの一覧が表示されます．メール一覧表示は，メールごとに件名，送信者のメールアドレスまたは登録名，送信日時などが，一行にまとめて表示されています．また，まだ読んでいないメールについては，太字で強調表示されます．

　スレッドペインで読みたいメールをクリックする（メールを選択する）と，下のメッセージペインにそのメールの内容が表示されます．表示には，メールの件名や差出人（発信者）などについての情報（ヘッダと呼ばれます）の部分と，メールの本文とがあります．

　スレッドペインで別のメールを選択すると，それに応じてメッセージペインの表示内容が変わります．また，スレッドペインでメールをダブルクリックすると，そのメールが新しいタブで表示されます．

メールを削除する

　メールを削除するには，スレッドペインでメールを選択し，メッセージペインツールバーの「削除」ボタンをクリックするか，メニューバーから [編集] → [メッセージを削除] を選択します（図 5.4）．

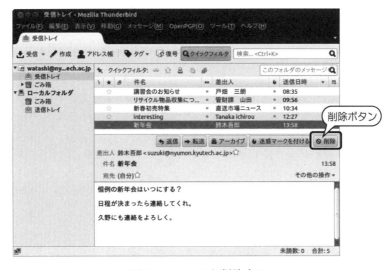

図 5.4　メールを削除する

　なお，スレッドペインでメールを選択する際に Ctrl を押しながらクリックすると，複数のメールを選択することができます．また，Shift を押しながらだと，ひとまとまりに並んだメールをまとめて選択することができます．このようにして複数のメールを選択した状態で「削除」ボタンをクリックすれば，複数のメールをまとめて削除することもできます．

　もし誤ってメールを削除した場合，削除操作直後であれば Ctrl + Z を押すことにより，操作を取り消すことができます．これはメニューバーから [編集] → [元に戻す-メッセージの削除] を選択することに相当します．

86 第 5 章 電子メールの読み書き

　ところで，削除されたメールはコンピュータ上から本当に消去されたわけではなく，実体
はごみ箱フォルダの中に保管されています．フォルダペインでごみ箱をクリックして選択す
ると，前に消したメールの一覧がスレッドペインに表示されます．このごみ箱の中のメール
を選択し，受信トレイフォルダまでドラッグすれば，やはり削除を取り消すことができます．
　一方で，ごみ箱の中にたまったメールをそのままにしておくのは，コンピュータのファイ
ル容量を無駄に使うことになります．時々メニューバーから [ファイル] → [ごみ箱を空にす
る] を実行して，ごみ箱の内容を消去しましょう．

5.2.3　メールを出す

新たにメールを書く
　メールを書くためには，メニューツールバーの「作成」ボタンをクリックするか，メニュー
バーから [ファイル] → [新規作成] → [メッセージ] を選択します．すると，メール作成のた
めの新しいウィンドウ (図 5.5)[*8]が開きます．

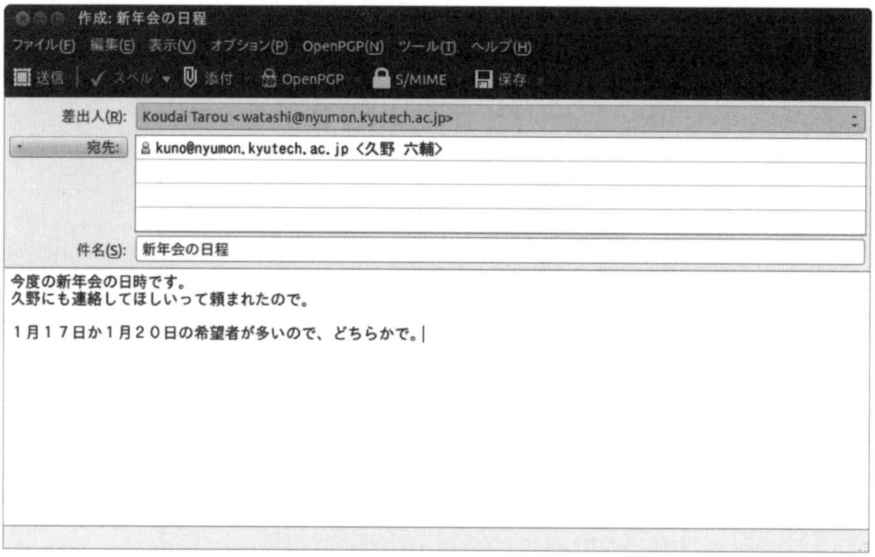

図 5.5　メール作成ウィンドウ

　このメール作成ウィンドウの「宛先」ボタンの右側の欄に，メールを送る相手のメールア
ドレスを入力します．アドレスを入力して Enter を押すと，下に次の宛先欄が表示される
ので，続けて複数のアドレスを入力することができます[*9]．
　宛先の下の「件名」の欄には，メールの内容を適切に要約した見出しを入力します．さら
にその下側の領域には本文を入力していきます．
　なお，作成途中のメールは，メール作成ウィンドウのツールバーにある「保存」ボタンを
クリックして保存することができます (メニューバーからは [ファイル] → [保存])．保存した

[*8] 本書でのメール作成ウィンドウの例は，[アカウント設定] の「HTML 形式でメッセージを編集する」設定
を無効にした状態を示しています．
[*9] 宛先 (To:) 以外に Cc:や Bcc:といった送り先設定もあります．

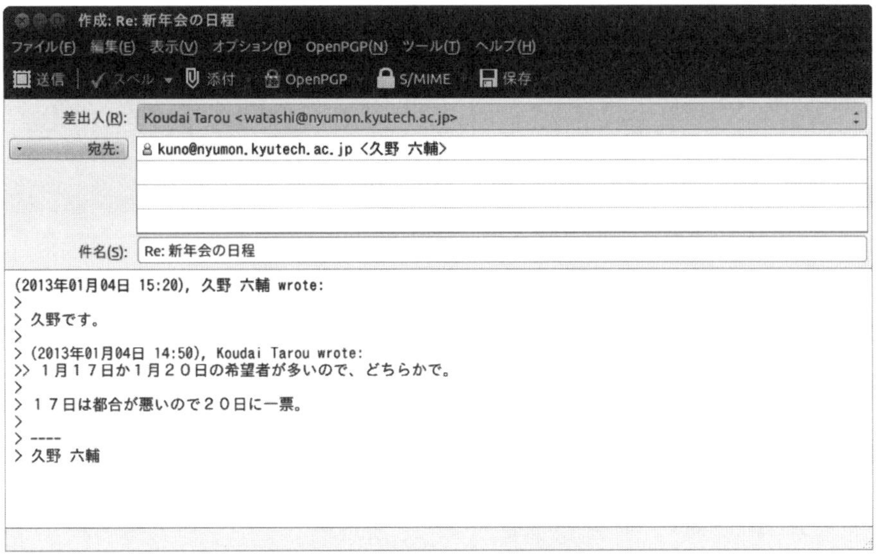

5.2 Thunderbird の使い方

図 5.6　メール作成ウィンドウ (返信)

メールは「下書き」フォルダに保管されていて，**下書き**フォルダをクリックすれば，書きかけのメールが表示されます．この状態でメッセージペインの「編集...」ボタンをクリックすれば，そのメールの作成を再開することができます．

メールを送信する

　宛先，件名，そして本文を書き終えたら，間違いがないか再度確認します (宛先メールアドレスは大丈夫ですか?)．メールを送信するには，メール作成ウィンドウのツールバーにある「送信」ボタンをクリックします．メニューバーからだと [ファイル] → [今すぐ送信] を選択します．メール送信用のパスワードを入力するウィンドウが表示される場合には，メール送信用パスワードを入力して，「OK」ボタンをクリックします．

　なお，本文中に改行を含まない長い行がある場合，1 行が適当な文字数になるように，送信時に自動的に改行が加えられます．1 行の長さは，標準では半角文字 72 文字分 (日本語などの全角文字では 36 文字分) に設定されています．

返事を書いて出す

　次に，受け取ったメールに返事を出す方法を説明します．Thunderbird の基本ウィンドウで，現在選択されている (内容を表示中の) メールに返信するためには，メッセージペインツールバーの「返信」ボタンを使います (メニューバーからだと [メッセージ] → [返信] または [全員に返信] です)．どちらの場合も，作成ウィンドウが開きますが，新規にメールを作成する場合と違って，既に宛先，件名，本文の各入力欄に中身が入っています (図 5.6)．

　「宛先」欄には元のメールの送信者のアドレスが入っています．「全員に返信」を選択した場合にはそれに加えて，元のメールの複数の宛先に書かれていたアドレスもすべて宛先にセットされます．「件名」欄には元のメールの件名の先頭に「Re:」という文字列を付けたものが入ります．「Re:」はこのメールが，その件名を付けた元のメールに対する返事であ

図 5.7　メール作成ウィンドウ (転送)

ることを示す慣用表現です．いずれの入力欄も，必要に応じて中身の修正を行うことができます．

また本文の入力領域には，元のメールの本文が，行頭に「>」記号を付けた形または青色の縦棒で左右を囲まれた形[10]で取り込まれています．これらは，その行が元のメールからの引用であることを示す表現です．返信のメッセージを作成する際には，この元メールからの引用を適当に織り交ぜていくことができます．

返信のメールができあがったら，新規作成の時と同じく，「送信」ボタンをクリックして送信します．

メールを転送する

現在表示しているメールをそっくり第三者に送る場合には，メッセージペインツールバーの「転送」ボタンをクリックして (メニューバーからは [メッセージ] → [転送])，メール作成ウィンドウを開きます．

作成ウィンドウの宛先欄は空白なので，転送先のアドレスを入力します．件名欄は元のメール件名の先頭に転送を示す「Fwd:」を付けたものが，あらかじめセットされています (図 5.7)．

元のメールはメッセージペインの本文入力領域に「Original Message」として表示されています．

できあがったら「送信」ボタンをクリックします．

---

[10]　「HTML 形式でメッセージを編集する」設定 (付録 A.4.3 項参照) を無効にした場合には「>」記号，有効にした場合は縦棒が表示されます．

5.2.4 フォルダの利用

メールを使い始めてしばらくすると，保存しているメールがだんだんと受信トレイにたまっていきます．Thunderbird では，利用者がメールを保管する**フォルダ**を作成し，それを使ってメールを分類整理することができます．ここでは，フォルダの利用に関係する操作について説明します．

フォルダの作成，名前の変更，削除

新しいフォルダを作るには，メニューバーから [ファイル] → [新規作成] → [フォルダ] を選択します．図 5.8 の左のようなウィンドウが表示されるので，作成するフォルダの名前を「名前」欄に入力します．「作成先」は，新しいフォルダを，どのフォルダの下に作るかを選択するものです．ここで「受信トレイ」を選び「フォルダを作成」ボタンをクリックすると，フォルダペインの中で受信トレイの下に作成されます．

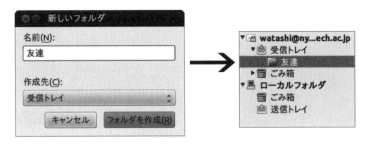

図 5.8 新しいフォルダの設定

既に作成したフォルダの名前を変更する場合には，フォルダペインでフォルダをクリックして選択し，メニューバーから [ファイル] → [フォルダ名を変更] を実行します．すると図 5.9 のようなウィンドウが現れるので，新しい名前を入力して「名前を変更」をクリックします．

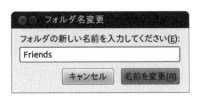

図 5.9 フォルダ名の変更

また，フォルダを削除するには，削除したいフォルダをクリックして選択し，メニューバーから [編集] → [フォルダを削除] を実行します．確認を求めるダイアログが表示されるので，「フォルダを削除」をクリックします．なおフォルダの削除もメールの削除と同じく，実際にはごみ箱フォルダの中に移されるだけなので，必要に応じて「ごみ箱を空にする」を実行する必要があります．

メールの移動，コピー

　メールを別のフォルダに移動するには，スレッドペインでそのメールを選択し，それをフォルダペイン内の移動先のフォルダにドラッグします．メニューバーから行う場合には，メールを選択してから，メニューバーから [メッセージ] → [別のフォルダに移動] を選択し，さらに移動先のフォルダを選びます (図 5.10 では [受信トレイ] → [友達]).

　また，メールを移動するのではなく，別のフォルダにコピーを作成する場合には，メニューバーから [メッセージ] → [別のフォルダにコピー] を選択し，さらにコピー先のフォルダを選びます．

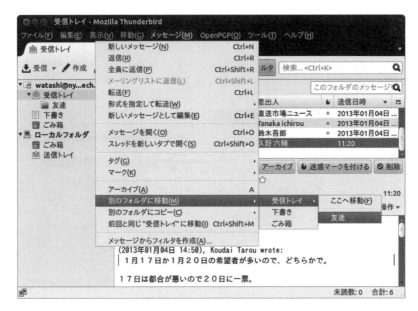

図 5.10　別のフォルダへのメールの移動 (メニューを開いたところ)

自動的なメールの振り分け

　Thunderbird には，受信したメールの情報 (差出人や件名，あるいは本文に含まれる文字列など) に基づいて，自動的にメールをフォルダに振り分ける機能があります．これをメッセージフィルタ[*11]といいます．

　メッセージフィルタ機能を使うには，あらかじめ「該当するメールの条件」と「その振り分け先」を設定しておく必要があります．メニューバーから [ツール] → [メッセージフィルタ] を選択すると，図 5.11 左のようなメッセージフィルタの設定ウィンドウが開きます．ここで「新規」ボタンをクリックすると，図 5.11 右のような新たなフィルタ設定のウィンドウが開きます．

　このウィンドウでは，フィルタ設定の名前とメールの選択条件，そして選択されたメー

　[*11] メッセージフィルタはフォルダへの振り分けだけでなく，削除や返信などの動作を自動的に行うこともできます．

図 5.11　メッセージフィルタの設定

ルに対する動作 (振り分け先の指定) を設定します．図 5.11 では「友人から」という名前のフィルタ設定として，「差出人」が kuno@nyumon.kyutech.ac.jp であるメールをフォルダ「友達」に振り分ける例を示しています．条件，動作の設定ができたら「OK」ボタンをクリックします．

　以上で新しいフィルタの設定が完了しました．次回の受信動作からフィルタ定義が働いて，自動的な振り分けが行われます．メッセージフィルタの設定ウィンドウで「今すぐ実行」ボタンをクリックすると，現在受信フォルダに入っているメールに対してフィルタを使った振り分けを行うことができます．

フォルダの最適化

　Thunderbird では，フォルダ内のメールの削除や移動，コピーなどを繰り返していると，そのフォルダのデータに，利用者からは見えない無駄な部分がたまっていきます．そのため，時々フォルダのデータを整理して，そうした無駄な部分を消去する必要があります．この作業のことを**フォルダの最適化**といいます．フォルダの最適化は，メニューバーから [ファイル] → [フォルダを最適化] を実行します．

　最適化の処理は，保管しているメールの量が少なければ一瞬で終わりますが，メールの量が増えると数分程度かかることもあります．また最適化処理中はフォルダのデータを頻繁に更新していますので，データの破損を防ぐため，処理中に Thunderbird で他の作業を行うことはなるべく避けてください．

5.2.5　アドレス帳の利用

　Thunderbird では，よく使うメールアドレスを**アドレス帳**に登録しておき，アドレスの入力が必要な際に簡単に呼び出して利用することができます．アドレス帳の機能を使うことにより，メールアドレス入力の手間を省くだけでなく，アドレスの間違いも減らすことができます．また，アドレス帳にはメールアドレスの他に，相手の氏名や住所，電話番号などを一緒に登録することができるので，より一般的な住所録として使うこともできます．

アドレス帳への登録

新たにアドレス帳に登録したり，既に登録した内容を表示，編集するには，メニューツールバーの「アドレス帳」ボタンをクリックするか，メニューバーから [ツール] → [アドレス帳] を選択して，アドレス帳ウィンドウ (図 5.12) を開きます．

図 5.12　アドレス帳

アドレス帳ウィンドウのツールバーの「新しい連絡先」をクリックすると図 5.13 のようなウィンドウが表示されるので，登録するメールアドレスとそれに対応する氏名を入力します．必要に応じて，電話番号その他の項目にも入力します．入力が終わったら，「OK」ボタンをクリックして登録を完了します．

なお標準の設定では，メールを発信する際に宛先として入力したメールアドレスは，自動的にアドレス帳に登録されるようになっています．ただし自動登録では氏名などの情報は含まれないので，手動で追加修正を行う必要があります．

既に登録されたアドレス帳の内容を確認したり変更したりする場合には，アドレス帳ウィンドウに表示されている登録の一覧から，該当するアドレスを選んでダブルクリックすると，図 5.13 と同様な内容表示ウィンドウを開くことができます．

アドレス帳を使ったメールアドレスの指定

メールを発信する時にアドレス帳に登録したメールアドレスを利用するためには，メニューツールバーの「アドレス帳」ボタンをクリックするか，メニューバーから [ツール] → [アドレス帳] を選択して，アドレス帳ウィンドウ (図 5.12) を開きます．

アドレス帳ウィンドウに表示されているリストから送信したい相手を選択し，ツールバーの「メッセージ作成」をクリックすると，宛先が入力済のメール作成ウィンドウが開きます．

既にメール作成ウィンドウが開いた状態であれば，メール作成ウィンドウのメニューバーの [表示] → [アドレスサイドバー] を選択すると，ウィンドウの左端に**アドレスサイドバー**が現れ，そこにアドレス帳に登録したアドレスの一覧が表示されます (図 5.14)．入力したいアドレスに対応する名前を選択して右クリックするとプルダウンメニューが表示されるので，「宛先フィールドに追加」をクリックすると，作成中のメールの宛先にアドレ

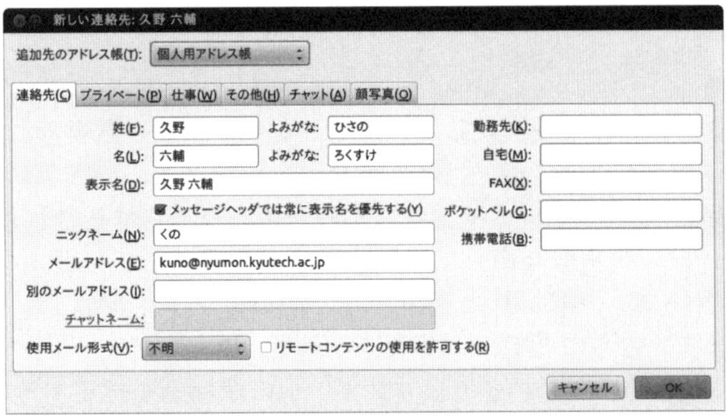

図 5.13 「新しい連絡先」ウィンドウ

スが入力されます．

なお，宛先アドレスを自分で入力する場合にも，入力しかけた文字列を含むアドレスがアドレス帳に登録されていると，そのアドレスを先回りして表示してくれます (アドレス入力の補完機能)．表示されたアドレスが入力しようとしたものと合っていれば，そこで Enter キーを押すと完全なアドレスが入力されます．合っていない場合には，そのまま表示を無視して入力を続けます．

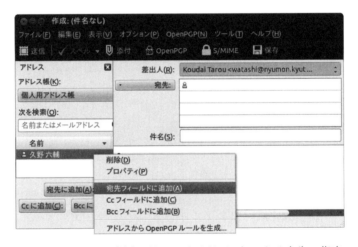

図 5.14 アドレス帳 (アドレスサイドバー) による宛先の指定

5.2.6 メールを使ったファイルの送受信 (添付ファイル)

電子メールには，文字のメッセージをやり取りするだけでなく，各種のデータファイルを送受信する機能があります．このような，電子メールにのせてやり取りするファイルを**添付ファイル**といいます．

添付ファイルの受信

　添付ファイルを含むメールを受信すると，スレッドペインの一覧表示に添付ファイルが含まれていることを示すアイコン (📎) が付きます．またファイルの種類によっては (標準的な画像ファイルなど)，メッセージペインに本文と一緒に表示されることもあります．

　添付ファイルをメールから取り出して，独立したファイルとして保存する場合には，メニューバーから [ファイル] → [添付] と進み，そこで添付ファイルのファイル名の付いたサブメニューを選びます．さらに [開く]，[保存]，[分離]，[削除] という 4 つの選択メニューから [保存] を選びます (図 5.15)．すると添付ファイルの保存先を指定するウィンドウが表示されるので，保存するファイル名と，保存先をどのフォルダ (Linux のディレクトリ) にするかを指定します．保存先の指定が終わったら，「保存」ボタンをクリックします．

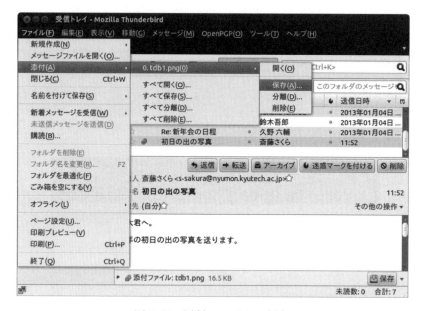

図 5.15　添付ファイルの保存

　なお，1 つのメールに複数の添付ファイルが含まれる場合，メニューバーから [ファイル] → [添付] → [すべて保存...] を選択すると，保存先のディレクトリを指定するだけで，一度に全部の添付ファイルを保存することができます．

添付ファイルの送信

　一方，送信するメールにファイルを添付する場合には，メール作成ウィンドウで「添付」ボタンをクリックするか，メニューバーから [ファイル] → [添付] → [ファイル...] を選択します．図 5.16 のようなファイル選択ウィンドウが開くので，ここで目的のファイルを指定して，「開く」ボタンをクリックします．

　すると作成ウィンドウに添付ファイルのリストが加わり，どのファイルを添付しようとしているかを確認できます (図 5.17)．複数のファイルを添付する場合には，以上の手順をファイルごとに繰り返します．

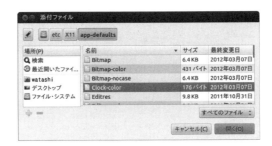

図 5.16　添付するファイルの選択

　添付ファイルの機能は簡単に使えるので，非常に大きなサイズのファイルを，うっかり送ってしまうことがあります．あまり大きなファイルを送ろうとすると，送信側や受信側のメールサーバの処理や途中のネットワークの通信に大きな負担がかかり，場合によってはトラブルの原因になることもあるので気を付けてください．また，メールの受け手のコンピュータ環境によっては，添付ファイルを送った側と同じようには扱えない場合もあります．添付ファイルを利用するときは，こうした点にも注意するようにしましょう．

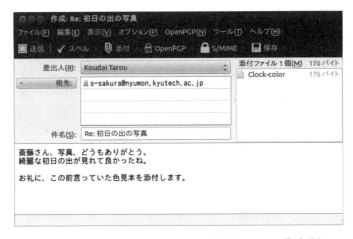

図 5.17　メール作成ウィンドウ (添付ファイル指定後)

5.2.7　迷惑メールフィルタ

　電子メールを使い始めると，自分に無関係なメール (多くは宣伝メール) が勝手に送りつけられてくることがあります．こうしたメールは**迷惑メール**[*12]と呼ばれ，本来のメールの利用の邪魔になります．現状では，こうした迷惑メールの発信を効果的に防ぐことは難しい[*13]ため，受信側でそれらを識別して見ないようにするのが現実的な対策です．Thunderbird では，迷惑メールを判別し自動的に削除などの処理を行う，**迷惑メールフィルタ**という機能を

[*12] スパム (spam) メール，UCE (Unsolicited Commercial Email) などとも呼ばれます．
[*13] 自分への送信をやめるよう送信元に抗議したら，「宛先が有効である (受け取る人間がいる)」と判断されて，逆に迷惑メールが増えてしまったという例もあります．

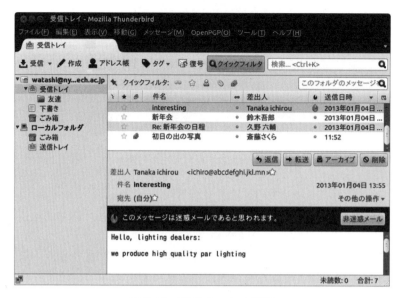

図 5.18　迷惑メールの指定

利用することができます．

　迷惑メールフィルタは，メールに含まれる発信者などの情報を使って迷惑メールかどうかの判定を行います．Thunderbird の迷惑メールフィルタは**学習型**と呼ばれるもので，利用者が迷惑メールかどうかを判断し，その結果をフィルタの判定基準に反映させることを繰り返して判定の精度を高めていきます．そのため最初のうちは，迷惑メールを見逃したり，逆に迷惑メールでないものを迷惑メールと誤判定することがありますが，しばらく使ううちに誤りは少なくなっていきます．

迷惑メールの指定と削除

　受信したメールを迷惑メールに指定するためには，スレッドペインから該当するメールを選択し，メッセージペインツールバーの「迷惑マークを付ける」ボタンをクリックします．迷惑メールに指定されたメールには「送信日時」の欄の横にそれを示すアイコン（🔥）が表示され，またメッセージペイン上部には「このメッセージは迷惑メールと判断されています」というメッセージが表示されます (図 5.18)．メールの削除などの場合と同様に，複数のメールを選択して一度に指定を行うこともできます．一度迷惑メール指定を行ったメールと発信者などが同一のメールは，以後自動的に迷惑メールに指定されるようになります．

　一方，迷惑メール指定されたメールを選択して「非迷惑メール」ボタンを押すと，迷惑メール指定が解除されます．

　迷惑メールに指定されたメールを削除するには，メニューバーから [ツール] → [迷惑メールとマークされたメールを削除] を選択します．

迷惑メールの自動処理

　迷惑メールフィルタでは，迷惑メールとして指定されたメールを，図 5.19 に示すように，自動的に迷惑メールフォルダに移動する設定ができます．

メニューバーから [編集] → [アカウント設定] を選択して，アカウント設定ウィンドウを表示します．設定ウィンドウの左メニューから [ローカルフォルダ] → [迷惑メール] というタグを選択すると，[迷惑メールフィルタの設定] を表示します．

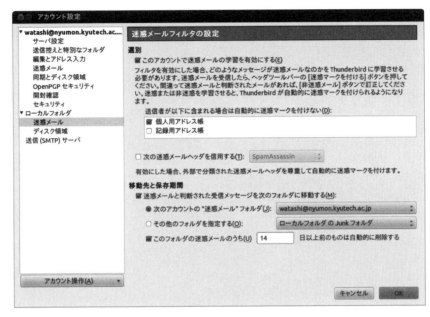

図 5.19　迷惑メールフィルタの設定

　迷惑メールを自動的に別のフォルダに振り分けるためには，「移動先と保存期間」設定項目で「迷惑メールと判断された受信メッセージを次のフォルダに移動する」をチェックし，その下の移動先（「次のアカウントの"迷惑メール"フォルダ」または「その他のフォルダを指定する」）を選びます．迷惑メールフォルダがなければ，設定を有効にした時点で作成されます．さらに，「このフォルダの迷惑メールのうち～日以上前のものは自動的に削除する」をチェックすると，迷惑メールフォルダに入れられたメールのうち設定日数を過ぎたものが，自動的にごみ箱フォルダに移されるようになります．

　自動処理の機能を使うと，迷惑メールの大部分を目にすることなく片付けることができますが，その一方で本当は迷惑メールでないものを見落としてしまうおそれもあります．フィルタの学習が進んで判定精度が上がるまでは，自動処理の設定をするのは控えた方がよいでしょう．自動処理を始めた後も，時々は迷惑メールフォルダの内容を点検して，誤って分類されたメールがないかどうか確認するようにしてください．

第6章　Webページを見る

　インターネット (Internet) は，大学や企業内に構築されている LAN や商用ネットワークなどを相互に接続するためのコンピュータ・ネットワークであり，現在では全世界にまたがる巨大なネットワークに成長しています．インターネットの利用方法としては，主なものに，World Wide Web (WWW) [*1]，電子メール，テレビ，電話があります．

　WWW は，インターネット上に散在する情報の間を，互いに簡単に参照し合えるようにしたシステムです．参照が簡単なだけでなく情報発信も簡単に行えること，テキスト情報だけでなく音声や画像といったマルチメディア情報も簡単に取り扱えることに特徴があります．

6.1　WWW の仕組み

　World Wide Web を直訳すれば，「世界中に広がった蜘蛛の巣」になります．蜘蛛の巣のように広がった WWW の世界には，様々な情報が存在します．WWW の利用者は，情報がどこに存在するかをあまり意識することなく，簡単に情報を収集することができます．

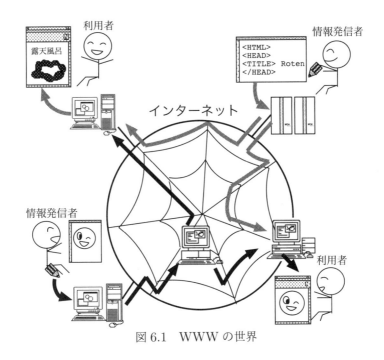

図 6.1　WWW の世界

[*1] Web, W3 とも略称されます．

6.1.1 ブラウザとサーバ

図 6.1 に示すように，WWW の世界では，情報を蓄積して発信する **WWW サーバ** と，その情報を見るためのツールである **WWW ブラウザ**（または Web ブラウザ）が無数にあり，相互に情報のやり取りを行います．WWW サーバが世界中への情報発信を可能にし，WWW ブラウザがインターネット上に分散して存在する各種文書，画像，ビデオ，サウンドなどの**情報資源**へのアクセスを容易にします．

6.1.2 Web ページと HTML

WWW サーバ上で提供される情報資源を一般的に **Web ページ** といいます．Web ページは，**HTML**(Hyper Text Markup Language) と呼ばれる専用言語で記述されたファイルであり，図 6.2 に示すように，関連する他の文書や画像への参照方法をファイル中に含むことができます[*2]．これにより，WWW サーバ上に存在する情報資源が有機的に結合され，あたかも，関連のある情報ごとに構成された巨大な文書が存在しているかのように感じられます．

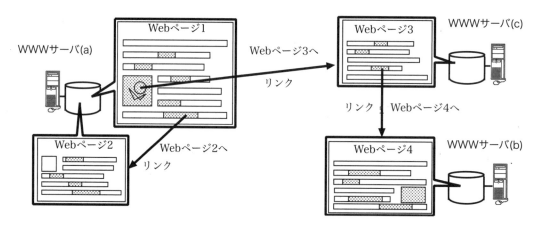

図 6.2　Web ページ

6.1.3 URL と HTTP

WWW ブラウザを利用するには，インターネット上の，どこの WWW サーバの，どの Web ページを表示するかの指定が必要です．この場所の指定には，**URI**(Uniformed

---

[*2] このような構造をハイパーテキストといいます．

Resource Identifier) または **URL**(Uniformed Resource Locator) と呼ばれる形式が使われます．例えば，九州工業大学の Web ページは次の URL で指定できます．

```
─── URL の例 ───
http://www.kyutech.ac.jp/index.html
```

この URL 中の `http` は，**HTTP**(Hyper Text Transfer Protocol) と呼ばれる手段を用いて，九州工業大学の Web ページを参照することを表します．HTTP については，本書では詳しく説明しませんので，興味ある方は他の文献で調べてみてください．

URL では，`http://`に続いて WWW サーバの場所 (上記の例では，`www.kyutech.ac.jp`) を指定します．続いて，ファイル名 (または複数のディレクトリ指定とファイル名) を指定します．上記の例では，WWW サーバ上の / ディレクトリ上の `index.html` ファイルを指定しています．

6.2 WWW ブラウザ Firefox の使い方

本書では，代表的な WWW ブラウザの 1 つである Firefox [*3]を例に説明します．

6.2.1 起動と終了

ターミナルウィンドウから Firefox を起動する場合は，

```
─── Firefox の起動 ───
$ firefox Enter
```

と入力します．また本書のウィンドウ環境では，ランチャーから「Firefox」アイコン ( ) を選択しても起動できます．

Firefox を起動すると，図 6.3 に示すようなウィンドウが表示されます．**メニューバー**は Firefox の操作を階層的に提供するもので，各項目をクリックすると個々の操作を表すプルダウンメニューが表示されます．**ナビゲーションツールバー**は，頻繁に使われる操作をボタン化したものと，**スマートロケーションバー**，**検索バー**からなります．スマートロケーションバーは**ページ表示領域**に表示されている Web ページの URL を示しています．検索バーは Web ページ検索を行うためのキーワードを入力する領域です．

Firefox を終了するには，メニューバーから [ファイル] → [終了] を選択します．

6.2.2 Web ページを見る

Web ページを見るには URL の指定が必要です．ただし，Firefox 起動時にあらかじめ設定しておいた Web ページを表示させることもできます．以下では，起動時に何らかの Web ページが表示されているものとして説明を進めます．なお，Firefox ウィンドウにスクロー

[*3] 本書の環境では Firefox 45 です．

図 6.3 起動時のページ (九州工業大学の例)

ルバーが表示されている場合は，スクロールバーをドラッグ操作したり，マウスホイールを回転させれば，Web ページがスクロールして表示されます．

文字エンコーディングの設定

Web ページ内の文字が化けて表示される場合は，文字エンコーディングの設定が必要です．図 6.4 に示すようにメニューバーから [表示] → [文字エンコーディング] → [自動判別] → [日本語] を選択します[*4]．

リンクをたどる

6.1.2 項 (図 6.2) で説明したように，Web ページは他の Web ページを参照するための記述方法を持っており，これを**アンカー**といいます．Web ページと Web ページがアンカーによって関連付けられていることを**リンク**といい，アンカーが記述されている Web ページをリンク元，アンカーに参照先として記述されている Web ページをリンク先といいます．

WWW ブラウザ上に表示された Web ページでは，他とは異なる文字の色や下線でリンク先が表示されたりします．これを**アンカーテキスト**[*5]といい，左マウスボタンでクリックするとリンク先の Web ページが表示されます．これを**リンクをたどる**，または**リンクを開く**といい[*6]，Web ページを見る基本操作の 1 つです．

Web ページによってはアンカーが判別しにくいこともありますが，アンカーにマウスカー

[*4] この操作で正しく表示されない場合には，他の文字エンコーディング (Unicode UTF-8，日本語 Shift-jis，日本語 EUC-JP) を選択してください．

[*5] 画像の場合はアンカー画像と呼ばれます．

[*6] リンク先の **Web** ページを読み込むともいいます．

6.2 WWW ブラウザ Firefox の使い方

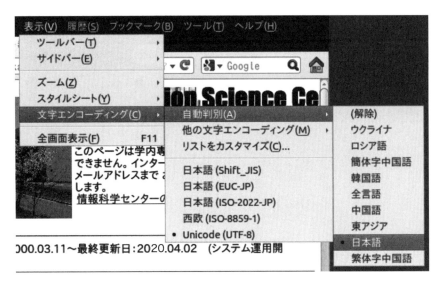

図 6.4 文字コードの変更

ソルを合わせるとマウスポインタが矢印から手の形 に変化し，それと同時にウィンドウの左下にリンク先の URL がポップアップ表示されます (図 6.5)．とりあえずマウスカーソルを合わせてみるとよいでしょう．

図 6.5 リンク先のポップアップ表示

Web ページの移動

アンカーテキスト (または画像) をクリックして，次々に Web ページを見ていると，以前に見た Web ページに戻りたい場合もあります．Firefox では，Web ページを見た履歴が自動的に記録されているので，図 6.6 に示す「戻る」ボタン をクリックすることで，1 つ前の Web ページに戻ることができます．また，一度「戻る」ボタンをクリックすると，今度は「進む」ボタン が表示されクリックできるようになります．

また，メニューバーの [履歴] をクリックすると，今までに見た Web ページのタイトルが表示されます．この履歴の中の Web ページを見るには，そのタイトルをクリックします．

見たい Web ページの URL がわかっている場合には，URL を直接入力して Web ページを見ることができます．また，WWW サーバ上の Web ページだけではなく，手持ちのHTML ファイルを見ることもできます．

図 6.6 各種ボタン

URL を指定する

見たい Web ページの URL をスマートロケーションバーにキーボード入力した後 Enter を押します．また，履歴に残っている URL を入力した場合はその URL が候補として自動的に表示されていきます．

図 6.7 の例では，情報科学センターの Web ページの URL を入力しています．

図 6.7 URL の入力

以下に URL の例を示します[*7]．

―――― 九州工業大学内の URL 例 ――――

情報科学センターのページ　　http://www.isc.kyutech.ac.jp/
九州工業大学のページ　　　　http://www.kyutech.ac.jp/

停止と再読み込み

Web ページを開いている途中の状態では，ステータスインジケータ (図 6.8) の絵が動き，スマートロケーションバーの「再読み込み」ボタン が「停止」ボタン に変わっています．ステータスインジケータの絵が動いている間は，Firefox が WWW サーバからデータを受信しているのでしばらく待ちます．

ネットワークの状況によっては，いくら待っても何も表示されないことがあります．このような場合にはスマートロケーションバーの停止ボタンをクリックし，WWW サーバからのデータ受信を中止しましょう．

また，Web ページが表示されている時に表示されている，スマートロケーションバーの再読み込みボタンは，正しく Web ページが表示されない場合や，最新の状態を表示したい場合に使用します．このボタンをクリックすると，現在表示している Web ページをもう一

[*7] ファイル名が index.html や index.htm の場合，通常は省略可能となります．

図 6.8 停止ボタンとステータスインジケータ

度読み込み直します[*8].

　Firefox には，Firefox 自身やハードディスク内にページを蓄積し，同一ページにアクセスした場合には蓄積したページを利用して表示を高速化するキャッシュ機能があります．Shift キーを押しながら再読み込みボタンをクリックした場合は，蓄積したページを使用せず，再度ページを読み込み直して表示します．

手持ちの HTML ファイルを指定する

　WWW サーバに登録する前の手持ちの HTML ファイルを見ることもできます．これは，自分の Web ページを作る過程で，Web ページの確認を行う時に利用します．

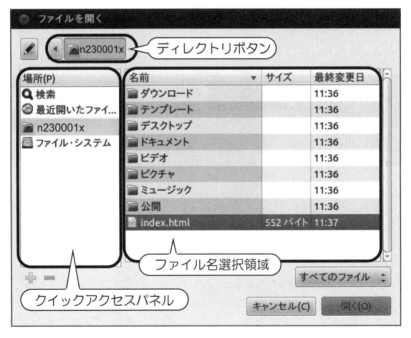

図 6.9 ファイルの指定

　ファイルを指定するには，メニューバーから [ファイル] → [ファイルを開く] を選択しま

[*8] エディタで HTML ファイルを更新した時は，この操作によってブラウザに反映させることができます．

す．図 6.9 に示す「ファイルを開く」ウィンドウが表示されたら，**ファイル名選択領域**でディレクトリ名またはファイル名をクリックし，HTML ファイルを選択して「開く」ボタンをクリックします．また，ここに表示されていないディレクトリのファイルを選択する場合は，**ディレクトリボタン**や，**クイックアクセスパネル**に表示されている項目をダブルクリックし，目的のディレクトリを選択します．選択されたディレクトリ内のファイルはファイル名選択領域に表示されるので，そこからファイルを選択することができます．

クイックアクセスパネルには，ユーザのホームディレクトリ（図 6.9 の例では「**n230001x**」）と，ルートディレクトリを示す「ファイル・システム」が標準で表示されます．

6.2.3 タブブラウズを使う

タブブラウズ機能は，Firefox の同一ウィンドウ内に複数の Web ページを表示させる機能であり，それぞれの Web ページごとに**タブ**と呼ばれる見出しを付けて配置されます．ページの切り替えを頻繁に行う作業や，デスクトップ上で複数の作業を同時に行うような場合に便利な機能です．

新しいタブを開く

Firefox のウィンドウに新しいタブを開くには，メニューバーから [ファイル] → [新しいタブ] を選択するか，「新しいタブ」ボタン ■ をクリックすると，ウィンドウ内にタブが追加されます．新しいタブのスマートロケーションバーに新しい URL を入力し Web ページを表示させます (図 6.10)．

図 6.10 タブの追加

リンクをタブで開く

6.2.2 項で説明したように，リンクを左マウスボタンでクリックするとリンク先のページが表示されますが，右マウスボタンでクリックした場合にはリンク操作に関するメニューが現れます．そのメニューの「リンクを新しいタブで開く」を左クリックすると，元のページが表示されたまま，リンク先のページが新しいタブのページ表示領域に読み込まれます (図 6.11)．ただし標準的な設定では，次に説明する「タブを切り替える」操作を行うまで元のページが表示されたままです．

図 6.11　リンクをタブで開く

タブを切り替える

　新しくタブ付きウィンドウが追加されると，図 6.12 のようにページ表示領域の上段に Web ページのタイトルが入ったタブが表示されます．このタブをクリックすると Web ページの表示を交互に切り替えることができます．

図 6.12　タブの切り替え

タブを閉じる

　図 6.13 の「タブを閉じる」ボタンをクリックすると，開いていたタブが閉じます．閉じたタブを再度開くにはメニューバーから [履歴] → [最近閉じたタブ] を選択し，表示されるリストから選択するか，「すべてのタブを復元」を選択するかします．

図 6.13　タブを閉じる

6.2.4　ブックマークを使う

ブックマーク[*9]機能は，一度見た Web ページの URL を記録し分類する機能です．ブックマークとして記録された Web ページは簡単な操作で見ることができます．一度ブックマークに URL を記録しておけば[*10]，URL を覚える必要がなくなり，また，無駄にリンクをたどることもなくなります．

ブックマークに追加

　ブックマークに URL を記録する方法を説明します．まず，記録させたい Web ページをブラウザに表示します．次に，図 6.14(左) に示すように，メニューバーから [ブックマーク] → [このページをブックマーク] を選択します．図 6.14(右) に示す「ブックマークに追加」ウィンドウが現れますので，「完了」ボタンをクリックすると，「ブックマークメニュー」フォルダに URL が記録されます．

　ブックマークを分類したいフォルダがある場合には，「ブックマークに追加」ウィンドウで「フォルダ」のプルダウンメニューからそのフォルダを選択した後に「完了」ボタンをクリックします．また，スマートロケーションバーの「ブックマーク」ボタン ☆ をクリックすると，Firefox にあらかじめ用意されているフォルダ「未整理のブックマーク」に追加されます．

ブックマークを使う

　記録されたブックマークの一覧を見るには，図 6.14 に示したように，メニューバーの [ブックマーク] を選択します．ここで，見たい Web ページのタイトルをクリックすると，目的の Web ページが表示されます．

　多くの Web ページをブックマークしていくと，だんだんブックマークの一覧が見にくくなります．メニューバーから [ブックマーク] → [すべてのブックマークを表示] を選択すると，「履歴とブックマークの管理」ウィンドウが表示され，新しいフォルダの作成やブックマークの移動，順番の並べ換えを行うことができます．

[*9] もともとは本の「しおり」を意味します．
[*10] ホームディレクトリの .mozilla の下に保存されます．

6.2 WWW ブラウザ Firefox の使い方

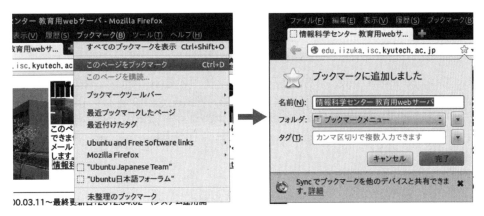

図 6.14　ブックマークに追加

6.2.5　Web ページの印刷

Web ページを印刷するには，メニューバーから [ファイル] → [印刷] を選択します．すると，図 6.15(左) に示すような印刷設定用のウィンドウが表示されますので，各タブをクリックし，設定項目を確認します．

(全般)　　　　　　　　　　　　　　　　　(ページの設定)

図 6.15　印刷設定用のウィンドウ

「全般」タグでは，**プリンタ**で適切なプリンタ名が選択されていること，**範囲**や**コピー**が適切に設定されていること，さらに「ページの設定」タブでは**用紙サイズ**が正しく設定されていることを確認します (図 6.15(右))．

また「全般」タブで「ファイルに出力する」を選択すると，印刷結果がファイルに保存されますので，後で Linux の印刷コマンド (10.3.6 項を参照) で印刷することができます．

6.2.6 Firefox の設定

Firefox では，起動時の設定や動作中の設定をユーザの好みに応じて変更することができます．メニューバーから [編集] → [設定] を選択し「Firefox の設定」ウィンドウを開くと，表 6.1 に示すように，カテゴリに分けて整理された設定画面が表示されます．ウィンドウ上部に並んだアイコンをクリックすると対応するカテゴリが選択され，そこに属する設定項目が表示されます．

表 6.1　Firefox の設定

カテゴリ	項　目	設定内容
一般	起動	起動時の動作や表示する Web ページの指定
	ダウンロード	ダウンロードに関する設定
タブ		タブの動作についての設定
コンテンツ		新しいページを開く動作の設定
	フォントと配色	フォントと配色，ファイルタイプについての設定
	言語	表示に使用する言語についての設定
プログラム		表示するファイル形式別動作についての設定
プライバシー	トラッキング	追跡の拒否についての設定
	履歴	履歴の記録動作についての設定
		Cookie の動作についての設定
	スマートロケーションバー	スマートロケーションバーに表示する項目についての設定
セキュリティ		許可サイトの設定
	パスワード	パスワードの記憶についての指定
詳細	一般	ブラウザの動作についての設定
	ネットワーク	接続に関する設定
	更新	自動更新の動作の設定
	暗号化	SSL，TLS の動作の設定と証明書についての設定

設定例

例として，ホームページの設定について説明します．ホームページとして設定された Web ページはナビゲーションツールバーのホームボタンをクリックすれば，いつでも見ることができますし，Firefox を起動した直後に表示されるように設定することもできます．

メニューバーから [編集] → [設定] を選択して，Firefox の設定ウィンドウを開きます．次に，設定ウィンドウの「一般」アイコンをクリックします．「起動」の「ホームページ」フィールドに設定したい URL を入力し，「閉じる」ボタンをクリックします．図 6.16 では，情報科学センターの Web ページの URL をホームページとして設定しています．

6.3　検索サイトの利用と諸注意

インターネット上には便利な検索サイト (検索 Web ページ) があります．これをうまく利用すれば多くの情報を簡単に引き出すことができます．

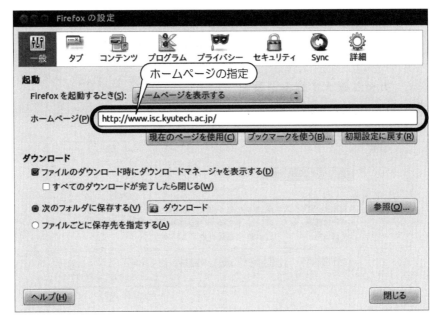

図 6.16　ホームページの設定例

6.3.1　図書館の OPAC を使う

　ここでは，利用者の身近に図書館があり，オンライン総合目録 (OPAC) が利用できる場合について説明します．なお，OPAC の URL については利用可能な図書館に問い合わせてみてください．

OPAC の基本

　OPAC の検索ページを開くと，検索キーワードと検索対象を指定して検索を行う「簡易検索」と，様々な検索条件を詳細に指定し検索する「詳細検索」のタブが表示されます．ここでは「簡易検索」を使用して検索を行います．

　図 6.17 に示す九州工業大学図書館の OPAC 画面では，検索対象のデータベースとして「本学所蔵」と，他大学も含む大学図書館などの総合目録データベース「NACSIS 目録」から選択できます．資料の種類として「図書」，「雑誌」，「雑誌巻号」，「論文」，「電子ブック」が選択できます．種類が判明している場合にはその種類のみを選択し，検索したい図書の種類が不明な場合にはすべてを選択するとよいでしょう．ただし，当然のことですが，検索対象が多ければ検索に時間がかかってしまいます．

　最後に，キーワードの入力フィールドに検索のキーワードを入力します．キーワードは 1 つでも構いませんが，キーワードが少ないと検索結果がたくさん表示されるので，できるだけ複数のキーワードを入力するようにします．なお，キーワードに日本語を使うこともできます．ここに入力したキーワードが「タイトル」，「編著者名」，「件名」，「目次」，「アブストラクト」のどれかに含まれると検索結果として表示されます．

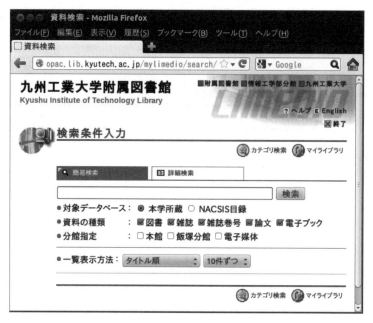

図 6.17 九州工業大学図書館の OPAC

検索条件の記述

複数のキーワードを指定する場合は，先頭に「#」を付けて and 演算を使用します[*11]．例えば，「Mail」と「UNIX」を両方含むキーワードとしたい場合は，

──────── and 演算の記述例 ────────
```
#Mail   and   UNIX
```

と入力します．以下に検索結果例を示します．

図 6.18 では検索結果として，図書が 8 件あることがわかりました．

ここで入力したキーワードに対して，表示された結果中に，「sendmail 解説」というタイトルが表示されています．九州工業大学図書館の OPAC では，キーワードが単語の一部に含まれていても表示します．これを禁止して純粋な「Mail」を指定するには，

──────── and 演算子の記述例 ────────
```
#"Mail"   and   UNIX
```

と指定します．この指定で上記の本は検索結果に含まれなくなります．

and 演算子以外にも not や or および ( ) を使うことができます．また，「*」によるパターンの指定もできます．例えば以下のように指定すると，先頭に「USB」か最後に「1394」を含みかつ「Windows」を含まないという指定になります．

[*11] and の代わりに near(順不同) または followedby(順序通り) を使うと，それらの文字列に近い場合に限定できます．

図 6.18　OPAC 検索結果

―― 複数の演算子の記述例 ――
```
#("USB*" or "*1394") not Windows
```

以上，九州工業大学図書館の OPAC を例に，検索サイトの基本的な使い方を示しました．利用者の環境によっては利用方法が異なることもありますが，基本的な操作は同じです．マニュアルを読んで使ってみてください．

6.3.2　検索サイトを使う

6.3.1 項では，図書検索を中心に検索方法を説明しました．ここではインターネット上にある便利な検索サイトについて説明します．

Google

Google 検索の URL は，http://www.google.co.jp/ です．検索可能な Web ページは Google が独自に，公開されている Web ページを自動収集したもので，現在最も多くのページを検索できる検索サービスの 1 つになっています．検索を行うためには，検索フィールドにキーワードを入力して使用します．また，ブラウザによっては Google の検索バーが最初から付いているものもあるので，それを使用することもできます（図 6.19）．

複数のキーワードを入力する場合は，スペースでキーワードを区切り入力すると，すべてのキーワードを含む Web ページが検索対象となります．

例えば，

―― Google での入力例 ――
```
Mail UNIX
```

図 6.19　http://www.google.co.jp/

という指定は，「Mail」と「UNIX」というキーワードを含む検索結果を表示します．

検索から除外したいキーワードは先頭に「-」を付けます．これを Google では「マイナス検索」といいます．

───── Google でのマイナス検索 ─────
```
Mail UNIX -sendmail
```

という指定は，「Mail」と「UNIX」というキーワードを含み，「sendmail」というキーワードは含まない検索結果を表示します．

検索後さらに詳しい項目の追加指定をする場合には，「検索オプション」をクリックして，ファイルタイプ，更新日，ドメイン名などについても指定して検索することができます (図 6.20)．

その他の検索サイト

インターネット上には便利な検索サイトが数多くあります．まずは手近な検索サイトを使って，インターネットを楽しむのもよいでしょう．また，新聞社の Web ページや書店や出版社の Web ページなども最新の情報やニュースが公開されており非常に便利です．

───── 有名な検索サイト ─────
http://www.yahoo.co.jp/　　大手ポータルサイトの検索サービス
http://www.bing.com/　　　 大手コンピュータソフトウェア会社の検索サービス

図 6.20　Google 検索オプションの表示

6.3.3　Web ページに対する注意

インターネット上には便利な Web ページが数多く存在しますが，その利用に関しては注意が必要です．例えば，専門家の編集による正確で公平な情報だけでなく，個人の感想や独断に基づく情報，作成された時間や前後の文脈に依存する情報，悪意に基づく誤った情報など，正確さや公平さの程度に疑いがある情報も多く存在します．書かれている内容を鵜呑みにせず，正しく評価するメディアリテラシーの能力を身に付けて，Web の情報を受け取るように努力してください．

また，教育研究目的でインターネットに接続している大学や，営業目的にインターネットに接続している会社では，その目的を逸脱した利用はトラブルの原因となります．皆さんも，利用している環境のルールとマナーを一度確認してみてください．

なお，Web に関連する法律として「不正アクセス行為の禁止等に関する法律」「著作権法」などがあります．法律の条文や解説に関して以下のサイトがありますので，一度，目を通しておくとよいでしょう．

```
─────── インターネット利用にかかわる法律・解説などがあるサイト ───────
 警察庁サイバー犯罪対策              http://www.npa.go.jp/cyber/
 情報処理推進機構 (IPA) 情報セキュリティ    http://www.ipa.go.jp/security/
 著作権情報センター                  http://www.cric.or.jp/
```

第7章 画像の作成と加工

実験のレポートや Web ページでは，文章とともに画像 (イメージ) がよく用いられます．
画像を作成するには，計算機上で構成図やイラストを書く方法，写真やイラストを各種ス
キャナ (イメージスキャナやフィルムスキャナなど) で取り込み，加工や修正を行う方法，
プログラムにデータを与えてグラフを書かせる方法などがあります．

この章では，構成図や配置図といった図の作成に便利な **LibreOffice Draw** と，イラス
ト作成やデジタルカメラの画像加工に便利な **GIMP** について解説します．また，数式や
データを簡単にグラフにすることができる **gnuplot** の使い方も併せて説明します．

7.1 画像形式とファイル拡張子

画像をコンピュータ上で取り扱うためには，何らかの形式でデジタル化する必要がありま
す．画像形式にはファイル容量や画質の特徴が異なる多くの種類があり，通常は用途によっ
て使い分けます．表 7.1 に，一般的に使用される画像形式と，それに対応する拡張子につい
て示します．

表 7.1　主な画像形式

形 式	用 途	拡張子
JPEG	写真などの画像形式．よく Web ページで扱う	.jpeg .jpg
PNG	イラストなどの画像形式．よく Web ページで扱う	.png
GIF	〃	.gif
TIFF	パソコンで扱う画像形式	.tiff
PostScript	プリンタ出力用の形式	.ps .eps

7.2 LibreOffice Draw の使い方

LibreOffice Draw は，Linux, Windows, MacOS など様々なオペレーティングシステム
で動作する図形描画ツールです．LibreOffice Draw(以下，Draw) では作成した図形ファ
イルを odg 形式で保存します．Draw は図形の座標や色，形を数字や式などで表現した形
式[*1]への変換も行え，これらの形式は拡大・縮小を行っても画質が劣化しない，データサイ
ズが小さいなどの特徴があります．Draw で作成した図形ファイルを EPS 形式に変換する
と，第 9 章で説明する文書整形システム LaTeX で利用することができます．

[*1] 一般にこのような特徴の画像形式をベクトル形式またはドロー形式といいます．

7.2.1 Draw の起動と各部名称

Draw は，ランチャーから LibreOffice アイコン ( ) をクリックして，「Draw 図形描画」を選択して起動します．ターミナルウィンドウから次のコマンドを入力しても起動します．コマンドを入力して起動する場合には，空白のファイル名として起動します．

―――――― LibreOffice Draw の起動 ――――――
```
$ libreoffice --draw & Enter            …コマンド入力
```

Draw を起動すると図 7.1 に示すようなウィンドウが表示されます．実際に図を描く部分が**レイヤーウィンドウ**です．**ページペインウィンドウ**にはレイヤーウィンドウ上で描画された同じ内容が表示されます．**ツールバー**には，ファイルの保存や印刷，図形の拡大縮小など描画内容を操作することができます．

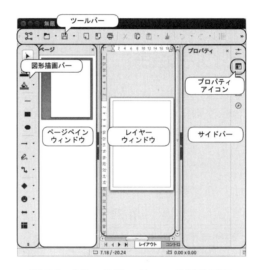

図 7.1　LibreOffice Draw の起動画面

マウスカーソルをパネルの上部へ移動させると**メニューバーウィンドウ**[*2]が表示されます．ここには，Draw の各種の操作メニューがまとめられています．それぞれのメニュー項目をクリックするとプルダウンメニューが表示され，さらに多くのメニュー項目を呼び出すことができます．

Draw で描画できる図形要素は図 7.2 に示す**図形描画バー**にまとめられています．Draw における描画の基本は，図形描画バーから図形を選択し，それをレイヤーウィンドウ上に配置することで行います．

また，文字入力や画像の拡大縮小，既存の画像ファイルの挿入，画像に影を付けるなどは**ツールバー**で設定します．これらは，レイヤーウィンドウ上の図形をクリックして，**サイド**

―――――――――――
[*2] 本書では単に「メニューバー」と呼ぶこともあります．

バーに表示されるプロパティを用いても設定できます．

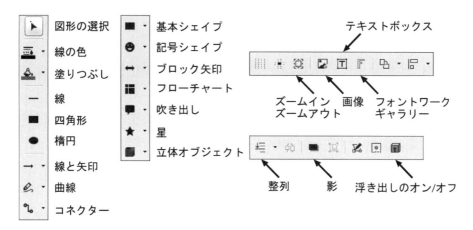

図 7.2　図形描画バーとツールバー

7.2.2　メニューバーウィンドウ

ここでは，メニューバーウィンドウのメニュー項目のうち，比較的よく使われるものを紹介します．

ファイル

既存ファイルの読み込みや保存などを行うファイル関係の操作を行います．odg 形式への保存の他に，EPS ファイルや PNG ファイルなど他の画像形式への保存も行えます．

項目	機能
新規作成	新しい図形描画のウィンドウを作成する
保存	ファイルに保存する
エクスポート	他の画像形式を指定して保存する
PDF としてエクスポート	PDF ファイルとして保存する
LibreOffice の終了	LibreOffice Draw を終了

編集

コピーや貼り付けなどの基本的な操作から，他の画像形式への変換や保存などを行うことができます．

項目	機能
切り取り	選択した図形や文字を切り取り，バッファに入れる
コピー	選択した図形や文字をバッファにコピーする．貼り付けと組み合わせて使用
貼り付け	バッファにある図形や文字を貼り付ける
元に戻す	編集効果を取り消す
複製	選択した図形を複製する

　なお，編集対象の図形はマウスカーソルでクリックするか，図形描画バーの「選択」(▶)を使って指定します．具体的な操作方法は 7.2.3 項で説明します．

挿入
　新しいページ，ページ番号，既存の画像ファイルなどを挿入する設定を行います．また，Draw に用意されているクリップアートギャラリーから，矢印やコンピュータなどの画像を挿入することもできます．この他にグラフや表も挿入できます．

項目	機能
新しいページ/スライド	新しいページを追加，挿入する
フィールド	日付や時刻，ページ番号などを挿入する
画像	既存の画像ファイルを選択して挿入する
メディア	クリップアートギャラリーなどから図を挿入する
グラフ	ウィザードに従って，グラフを作成して表示する
テキストボックス	テキスト (文字) を入力するための枠を設定する
表	列と行の数を指定して，表を作成する

書式
　文字列のフォントや大きさ，段落指定，図形の位置や線の太さなどの変更，レイヤーを使って画像を重ねていくなどの処理を行います．

項目	機能
文字	選択した文字のフォントや大きさなどを変更する
ページ/スライドのプロパティ	ページの幅や高さ，上下左右の余白のサイズ指定などを行う
位置とサイズ	選択した図形の位置や拡大縮小を行う
線	選択した図形の線の形状を変更する
レイヤー	図形を階層構造で重ねて，1 枚の図形として描画を行う

変更
　図形の反転，前面，背面の切り替え，上下左右の位置，複数の図形のグループ化，グループ解除などの処理を行います．

項目	機能
反転	選択した図形を上下，左右に反転する
整列	選択した図形の前面，背面の位置を指定する
配置	選択した図形の左右の位置を指定する
グループ化	選択した複数の図形を 1 つにまとめる
グループ解除	グループ化の解除

7.2.3 Draw による作図

基本的な作図方法

ここでは円を描く方法を例に，基本的な作図方法について説明します．

まず図形描画バーから図形の種類を選択します．円の場合だと，上から 10 番目のアイコン (◆) の矢印アイコンをクリックして，サブウィンドウから円のアイコン (●) を選択します．次にマウスカーソルをレイヤーウィンドウ上の適当な位置 (そこが円の始点になります) に移動させて，左マウスボタンを押したままマウスを動かします[*3]．マウスの動きに合わせて円の大きさが変わりますので，希望の大きさになったところで左マウスボタンを離します．

図形の選択

マウスカーソル，または図形描画バーの「選択」(▶) をクリックした後，選択する図形をクリックします．

図 7.3 上段に示す例では，四角形の図形をマウスでクリックし，四角形を選択しています．選択した図形の周囲には，ハンドルと呼ばれる 8 つの小さな点 (■) が表示され，図形が選択されたことを表しています．

先ほど描いた円であれば，その円周上をクリックすると，円を選択することができます．

また，Shift キーを押しながら図形をクリックすることで，複数の図形を選択することもできます．

その他，マウスカーソル，または図形描画バーの「選択」をクリックした後，左マウスボタンを押したままマウスを動かすと，最初にマウスボタンを押した点を頂点とする枠線が表示されます．適当な位置でボタンを離すと，その時点で枠内にあった図形がまとめて選択されます．

図形を描く際の機能に「**グリッド線と補助線**」があります．メニューバーの「表示」を選択して，サブメニューの「グリッド線と補助線」から「グリッド線を表示」を選択します．すると，レイヤーウィンドウ上に**グリッド**と呼ばれる，縦横の間隔を示す方眼線が表示されます．図形の位置決めなどを行う時に便利な機能です．

[*3] Draw では，図形描画バーで図形を選択するとマウスカールが「十字」の形になり，レイヤーウィンドウ上の図形の上にマウスカーソルがあると「手」の形になります．図形以外の部分にマウスカーソルがあると「矢印」の形になります．

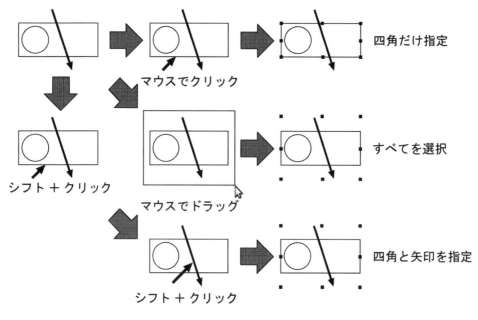

図 7.3　図形の選択

文字入力と日本語入力

　ツールバーの「テキストボックス」(T) をクリックした後，レイヤーウィンドウ上で左マウスボタンを押したままマウスを動かすと点線で囲まれた枠が表示されます．適当な位置でボタンを離すと，文字を入力するための枠とカーソル (縦棒) が表示されます．文字入力を終了するには，レイヤーウィンドウ上の適当な位置をクリックします．また，図形をダブルクリックすることでカーソルが表示され，直接，図形に文字を入力することができます．

　実際の日本語文字列の入力には，4.6 節で説明した Anthy を使用します．Ctrl+SPCを押して，日本語入力モードに切り替えた上で入力します．英語入力モードに再度切り替えたい時は，もう一度 Ctrl+SPC を押します．

　文字のサイズやフォントの変更には，サイドバーにある「プロパティ」のアイコン (■) をクリックして行います．もう一度，プロパティのアイコンをクリックするとプロパティが閉じます．

直線と折れ線 (曲線) の作図

　直線を描くには，図形描画バーの「線」(―) をクリックし，次にレイヤーウィンドウ上で始点の位置にマウスカーソルを合わせて，左マウスボタンをクリックします．その後，左マウスボタンを押したまま終点までマウスカーソルを移動させ，左マウスボタンを離すと 1 本の直線が描けます．

　折れ線を描くには，図形描画バーの「曲線」の矢印アイコンをクリックして，サブメニューから多角形 (⊿) をクリックします．左マウスボタンを押したまま始点から最初の折れ線の頂点まで線を引き，左マウスボタンを離します．続いて，折れ線の頂点を順番に左マウスボ

タンでクリックし，終点で左マウスボタンをダブルクリックします．

曲線を描くには，図形描画バーの「曲線」(🖉) をクリックし，左マウスボタンを押したままマウスカーソルを曲線に動かして，終点で左マウスボタンを離すと曲線が描けます．

図形の拡大・縮小と移動

図形の編集や移動を行うためには，まず図形を選択し，ハンドルが表示された状態にします．図 7.4(左) に示すように，図形を選択した上で周囲のハンドル (■) にマウスカーソルを合わせて，左マウスボタンを押したままマウスを動かすと，図形の拡大と縮小ができます．複数の図形を選択している場合には，選択された図形全体が拡大・縮小されます．

また，図 7.4(右) に示すように，図形を選択した上で図形 (ハンドル (■) 以外の) 部分にマウスカーソルを合わせて，左マウスボタンを押したままマウスを動かします．するとこの場合は，図形の移動となり，マウスボタンを離すと移動が完了します．すると，この場合は図形の移動となり，マウスボタンを離すと移動が完了します．

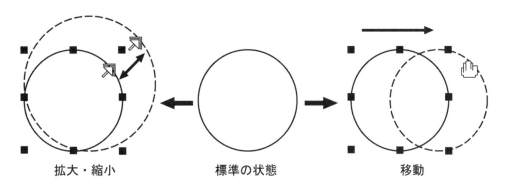

図 7.4　図形の拡大・縮小と移動

図形の設定変更

図形を選択した状態でサイドバーに表示されるプロパティをクリックすることで，その図形の様々な設定を変えることができます．

- 図形の線の太さ，色の選択
- 図形の水平・垂直位置，回転 (角度など)
- 塗りつぶし色，影 (四角，円)，線パターン (線自身，四角の枠，円の円周) の選択

作図結果 (Draw ファイル) の保存

作成した図をファイルとして保存するには次のようにします．

1. メニューバーから [ファイル] を選択し，プルダウンメニューを表示させます
2. プルダウンメニューの中から [保存] を選択します
3. 保存ファイル名の入力を要求するウィンドウが現れますので，希望のファイル名を入力します

Draw で作成した図は，「.odg」という拡張子の付いたファイル名の Draw ファイル (odg形式) として保存されます．

Draw ファイルの読み込み

odg 形式で保存したファイルを読み込むには次のようにします．

1. メニューバーから [ファイル] を選択し，プルダウンメニューを表示させます
2. プルダウンメニューから [開く] を選択します
3. odg 形式のファイル名を含む，すべてを表示したウィンドウが表示されます
4. 希望のファイル名を選択します
5. ウィンドウ下部にある [開く] を選択します

7.2.4 図を LaTeX 文書へ挿入する

Draw で作図した図を LaTeX の文書に取り込むには，その図を EPS 形式のファイルとして保存する必要があります[*4]．

1. メニューバーから [ファイル] を選択し，プルダウンメニューを表示させます
2. プルダウンメニューから [エクスポート] を選択します
3. 「すべての形式」から eps を選択します
4. ウィンドウ下部にある [保存] を選択します
5. EPS のオプションウィンドウが表示されますので，「OK」ボタンを選択します

このとき保存されるファイルは，現在の Draw ファイルと同じファイル名で，拡張子が「.eps」になったものになります．また，Draw ファイルと同じディレクトリに保存されます．なお，LaTeX ソースファイルへ挿入するには，次のようにします．

```
———————— ソースファイルへの挿入 ————————

\documentclass[12pt]{jreport}        ··· 書式を選択
\usepackage{graphicx}                ··· グラフィックパッケージを選択
\usepackage{epsfig}                  ··· グラフィックパッケージを選択
\begin{document}
  \includegraphics[scale=1.0]{demo.eps}   ··· 図形データを取り込む
\end{document}
```

[*4] EPS 以外にも，PDF 形式や PostScript 形式，JPEG，PNG などの画像形式を選択できます．

7.3 GIMP の使い方

GIMP は，イラスト画像の作成や写真画像の加工・合成といった処理を行う画像処理ソフトウェアであり，Linux を含む多くの UNIX 系 OS で動作します．豊富な機能を備えている上に，画像処理にあまり詳しくない利用者でも簡単に画像処理を行うことができる環境を整えています．GIMP の特徴として以下の点が挙げられます．

- 画像の作成，編集，加工やフォトレタッチ (写真の修正) など基本機能が充実
- 多くのグラフィック形式 (ビットマップ形式[*5]) に対応
- プラグイン機能を有し，利用者自身で機能拡張が可能
- 画像の作成工程を考慮した機能[*6]

図 7.5　GIMP の起動ウィンドウ

7.3.1　GIMP の起動

GIMP を起動するには Dash ホームの検索より gimp を入力します．アプリケーションに GIMP 画像エディタが表示されますので選択します．また，ターミナルウィンドウから gimp コマンドを使用して起動することもできます．このとき，引数に画像ファイル名を指定することが可能です．

```
――― GIMP を起動する ―――
$ gimp & Enter
```

```
――― 実行例 (ファイル名 isci.jpg) ―――
$ gimp isci.jpg & Enter
```

[*5] ピクセルと呼ばれる小さな点の集合として扱う画像形式の総称であり，ペイント形式ともいいます．JPEG，PNG，GIF などがあります．

[*6] GIMP のガイドに従って，画像ファイルのイメージ構築と作成を行う機能を備えています．この機能を使うことで，ある程度決まったデザインを非常に簡単に作成することが可能です．

GIMPを起動すると，図7.5に示すような起動ウィンドウが表示されます．起動ウィンドウでは，GIMPのデータファイルの検索，新規プラグインの問い合わせ，拡張機能の起動を順番に行っていきます．これらの処理が完了すると，図7.6に示すような複数のウィンドウが表示されます．

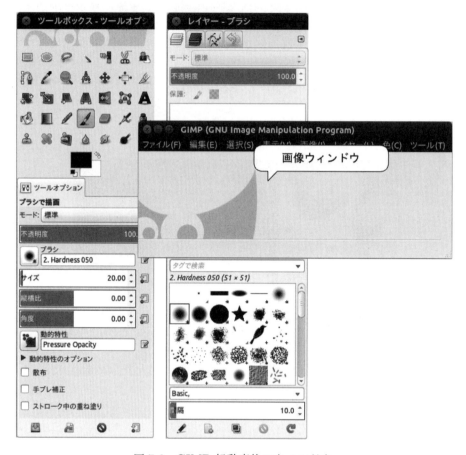

図 7.6　GIMP 起動直後のウィンドウ

GIMP のウィンドウ

起動時に GIMP は以下の 3 つのウィンドウを開きます．

- The Main ツールボックス (以下，ツールボックス)
- レイヤー，チャンネル，パス，アンドゥ | ブラシ，パターン，グラデーション ウィンドウ (以下，レイヤーウィンドウ)
- 画像 ウィンドウ

GIMP に慣れるまでは，レイヤーウィンドウは，タイトルバーの強制終了ボタン (■) をクリックして閉じておきましょう．

なお，次回の起動時にはレイヤーウィンドウは開きません．再度開きたい場合は，画像ウィンドウのメニューバーから [ウィンドウ] → [最近閉じたドック] → [レイヤー，チャンネル，パス，アンドゥ | ブラシ，パターン，グラデーション] を選択します．

7.3 GIMPの使い方

GIMPの終了

GIMPを終了するには，画像ウィンドウのメニューバーから [ファイル] → [終了] を選択します．

7.3.2 ツールボックスの各部名称

GIMPを起動すると，図7.7に示すようなツールボックスが表示されます．ツールボックス内の各アイコンは**ツールボタン**といいます．ツールボタンが凹んでいる状態は，そのボタンが示す機能が有効であることを表します．ボタンの機能にはいろいろなオプションがあり，ツールボックスの下段に一覧として表示されます．

なお，ツールボックスの上に画像ファイルをドラッグ・アンド・ドロップすると，画像ファイルを開くことができます．

図 7.7: ツールボックス

表 7.2　主なツールボタン

アイコン	名称	説明
	矩形選択	長方形の範囲を選択する
	自由選択	自由な形で範囲を選択する
	ズーム	画像の表示を拡大／縮小する
	移動	選択範囲を移動する
	切り抜き	選択範囲を切り抜く
	テキスト	文字を入力する
	塗りつぶし	任意の領域，選択範囲を塗りつぶす
	描画 (鉛筆)	描画色に基づいて実線を引く
	消去 (消しゴム)	背景色に基づいて画像を消去する (塗りつぶす)
	描画色と背景色	例では，黒は描画色を，白は背景色を表し，前者は塗りつぶしや鉛筆，後者は選択範囲を切り抜く，消しゴムの時などに使う

7.3.3 GIMP による画像編集

初期設定が終了したら，実際の編集操作を練習しましょう．以下では JPEG 形式の画像ファイル isci.jpg が既にあるものとして説明します．

既存ファイルの読み込み

既存の画像ファイルを編集するために，まず画像ウィンドウのメニューバーから [ファイル] → [開く/インポート] を選択します．すると図 7.8 に示す画像を開くウィンドウが表示されます．

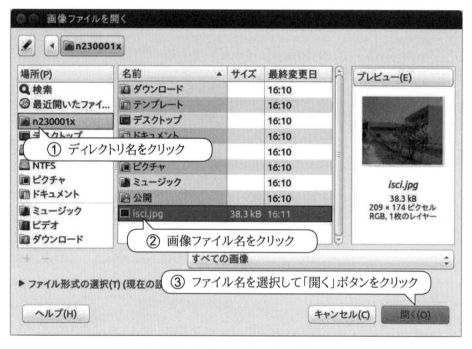

図 7.8　既存ファイルの読み込み

図 7.8 のウィンドウの中央には，最近開いたファイルの一覧が表示されます．左の場所のメニューに示すディレクトリ名をクリックすると，目的のディレクトリに移ります．ここでは n230001x を選択します．画像ファイル名を選択すると，プレビュー領域に画像ファイルのプレビューが表示されます．

その状態で「開く」ボタンをクリックすると，選択した画像ファイルを読み込んだ編集用の画像ウィンドウが新たに表示されます (図 7.9)．

画像ウィンドウのメニューバーには GIMP の機能を表す項目が表示されています．これらの項目は階層構造になっており，クリックするとサブメニューが表示されますので，目的の機能を探し，最終的に目的の項目 (機能) をクリックします．主なメニュー項目には表 7.3 のようなものがあります．また，画像ファイル内にマウスカーソルを移動させて右マウスボ

タンをクリックすると現れる**画像ウィンドウメニュー** (図 7.10) からも GIMP の各機能を選択できます．

図 7.9: 画像ウィンドウ

図 7.10: 画像ウィンドウメニュー

編集の実例

選択範囲 (図形の選択)

　GIMP の編集作業では，まず画像ウィンドウ上の任意の範囲を選択する必要があります．「矩形選択」のツールボタン ( ) を選択した後，マウスカーソルを始点の位置に移動します．次に，左マウスボタンを押したままマウスを操作し，範囲 (左マウスボタンを離した位置が終点となる) を決めます．すると，選択した範囲が点線で囲まれます．この範囲内を操作の対象として，画像のコピーや移動といった，様々な編集を行うことができます．

(a) トリミングとサイズ変更の例

　切り抜き機能を使って，図 7.9 の画像でトリミング (画像の一部を抜き出す) を行います．また，トリミング後に画像のサイズを変更します．

1. ツールボックス上の「切り抜き」のツールボタン ( ) をクリックします
2. 図 7.11 に示すように，切り抜く範囲を決めて，範囲の始点をクリックし，左マウスボタンを押したまま終点までドラッグします
3. 図 7.12 に示すように，切り抜く範囲が黒色で表示されます．Enter を押すと，切り抜いた画像が表示されます
4. 画像のサイズを変更します．画像ウィンドウのメニューバーで [画像] → [画像の拡大・縮小] を選択します
5. 図 7.13 に示すウィンドウが表示されます．**px(ピクセル)** のプルダウンメニューを選択すると，単位が変更できます

表7.3 画像ウィンドウメニュー

メインメニュー	サブメニュー	機能
ファイル	保存	現在のファイル名を保存先とする
	名前を付けて保存	別名，ファイル形式を指定して保存する
	ビューを閉じる	現在の画像ウィンドウを閉じる
編集	元に戻す	最後の操作を1つ前に戻し，画像ウィンドウ上をその状態に戻す
	切り取り	現在の選択範囲を削除する
	コピー	現在の選択範囲をクリップボード (一時的な保存領域) にコピーする
	貼り付け	クリップボードにコピーされた内容を複写する
	選択範囲の境界線を描画	選択範囲を表す境界線に沿って描画する
表示	表示倍率	画像ウィンドウの表示比率を指定する
	ナビゲーションウィンドウ	画像ウィンドウ上の指定部分の拡大・縮小，表示する領域を指定する
画像	変形	画像ウィンドウを回転する
	キャンバスサイズの変更	画像ウィンドウのサイズを変更する
	選択範囲で切り抜き	選択範囲を切り取る
ツール	選択ツール	画像ウィンドウの選択方法を選択する
	描画ツール	画像ウィンドウの描画方法を選択する
	色ツール	画像ウィンドウのカラー，コントラストを選択する
	テキスト	文字の入力，文字のフォントを選択する

6. 画像の幅と高さに，変更したいサイズを入力します
7. 最後に，「拡大縮小」ボタンをクリックします

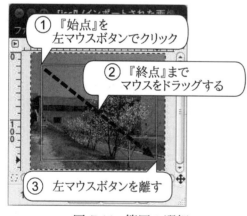

図 7.11: 範囲の選択

図 7.12: 切り抜きを確定する

(b) 塗りつぶし処理の例

　塗りつぶし機能を使って，背景 (空) の色を黒色へ変更してみます．
　以下の手順に従って，塗りつぶす色を選択します．

7.3 GIMP の使い方　　　　　　　　　　　　　　　　131

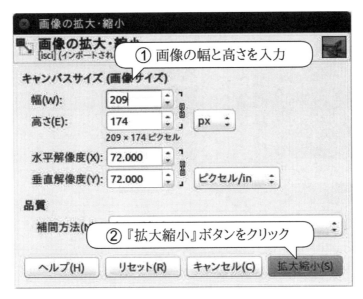

図 7.13　画像拡大縮小ウィンドウ

1. ツールボックス上の「塗りつぶし」のツールボタン（ ）をクリックします[*7]
2. 「描画色と背景色」のツールボタン（ ）の黒色の方をクリックします
3. 図 7.14 に示すような，描画色を選択するウィンドウが表示されます
4. 図 7.14 の左側 (カラーフィールド) から適当な黒色をマウスで選択します[*8]
5. 「描画色と背景色」のツールボタンが選択した色に変化します
6. 最後に，「OK」ボタンをクリックします

　なお，図 7.14 に示すウィンドウでは，微妙な色合い (色相 (H)，彩度 (S)，明度 (V)，赤 (R)，緑 (G)，青 (B)) を調整した上で色を選択することもできます．例えば，**彩度** を調整するには，S のトグルボタンをクリックし，それに対応する右の**スライドバー**を左右に動かすか，**カラースライダ**を上下に動かします．これらの調整を行うことで，自由に色を作ることもできます．

　それでは実際に色を塗ってみましょう．マウスカーソルを画像ウィンドウ内に移動させると，マウスカーソルが矢印から ( ) という形に変化します．背景 (空の部分) の上にマウスカーソルを合わせてクリックすると，黒色への塗りつぶしが実行されます．

(c) 文字の入力例

　次は文字を入力してみましょう．Kyutech と入力する手順を以下に示します．

1. ツールボックス上の「テキスト」のツールボタン（ ）をクリックします

[*7] ツールボタンをクリックすると，その機能に関するツールオプションウィンドウが表示されます．ここで塗りつぶし方法などの設定ができます．
[*8] カラースライダ (垂直) をクリックしたまま動かすことで，色を大きく変えることができます．

図 7.14: 色の選択

2. ツールボックスに，図 7.15 に示すような，文字のフォント，大きさ，文字色などを設定する**ツールオプション**が表示されます
3. ツールオプション上の**カラーボックス**をクリックして，適当な白色を選択します
4. 画像ウィンドウ上の，文字を入力する位置にマウスカーソルを合わせてクリックします
5. 図 7.16 に示すような，文字を入力する状態へ変わります
6. マウスカーソルをクリックした位置に枠が表示されますので，文字を入力します
7. 最後に画像ウィンドウ内の適当な場所をクリックします．入力した文字が画像ウィンドウ内に表示されます

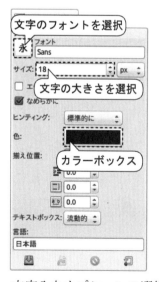

図 7.15: 文字入力オプションの選択

図 7.16: 文字入力の状態

7.3 GIMP の使い方

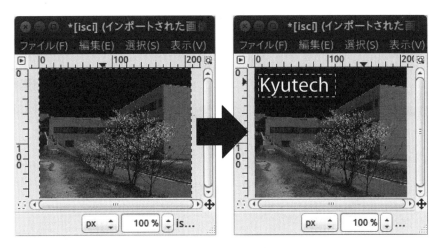

図 7.17 文字入力の結果

このようにして入力した文字は，いわば元の画像の上に透明なシートを乗せて，そこに描かれた状態になっています．したがって，文字位置の変更が可能で，また図 7.15 のツールオプションウィンドウを使って，フォントの種類や文字の揃え方，字下げ，行の間隔などの設定を修正することもできます．

文字列の編集が終わったら，描かれた文字列を元の画像と一体化させる操作を行います．画像ウィンドウのメニューバーから [レイヤー] → [下のレイヤーと統合] を選択します．文字列の周りにあった点線の枠が消え，一体化の処理が完了したことが確認できます．

ファイルに保存する例

編集した結果をファイルに保存するには，画像ウィンドウのメニューバーから [ファイル] → [保存] を選択します．また，ファイル名を付け直して保存するには，メニューバーから [ファイル] → [名前を付けて保存] を選択します．図 7.18(左) に示すようなウィンドウが表示され，ファイルの保存先の変更や別名としての保存を指定することができます．

また，別のグラフィック形式へ変換といったパラメータを指定することができます．画像ウィンドウのメニューバーから [ファイル] → [名前を付けてエクスポート] を選択します．利用できるグラフィック形式は，ファイル形式の選択 (現在の設定:拡張子で判別) のアイコン (▶) をクリックすると表示されます．グラフィック形式の一覧から，ファイルタイプをクリックすると選択できます[*9]．

画像ファイルを編集して保存する際，図 7.18(右) に示すようなウィンドウが表示されることがあります．「エクスポート」ボタンをクリックすることで，画像ファイルへの保存が実行されます．

[*9] 入力部に保存ファイル名を入力した後に，グラフィック形式を選択すると，拡張子は自動的に付きます．

図 7.18　画像ファイルの保存画面 (左) とエクスポート画面 (右)

7.4　gnuplot の使用方法

gnuplot はグラフ作成を目的とした作図プログラムであり，関数コマンドや数式，数値データを対話形式で入力することができます．また，作成されたグラフやデータは LaTeX などで利用できる形式に変換することができます．

7.4.1　gnuplot の起動

gnuplot は，ターミナルウィンドウから `gnuplot` Enter と入力して起動します．gnuplot のプロンプトは「`gnuplot>`」ですが，以下では「`>`」と省略して記述します．「`>`」は入力待ちの状態を表しており，この状態から数値データや関数コマンド，数式の入力などを行います．gnuplot を終了させるには，「`>`」の後に `exit`，または `quit` を入力します．なお，gnuplot で使用できる基本的なコマンドの一覧を，表 7.4 に示しています．

コマンドの引数として，ディレクトリ名やファイル名の指定を行う場合，以下のように引数を引用符で囲んで指定します．

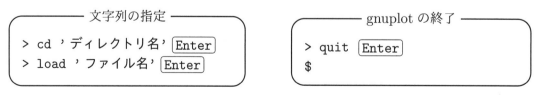

7.4.2　グラフの環境設定 (set)

グラフの目盛りやタイトルの表示，軸の範囲指定などの環境設定には `set` コマンドを使用します．`set` コマンドは，表 7.5 に示すサブコマンドと組み合わせて，いろいろな環境設定

を行います．

set コマンドで設定されている現在の環境を確認するには，show コマンドを使用します．set コマンドの使用例を次に示します．

――――――――――――― set コマンドの使用例 ―――――――――――――
> set xrang [10:50] Enter 　…x 軸の範囲を 10 から 50 に設定します
> set title 'タイトル名' Enter 　…グラフのタイトル名を設定します

7.4.3 グラフの作図

実際に 2 次元のグラフを作成してみましょう．2 次元グラフの作図には plot コマンドを使用します．以下に簡単な例を示します．

――――――――――――― 2 次元グラフの記述例 ―――――――――――――
> set samples 200 Enter
> set xrang [-3*pi:3*pi] Enter
> plot sin(x) Enter

この例は，サンプル点を 200 個，x 軸を -3π から 3π の範囲とし，sin(x) 曲線をグラフにしたものです．実行結果を図 7.19 に示します．

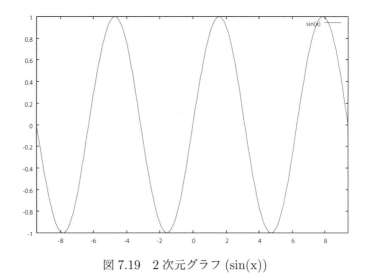

図 7.19　2 次元グラフ (sin(x))

データファイルを読み込んでグラフを描く

以下に示すデータを読み込み，そのデータに沿ったグラフを作成することもできます．このデータは座標値を表し，通常左から x 座標，y 座標の順で読み込まれます．各データは空白，もしくはタブで区切ります．#を付けるとその行は，コメント行となります．

136   第 7 章　画像の作成と加工

なお，ここではデータが保存されているファイル名を datafile とします.

```
――――――――――― datafile のデータ ―――――――――――

# x 座標値    y 座標値
   0          20
   1          10
   2          30
   3          50
   4          40
```

```
――――――――― データを用いたグラフの作成例 ―――――――――

> set grid [Enter]
> set boxwidth 0.5 [Enter]
> plot [0:5][0:100] 'datafile' with boxes [Enter]
```

これは棒グラフを作成するための記述です. 各棒グラフの幅を 0.5, x 軸を 0〜5, y 軸を 0〜100 に設定し，格子状の目盛り線を表示します. そして，datafile から x と y のデータを読み込み，グラフを描きます.

以下に plot コマンドの書式を示します.

```
――――――――――――― 書式 (plot) ―――――――――――――

plot [ : ] [ : ] 'filename' using x : y title 'title' with style
```

[:] [:]	…軸の範囲を指定します. 左から x 軸, y 軸
filename	…データファイル名を指定
using $x:y$	…x 座標, y 座標のデータのカラムを選択
	"using 2:1" とした場合, x 座標は 2 カラム目,
	y 座標は 1 カラム目から読まれます
title *title*	…グラフに表示するタイトルを付けます
with *style*	…表示スタイルを指定します. 次の 9 つから 1 つ指定できます
	・boxes: 棒グラフ ・dots: ドット ・lines: 実線
	・points: 点 ・steps: ステップ
	・errorbar: 誤差指示線付きグラフ
	・impulses: 垂線 ・linespoints: 点線
	・boxerrorbars: 誤差指示線付き棒グラフ

7.4.4　グラフの出力

gnuplot では，非常に多くの出力形式をサポートしています. 例えば，X ウィンドウの画面にグラフを出力させたい場合は，出力形式を x11 と指定します. その他，よく使用する出力形式としては，LATEX 形式や PostScript 形式などがあります. なお，show terminal と

7.4 gnuplot の使用方法

入力することで，現在の出力形式を確認することができます．

```
─────────── 出力形式を latex に指定 ───────────
> set terminal latex Enter
```

　出力形式を x11 以外に指定した場合，それ以降，画面上にグラフは表示されません．再び画面上にグラフを表示させたい場合には，出力形式を x11 に指定し直します．

```
─────────── 出力形式を x11 に指定 ───────────
> set terminal x11 Enter
```

　次に，出力先のファイル名を以下の書式で指定します．なお，この指定を忘れると，本来ファイルに出力されるべきデータが画面に表示されてしまいます．

```
─────────── ファイル名の指定 ───────────
> set output 'ファイル名' Enter
```

PostScript 形式の出力例

　出力形式を postscript にすると，グラフを PostScript 対応のプリンタに簡単に印刷できます．次に実行例を示します．

```
─────────── 出力ファイルの保存 (PostScript 形式) ───────────
> set terminal postscript Enter     … PostScript 形式の指定
> set output 'graph.ps' Enter       … 出力ファイル名の指定
> set samples 200 Enter             … サンプル点の数を指定
> plot sin(x) Enter                 … 出力ファイルへの保存
```

　また，オプションとして，eps や portrait などが指定できます．EPS 形式のファイルは，LaTeX の文章の中に取り込むことができます．

```
─────────── PostScript 形式のオプション指定 ───────────
> set terminal postscript eps Enter         … EPS 形式の指定
> set terminal postscript portrait Enter    … 縦向き出力指定
```

LaTeX の出力例

　以下に，LaTeX 形式でグラフを保存する方法と gnuplot で作成したグラフを LaTeX の文章中に取り込む方法を紹介します．LaTeX 形式では，出力ファイルは LaTeX ソースファイルの一部分になりますので，拡張子は「.tex」にします．

138　　第 7 章　画像の作成と加工

```
──────── LᴬTᴇX 形式でグラフを保存する ────────

  > set terminal latex [Enter]      ··· LᴬTᴇX 形式の指定
  > set output 'graph.tex' [Enter]  ··· 出力ファイル名を指定
  > set samples 200 [Enter]         ··· サンプル点の数を指定
  > plot sin(x) [Enter]             ··· 出力ファイルへの保存
```

　EPS 形式で出力されたファイルを LᴬTᴇX の文章中に取り込むには，LᴬTᴇX の\includegraphics コマンドを使用します．また，LᴬTᴇX 形式のファイルの場合は，LᴬTᴇX の\input コマンドを使用します．また，figure 環境で囲むことで，出力位置の指定や図題の表示も行えます．詳しくは，第 9 章を参照してください．

```
──────── 各種ファイルを読み込む例 (LᴬTᴇX のソースファイル) ────────

  \documentclass[12pt]{jreport}               ··· 書式を選択
  \usepackage{graphicx}                       ··· グラフィックパッケージを選択
  \begin{document}
  \input{graph.tex}                           ··· LᴬTᴇX 形式のファイルを取り込む
  \includegraphics[scale=1.0]{graph.eps}      ··· EPS 形式のファイルを取り込む
  \end{document}
```

7.4.5　gnuplot の主なコマンド

表 7.4　gnuplot の基本コマンド

コマンド	機 能
cd ' ディレクトリ名'	カレントディレクトリを変更
clear	画面のクリア，または改ページ
quit, exit	gnuplot の終了
help コマンド名, ?	オンラインヘルプの表示
load ' ファイル名'	指定されたファイルの読み込み
plot	2 次元のグラフやデータを表示
replot	直前の plot の再実行
show	現在定義されている関数設定を表示
set	関数設定を定義
!　コマンド	Linux コマンドの実行

7.4 gnuplot の使用方法

表 7.5 set コマンドの主な引数一覧

コマンド	機 能
autoscale	軸の表示領域を自動調整
border	グラフの周囲に枠を表示
style function *style*	線の種類を変更
grid	軸と同じ線で枠を描く
key x, y	(x, y) の位置に，グラフの説明を出力
samples *number*	サンプル点の数を *number* だけマークする
output '*filename*'	出力ファイル名の指定
size x, y	x 軸，y 軸をそれぞれ x 倍率，y 倍率に変更する
terminal *terminal style*	出力先の形式を指定
title '*titlename*'	グラフのタイトルを付ける
xlabel '*label*'	x 軸のラベルを指定
ylabel '*label*'	y 軸のラベルを指定
xrange [*x1* : *x2*]	x 座標の領域を指定
yrange [*y1* : *y2*]	y 座標の領域を指定

第8章　Webページを作る

HTML(Hyper Text Markup Language) は **Web ページの内容を文書構造とともに記述**することで Web ページを作成するための専用言語です．また，HTML で作成された Web ページの**見せ方を指定するために CSS**(Cascading Style Sheets)[1]と呼ばれる方法があります．Web ページは通常，HTML と CSS で記述されたファイルで構成されています．

Web ページを作るためには，HTML や CSS の文法を習得し emacs のようなエディタで Web ページを作成するか，あるいは詳しい HTML や CSS の文法の習得を必要とせず，ディスプレイ上に文や画像を配置するだけで自動的に Web ページを作成することができる，専用ツールを使う必要があります[2]．

この章では，まず，HTML と CSS についての基本的な文法を解説し，次に，**Web ページ作成ツール**[3]である **BlueGriffon** を用いて **HTML5** [4]文法に従った Web ページの作成方法について説明します．

8.1　HTML の基本的な形式

HTML では，Web ページの見出し，段落，箇条書き，表，画像，リンクなどといった Web ページを構成する要素を **HTML タグ**と呼ばれる文字列で囲むことで指定します．

図 8.1 に示す HTML 文書を例に HTML の基本構成を説明します．

このうち< >に囲まれているのが HTML タグであり，一般的には以下の形式をしています．

```
―― HTML タグの形式 ――

<要素名>
または
<要素名　プロパティ 1　プロパティ 2
...>
```

```
―― プロパティの形式 ――

プロパティ名[5]
または
プロパティ名=値
```

---

[1] 単に**スタイルシート**と呼ぶこともあります．

[2] この他に，簡単に Web ページを作成する方法として CMS や SNS がありますが，表現形式や用途に制限があります．

[3] Web オーサリングツール，HTML エディタとも呼ばれます．

[4] W3C(ワールド・ワイド・ウェブ・コンソーシアム) により策定中の HTML 文法の 1 つで，2012 年 12 月に仕様が固まり，2014 年に標準化されました．

[5] HTML の版によっては，プロパティ名のみの形式を許さない場合があります．

```
<!DOCTYPE html>
<html>
<head>
<meta content="text/html; charset=UTF-8" http-equiv="content-type">
<title>HTMLのサンプル</title>
<link rel="stylesheet" href="mystyle.css" type="text/css">
</head>
<body>
  <h1>基本的なページ</h1>
  <p style="color:green;">九州工業大学</p>
  <!-- 情報科学センター -->
</body>
</html>
```

図 8.1: HTML の基本的な形式

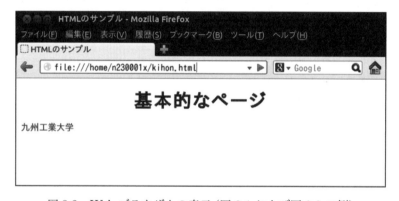

図 8.2　Web ブラウザ上の表示 (図 8.1 および図 8.3 の例)

　1 行目の`<!DOCTYPE html>`はこの文書が HTML5 形式であることを示します．

　2 行目の`<html>`は HTML 文書の始まりを，最終行の`</html>`は HTML 文書の終わりをそれぞれ表します．このように，ほとんどの HTML タグは

<開始タグ>タグの対象</終了タグ>

という形式で利用されます[*6]．「タグの対象」には，通常の文字列の場合や，さらにタグが含まれる入れ子構造になっている場合などがあります．HTML 文書のすべてのタグは`<html>`タグの中に含まれたものとなっています．

[*6] ただし，すべての HTML タグが対で用いられるわけではありません．また，HTML タグには大文字と小文字の区別はありませんが，将来 XHTML を利用する場合は小文字で書くようにしておくと移行が簡単です．また，HTML とよく似た記述の文法に XML がありますが，こちらは，大文字と小文字が厳格に区別されます．

<html>タグに囲まれた HTML 文書の構造は，<head>と </head>とに囲まれた **HEAD** 部，そして<body>と</body> とに囲まれた **BODY** 部にわかれます．Web ページとしてブラウザに表示されるのは<body>タグ内に記述された BODY 部の内容になっています．<body>タグの子要素として，段落を表す<p>タグや，見出しを表す<h1>タグなどが入っています．なお，「<!--」と「-->」で囲まれた部分はコメントになるため，11 行目の「情報科学センター」は実際には表示されません（図 8.2）．

HEAD 部

HEAD 部には，<meta>や<title>といった，Web ページ全体に関する情報を記述します．<meta .... charset=UTF-8 ....>は，この Web ページの文字コードセットが UTF-8 コードであることを示しています．文字コードセットを JIS コードにしたい場合は，<meta .... charset=iso-2022-jp ...>と記述します．また，<title>と</title>で囲まれた部分には，HTML 文書の見出しを記述します．見出しが設定された HTML 文章を WWW ブラウザで表示すると，タイトルバーに見出しが表示され，履歴やブックマークを使う時に見やすくなります．<title>タグは常に記述することが推奨されています．

<link rel="stylesheet" ...>は CSS が mystyle.css という名前のファイルで指定されていることを示しています．複数の CSS ファイルを使う場合は，例中の<link>タグのファイル名のみを変更した行を追加します．

BODY 部

BODY 部には，WWW ブラウザに表示される内容を記述します．図 8.1 の例では，「基本的なページ」の文字列が<h1>のタグで囲まれています．<h1>は見出しを表すタグで，「基本的なページ」という文字列が見出しとして表示されます．また，「九州工業大学」の文字列が<p>のタグで囲まれています．<p>は段落を表すタグで，「九州工業大学」という文字列が 1 つの段落として表示されます．さらにこのタグには style="color:green;" というプロパティが指定されており，文字色が緑で表示されます．

以下に BODY 部で使われる HTML タグの例を示します．

意味	要素名	使用例
見出し文字	h1〜h6	<h1>九州工業大学について</h1>
箇条書き	ul	<ul><li>戸畑キャンパス</li><li>飯塚キャンパス</li>
記号付きリスト	li	<li>若松キャンパス</li></ul>
アンカー	a	<a href="http://www.kyutech.ac.jp">大学案内</a>
画像	img	<img src="isci.jpg">
表	table	<table><tr><td>2</td><td>3</td><td>6</td></tr>
表の行，列	tr, td	</table>
段落	p	<p>1 段落目です．</p><p>2 段落目です．</p>

意味	要素名	使用例
区切り (水平線)	hr	`<hr style="width:95%; color:black;">`
汎用コンテナー	div	`<div id="area1">領域 1</div>`
	span	`<span class="str-class1">文字列 1</span>`
改行	br	` `

　この例で使われているプロパティのうち，`href` はリンク先の URL を指定するプロパティ名，`src` は表示させる画像の URL を指定するプロパティ名です．`style` はスタイル（Web ページの見せ方）を設定するプロパティ名であり，CSS ファイルを使わずに直接タグにスタイルを記述することができます．

　`id` はそのタグの要素の名前を，`class` は要素のクラス名を設定するプロパティ名です．`id` プロパティの値は HTML 文書内で 1 度しか設定できませんが，`class` プロパティの値は異なるタグ内で複数回設定できます．HTML 文書内に現れる要素は，タグの要素名だけでなく名前やクラス名を設定することにより細かく指定することができます．

CSS ファイル

　Web ページ内で色や大きさ，枠，透明度などの見え方を HTML タグに従って指定する CSS では，適用する要素の範囲を示す**セレクタ**と，どのような見せ方を指定するかを示す **CSS プロパティ名**およびその内容を示す値により構成されています．

　図 8.3 では，`<h1>`の要素名がセレクタ，`color` や `text-align` が CSS プロパティ名，`blue` や `center` が値であり，`<h1>`タグで囲まれた部分の文字色を青，位置を中央揃えにするように指定しています．

```
h1 {
    color: blue;
    text-align: center;
}
```

図 8.3: mystyle.css ファイルの例

　タグの要素名だけでなく，`id` と `class` プロパティの値もセレクタとして使用することができます．例えば`<tag id="name1">`というタグの要素に対するセレクタは `tag#name1` であり，`<tag class="name2">`というタグの要素に対するセレクタは `tag.name2` です．

　以下に本書で使われている CSS プロパティのうち主なものを示します．

意味	CSS プロパティ名	値の例
文字色	color	black, red, #ff0000
背景色	background-color	black, green, #00ff00
枠の太さ	border-width	1px
枠のスタイル	border-style	solid, dotted
枠の色	border-color	black, red
文字揃え	text-align	center, left, right
領域と内容の幅	padding	1px, 10%
隣接する領域との隙間	margin	1px, 10%

別の CSS ファイルを作らずに，HTML 文書の HEAD 部に`<style>`タグを用いてスタイルを記述することもできます．`mystyle.css` を別ファイルにせずに，図 8.1 で示す HTML 文書の中に記述する場合は，以下のようになります．

―――――――― HTML 文書内にスタイルを記述する例 ――――――――

```
<head>
<meta content="text/html; charset=UTF-8" http-equiv="content-type">
<title>HTML のサンプル</title>
<style type="text/css">
h1 {
    color: blue;
    text-align: center;
}
</style>
</head>
```

style プロパティを使って様々なタグにスタイルを直接記述することができます．ただし，プロパティを記述したタグにのみ適用されるため，`mystyle.css` や HEAD 部で指定した場合とは異なり，HTML 文書内の他の`<h1>`タグには適用されません．

―――――――― タグに直接スタイルを記述する例 ――――――――

```
<h1 style="color:blue; text-align: center">
```

8.2 BlueGriffon で作る Web ページ

BlueGriffon は **WYSIWYG**(What You See Is What You Get) タイプの **HTML エ ディタ**です．このタイプの HTML エディタでは，ブラウザを想定した編集画面上に作成したものをエディタが自動的に HTML に変換しますので，簡単な Web ページなら HTML の文法を覚えることなく，文章や写真，表を編集画面に配置するだけで作成することができます．さらに，HTML や CSS を理解することにより，複雑な装飾や動作を加えることもできるようになります．

ここでは BlueGriffon を使って，まず HTML の内容と文書構造に関する部分を作成し，次に CSS スタイルを加えて Web ページとして完成させていく方法を解説します．

8.2.1 起動と終了

起動

BlueGriffon を起動するには，ターミナルウィンドウから，

と入力します．また，本書のウィンドウ環境では，Dash の検索画面から「bluegriffon」を検索して起動することもできます (図 8.4)．起動時には利用のヒント (Tips) ウィンドウが表示されますが，必要ない場合は強制終了ボタン をクリックしてウィンドウを閉じます．

図 8.4: BlueGriffon の起動（Dash）

図 8.5 に BlueGriffon の画面を示します．

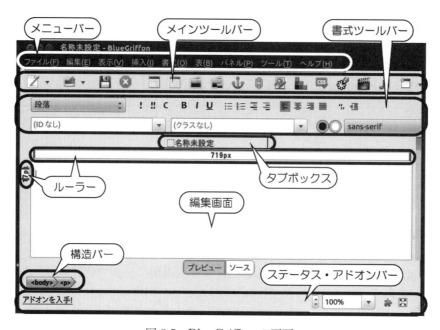

図 8.5 BlueGriffon の画面

・メニューバー　BlueGriffon のすべての操作を階層的に提供します．

8.2 BlueGriffon で作る Web ページ

・**メインツールバー**　主要な操作で使用される機能がアイコンで表示されています.

アイコン	機能
	新しいページを作成する
	既存のページを開く
	ファイルを保存
	表を挿入または設定を編集
	画像を挿入または設定を編集
	アンカーの挿入または設定を編集
	リンクの挿入または設定を編集
	CSS スタイルを設定
	ブラウザでプレビュー

・**書式ツールバー**　文字飾りや段落で使用される機能がアイコンで表示されています. 2 段目には, プロパティやフォントの指定で使用される機能が表示されています.

アイコン	機能
段落	段落書式を選択
! !! C B I U	文字飾りの指定. 左から「強調」,「強調太字」,「コード」,「太字」,「斜体」,「下線」
	リストの作成・解除. 左から「記号付き」,「番号付き」,「定義の見出し」,「定義の説明」
	文章の位置揃えの指定. 左から「左揃え」,「中央揃え」,「右揃え」,「両端揃え」
	インデントの指定. 左から「インデントを増やす」,「インデントを減らす」
(ID なし)	選択範囲に付ける ID を選択
(クラスなし)	選択範囲に適用するクラスを選択
プロポーショナル	フォントを選択

・**タブボックス**　編集するページのタブが表示されています (初回起動時には表示されません).
・**ルーラー**　ページやブロックの寸法が設定できます (初回起動時には表示されません).
・**構造バー**　HTML 文法の構造を表示しています (初回起動時には表示されません).
・**ステータス・アドオンバー**　各種情報が表示されています. 表示サイズの変更 (例:「100 %」) もここで行います.

初期設定

　BlueGriffonを使ってWebページ作成する前に，操作を簡単に説明するため編集方法の初期設定を行っておきます．メニューバーから[ツール]→[オプション]を選択し「Bluegriffon-オプション」ウィンドウを開きます．

　「スタイル」をクリックして，「CSSの編集方法」を「手動」から「自動」に変更します(図8.6(左))．これによりスタイルを指定するためのIDが自動で正しく設定されますが，その結果IDの表示量が増えるため，「全般」をクリックして，「構造バー」の「IDを表示する」のチェックマークを外します(図8.6(右))[*7]．設定が終わったら「閉じる」ボタンをクリックします．

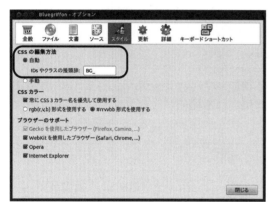 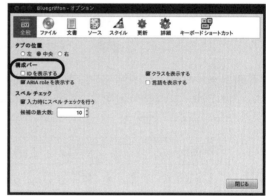

図 8.6　初期設定

終了

　BlueGriffonを終了させる場合は，メニューバーから[ファイル]→[終了]を選択します．

8.2.2　Webページの作成

　以下では，第7章で用いた画像を使って，図8.7に示すWebページを作成する手順を説明します

新しいページの作成

　メインツールバーのアイコン　　　（新しいページを作成する）をクリックすると図8.5と同じ画面が表示されます[*8]．

　[*7] IDの付与を手動で行ったり，表示量が多いのを気にしない場合，この初期設定は必要ありません．
　[*8] 起動時に以前使用したタブが残っている場合は，この操作の前にタブを閉じるボタン(6.2.3項を参照)をクリックし，以前のタブを消しておきます．

8.2 BlueGriffon で作る Web ページ 149

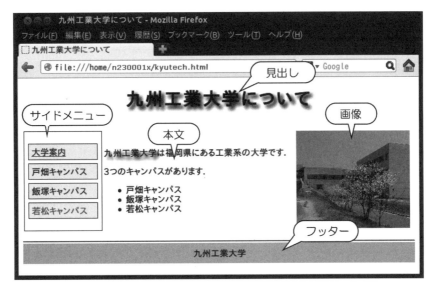

図 8.7 作成する Web ページ

まず Web ページ全体に関する情報を設定します．メニューバーから [書式] → [ページのプロパティ] を選択すると，図 8.8 に示す「文書のプロパティ」ウィンドウが表示されます．

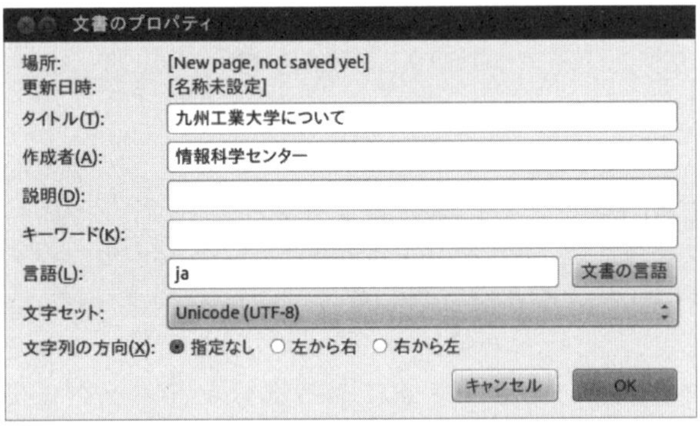

図 8.8 文書のプロパティの設定

「文字セット」のプルダウンメニューから「Unicode(UTF-8)」を選択，「言語」フィールドに「ja」(日本語) を入力，「タイトル」と「作成者」フィールドに適切な文字列を入力して「OK」ボタンをクリックします．ここで設定した情報は，作成する HTML 文書の HEAD 部に記述されます．

見出しの作成

文書を入力する際にまず**段落書式**を設定します．Web ページの最初に見出しを配置するため，段落書式は「見出し 1」に設定します (図 8.9(左))．

次に，編集画面に「九州工業大学について」とキーボードから入力します (図 8.9(右))．

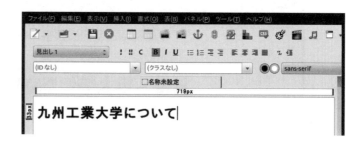

図 8.9　見出し文字の入力

　この文字列が中央に表示されるように，書式ツールバーのアイコン ≡（中央揃え）をクリックします．中央に揃えることを**センタリング**と呼びます．これらの操作を行った結果を図 8.10 に示します．

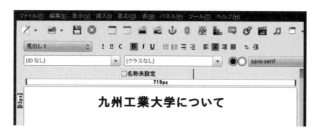

図 8.10　見出しの作成

リストの作成

　本文を作成します．見出しを作成した状態ではマウスカーソルが見出し文字の最後「て」の終わりの位置にあります．本文を入力するために，Enter を一度押します．カーソルが次の行に移動し，段落書式が「段落」になります[*9]．

　図 8.11 のように文字入力を行った後，キャンパス名を列挙している部分を**記号付きリスト**になるよう操作します．記号付きリストになる部分をドラッグして設定対象として指定し，書式ツールバーのアイコン ≔（記号付きリスト）をクリックします．これらの操作を行った結果を図 8.12 に示します．

　既にリストとして表示されている文章に対し**リストを解除**したい場合は，リストをドラッグして設定対象として指定し，書式ツールバーのリストアイコンが選択表示となっているので，そのアイコンをクリックします．

　リストの記号は黒丸「●」から変更することもできます．リストをドラッグして設定対象として指定した後，メニューバーから [書式] → [リストのプロパティ] を選択すると，リストのプロパティを変更するためのウィンドウが新たに表示されます．プルダウンメニューから記号の種類を選択したり，画像を設定したりすることができます．

　[*9]「段落」になっていない場合は「段落書式」の「段落」をクリックして変更します．

8.2 BlueGriffon で作る Web ページ　　　　　　　　　　　　　　　　　151

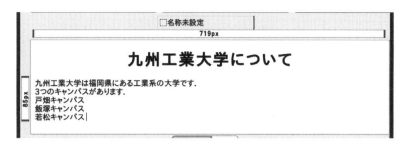

図 8.11　本文の入力

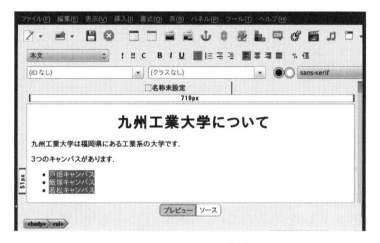

図 8.12　リストの作成

表によるレイアウト

　作成する Web ページはサイドメニュー（左），本文（中央），画像（右）の 3 つの段からなっていますので，これを表を使ってレイアウトしていきます[*10]．

　まず，Enter を押して新しい行を作ると，この時はまだ「記号付きリスト」が選択されているので，項目の追加となり黒丸「●」が表示されます．書式ツールバーのハイライトされた記号付きリストのアイコンをクリックすると，「●」がなくなり記号付きリストの書式が解除されます．ここでは，後の作業のために 1 〜 2 回 Enter を押して新しい行を作った後に，

[*10] 通常は CSS を使ってレイアウトしますが，ここでは簡易的に表を使います．

マウスカーソルを記号付きリストの直後の行の先頭に移動させておきます.

次にメインツールバーのアイコン ▭ (表を挿入または表の設定を編集) をクリックして表を作成します.

格子状のウィンドウが表示され，マウスを動かすと青色のセルの数が変わります．今回は 1x3(1 行 3 列) の表を作成するので，図 8.13 のように選択し，クリックすると表が作成されます.

これらの操作を行った結果を図 8.14 に示します.

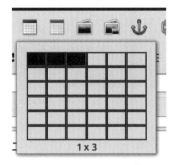

図 8.13: 表のサイズの指定

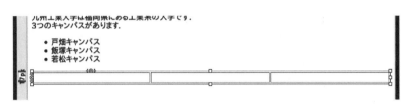

図 8.14　表の作成

作成した表の中に，本文をドラッグして移動させます.

これらの操作を行った結果を図 8.15 に示します．表の枠線や大きさなどのプロパティを変更するには，メニューバーから [表] → [表のプロパティ] を選択し，設定します.

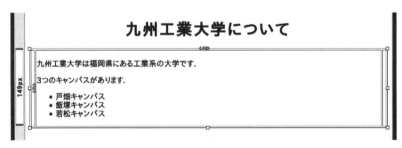

図 8.15　本文の移動

画像の貼り付け

第 7 章で用いた図の画像を Web ページに貼り付けます.

まず，画像を貼り付ける位置である表の右のセルをクリックします．次に，メインツールバーのアイコン ▭ (画像を挿入または編集) をクリックするか，メニューから [挿入] → [画像] を選択すると「画像を挿入」ウィンドウが開きます (図 8.16).

「画像の場所」フィールドの右横にあるフォルダアイコンをクリックするとファイルのリストが表示されるので，その中からファイル名を選択します．「**タイトル**」フィールドには画像にマウスカーソルを乗せた時に表示する文字列を，「**代替文字列**」フィールドにはその画像が表示できない時に代わりに表示する文字列を入力します．ここでは両方とも「キャンパスの写真」とします．

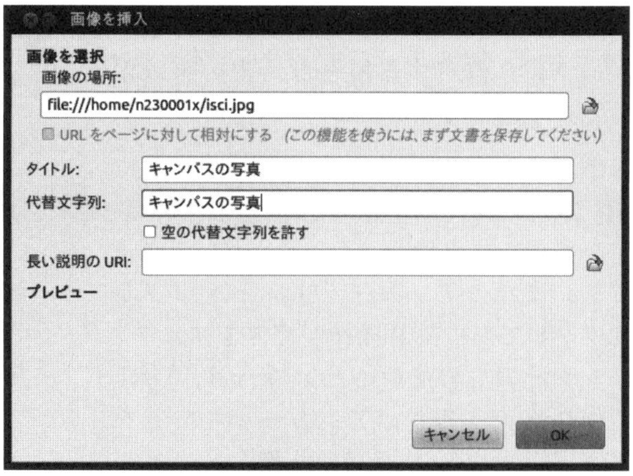

入力後「OK」ボタンをクリックすると，カーソルがある位置に画像

図 8.16:「画像を挿入」ウィンドウ

が貼り付きます．貼り付けた画像をクリックすると画像の輪郭部分に□が表示されます．この□をドラッグすると画像の大きさが変更できます．これらの操作を行った結果を図 8.17 に示します．

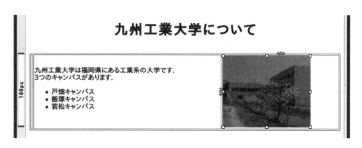

図 8.17　画像の貼り付け

リンクの設定

Web ページの左側に配置するサイドメニューを作成します．まず，サイドメニューを置く位置である表の左のセルをクリックします．段落書式を「段落」とし，サイドメニューの項目となる「大学案内」という文字列をキーボードから入力します．

次に「大学案内」をクリックすると別の Web ページが開くように設定します[11]．

文字列「大学案内」をドラッグして選択範囲として指定し，メインツールバーのアイコン (リンクの挿入または編集) をクリックします．図 8.18 に示す「リンク」ウィンドウが表示されるので，「対象」フィールドに，想定しているリンク先の Web ページの URL を記述し「OK」ボタンをクリックします．

これらの操作を行った結果を図 8.19 に示します．

---

[11] 6.2.2 項で説明したように，このような文字列をアンカーテキストといいます．

リンク先を修正する場合は，青い下線が入ったアンカーテキストの一部をクリックした後，アイコン（リンクの挿入または編集）をクリックします．「リンク」ウィンドウが表示されるので，そこで URL を修正します．また，アンカーテキストをダブルクリックしても，同じ操作ができます．

リンクそのものをやめたい場合は，URL を空白に修正するか，アンカーテキストをすべてドラッグして指定した後，メニューバーから [書式] → [すべてのリンクを削除] を選択します．

図 8.18: リンクウィンドウ

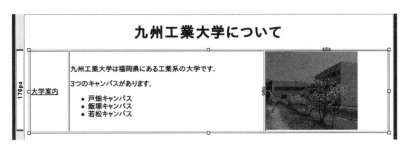

図 8.19 リンクの設定

フッターの作成

Web ページの一番下に表示するフッターを追加します．

まず，本文との区切りとして水平線を追加します（図 8.20）．水平線を追加する場所にカーソルを移動しクリックした後に，メニューバーから [挿入] → [水平線] を選択すると，「水平線」ウィンドウが表示されます．「高さ」フィールドに「1px」を入力して「OK」ボタンをクリックすると，表の下に高さ 1 ピクセルの区切りが挿入され，カーソルが次の行に移動します．

段落書式が「段落」であることを確認し,「九州工業大学」と入力します（図 8.21).

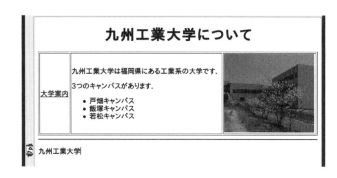

図 8.20: 水平線ウィンドウ

図 8.21: フッターの設定

　メニューバーから [表示] → [All Tags モード] を選択すると，表示画面上に HTML タグの位置が表示され，作成している Web ページがどのような HTML タグから構成されているかを簡単に確認できます（図 8.22）[12]．元のモードに戻すにはもう一度 [表示] → [All Tags モード] を選択します．

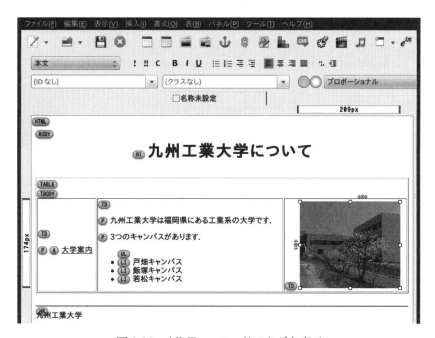

図 8.22　All Tags モードでタグを表示

---

[12] ただし，すべてのタグが表示されるわけではありません．

8.2.3 Web ページの装飾

CSS を使って，これまでに作成した Web ページに色々な装飾を追加していきます．

CSS スタイルの設定方法

BlueGriffon で CSS スタイルを設定します．まず設定する部分を選択した後，メインツールバーの ▰ (CSS スタイルを設定) をクリックし「CSS プロパティ」ウィンドウを表示します (図 8.23)．

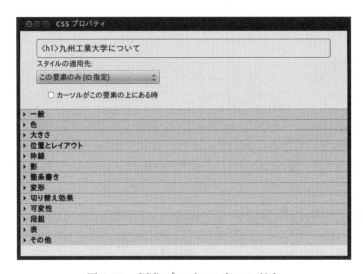

図 8.23 CSS プロパティウィンドウ

表示されている CSS プロパティウィンドウの上部には，設定するスタイルをどのタグの要素に適用するかを指定するため，タグの要素表示と「スタイルの適用先」というプルダウンメニューがあります．最初はプルダウンメニューから「この要素のみ (ID 指定)」を選択します．

CSS スタイルに関する様々な設定はカテゴリごとに表示されています[13]．各カテゴリをクリックすると，カテゴリごとに設定できるプロパティが表示され，ボタンやメニューから選択したり，値を入力したりすることで設定できるようになっています．設定した値はすぐに編集画面に反映されますので，効果を確認することができます．

設定が終了したら，CSS プロパティウィンドウの強制終了ボタン ▰ をクリックしてウィンドウを閉じます．

---

[13] ここに表示されているスタイルがすべての HTML タグに設定できるわけではありません．これを知るためには，CSS を習得する必要がありますが，ひとまず，スタイルを設定してみるとそれが有効となるかどうかで簡易的に知ることができます．

見出しの装飾の変更

　見出しに影を付ける装飾を設定します．見出し文字の一部をクリックして設定対象を選択します．アイコン ![icon](CSS スタイルを設定) をクリックして CSS プロパティウィンドウを開き，「影」カテゴリをクリックします．ここでは見出しに影を付けるので，「文字の影」の左側に表示された「+」ボタンをクリックし，「影を追加」を選択します (図 8.24(左))．すると，文字の影の設定を行うフィールドが表示されますので，「ぼかしの半径」フィールドに「5px」，「水平オフセット」，「垂直オフセット」フィールドにそれぞれ「5px」を入力します (図 8.24(右))．

図 8.24　影の追加

　「色」の丸いボタンをクリックすると，色を指定する別ウィンドウが表示されます (図 8.25)．**カラーフィールド**や**カラーパレット**から選択したり，HSB や RGB などを数値で入力したりすることで色を指定できます．ここでは既定の色から影にする色を選択して「OK」ボタンをクリックします．

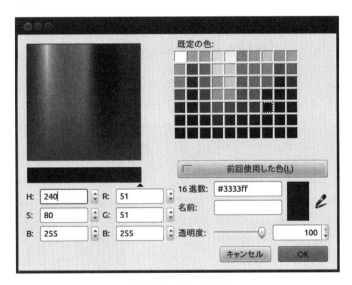

図 8.25　色の指定

　これらの操作を行った結果を図 8.26 に示します．設定が終了したら，強制終了ボタン ![icon] をクリックして CSS プロパティウィンドウを閉じます．

図 8.26　見出しの装飾

文字の装飾

本文の文字列の一部「九州工業大学」に文字の装飾を加えてみます．これまでは既に付いているタグに対してスタイルを設定しましたが，ここではタグが付いていない箇所にスタイルを設定することになります．このため，装飾したい部分を<span>タグの要素に設定した上で，その<span>タグに対してスタイルを設定します．

まず，本文の「九州工業大学」の部分をドラッグして設定対象として指定し，次にメニューバーから [書式] → [Span] を選択します (図 8.27)．

図 8.27　span の設定

設定した文字列をクリックすると，**構造ツールバー**に<span>の表示が確認できます．<span>タグを設定した文字列の一部をクリックした後，アイコン ![] (CSS スタイルを設定) をクリックして CSS プロパティウィンドウを開き，見出しの装飾と同様に影を設定すると図 8.28 の結果が得られます．

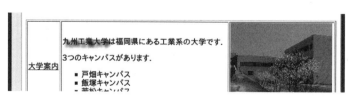

図 8.28　span タグを使った文字の装飾

サイドメニューの項目作成

　Web ページのすべての要素は図 8.29 に示すような**コンテント，パディング，枠，マージン**（余白）からなる四角い領域で構成されています．コンテントと枠の間がパディング，枠の外側の余白がマージンであり，それぞれに対して色や大きさなどを指定することができます．このような考え方を**ボックスモデル**といい，CSS による Web デザインの基本となっています．

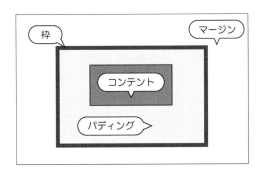

図 8.29　ボックスモデル

　先ほど作成したサイドメニューの項目である「大学案内」という文字列は，段落書式を「段落」としたので`<p>`タグで囲まれています．サイドメニューの項目をボタンのように枠で囲み装飾するために，`<p>`タグで囲まれた要素に対してパディング，枠，マージン（余白）の値を設定していきます．また，最終的にサイドメニューには 4 つの項目を配置するので，これらすべてに同じスタイルを適用できるよう`<p>`タグに対して**クラス名**を設定します．

　まず文字列「大学案内」の一部をクリックし，構造ツールバーの表示から`<p>`タグを選択した後，書式ツールバーの「選択範囲に適用するクラスを選択」フィールドに「sidemenu」と入力して，`sidemenu`というクラス名を設定します (図 8.30)．

図 8.30　クラス名の設定

　次にアイコン ![] (CSS スタイルを設定) をクリックして CSS プロパティウィンドウを開き，「スタイルの適用先」に「クラスを指定する」を選択し，「名前」フィールドに「sidemenu」を入力します (図 8.31)．

　続いて「枠線」カテゴリをクリックし，「すべて同じ枠線を使用する」のチェックを確認した後，丸いボタンをクリックして色を指定するウィンドウを開き，黒色を設定します．次に，線の太さとして「1px」を指定，線のスタイルとして「直線」を選択します．さらに，枠

線の角を丸くするため「すべての角に同じスタイルを使用する」をチェックした後，角丸の楕円半径（水平方向，垂直方向）を指定する両方のフィールドに「1px」を入力します (図8.32).

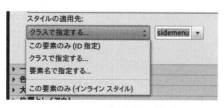

図 8.31: 適用先の指定

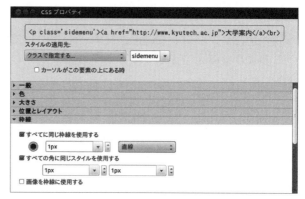

図 8.32: 枠線の指定

次に，この項目の**背景色**を設定します．「色」カテゴリをクリックし，「背景色」の丸いボタンをクリックします．図 8.25 と同様に色を指定する別ウィンドウが開きますので，ここでは「16 進数」フィールドに「#f0f0f0」を入力し「OK」ボタンをクリックします．

次に，枠と文字列の隙間を広げるため，「大きさ」カテゴリをクリックします．「コンテント」はこの場合「大学案内」の文字列です．「パディング」を「5px」に，余白を「10px」に設定します (図 8.33).

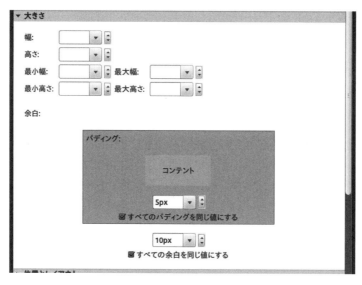

図 8.33 余白の指定

これらの操作を行った結果を図 8.34 に示します．文字列「大学案内」の外側に枠ができ，枠の内側が指定した背景色になっていることがわかります．

8.2 BlueGriffon で作る Web ページ　　　　　　　　　　　　　　　　　　　　161

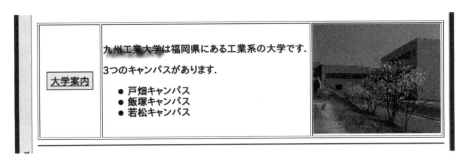

図 8.34　サイドメニューの項目作成

サイドメニューの項目複製

作成したサイドメニューの項目を複製して，同じスタイルを持つ項目を作ってみます．先ほど作成した「大学案内」の枠の右側の少し離れたところをクリックします (図 8.35)．その後 Enter を押すと，装飾が既に設定された枠が作成されます．続けて Enter を 2 回押すと，合わせて 3 つの空の枠が複製されます．それぞれの枠の中をクリックすると，最初の枠と同じ

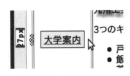

図 8.35: 複製の選択

「sidemenu」のクラス名が既に設定されているので，同じ装飾がなされていることが確認できます．それぞれの枠中に，サイドメニューに表示する文字列を入力します．

最後に，各キャンパスの文字色を CSS プロパティウィンドウで設定します．この時は，クラス全体に設定するのではなく，それぞれここのタグに設定するので，「スタイルの適用先」は「この要素のみ (ID 指定)」を選択して，「色」カテゴリの「前景色」（この場合は文字色）を設定します．

これらの操作を行った結果を図 8.36 に示します．

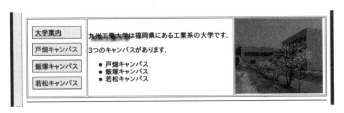

図 8.36　サイドメニューの結果

フッターの装飾

フッターの装飾をします．フッターの文字列をクリックした後，アイコン ![] (CSS スタイルを設定) をクリックし CSS プロパティウィンドウを開きます．「色」カテゴリの背景色を「#ccccff」に，「大きさ」カテゴリでパディングを「10px」，マージンを「0px」に設定します．また，「一般」カテゴリで「揃え」を「中央揃え」に設定します．

この状態では，水平線とフッターの文字列の間に余白があります．フッターの文字列の段落のマージンは「0px」と設定しましたが，水平線の方の余白に幅があるためにこのようになります[*14]．水平線のマージンも「0px」に設定します．

これらの操作を行った結果を図 8.37 に示します．

図 8.37　フッターの結果

HTML ソースの確認

構造ツールバーの「プレビュー/ソース」ボタンの「ソース」をクリックすると，作成している Web ページがどのような HTML になっているかを確認することができます (図 8.38)．なお，表示された HTML ソースの上で HTML タグを直接編集することができます．自分で考えたように修正できたかどうかは「プレビュー」をクリックすることで確認できます．

8.2.4　ファイルの保存と WWW ブラウザによる確認

Web ページの作成が終了したらファイルとして保存します．また，ある程度大きな編集をした場合も，編集結果を失わないために作業途中にファイルを保存するとよいでしょう．

メニューバーから [ファイル] → [名前を付けて保存] を選択すると，図 8.39 に示すウィンドウが開きますので，保存されるディレクトリ名を確認，ファイル名を入力 (例: kyutech.html) し，「保存」ボタンをクリックします．一度保存したファイルを上書きする場合は，メニューバーから [ファイル] → [保存] を選択します．

作成した Web ページを WWW ブラウザで確認するには，6.2.2 項で解説した「手持ちの HTML ファイルを指定する」を行います．

[*14] ほとんどのタグの要素は最初に余白を持っています．

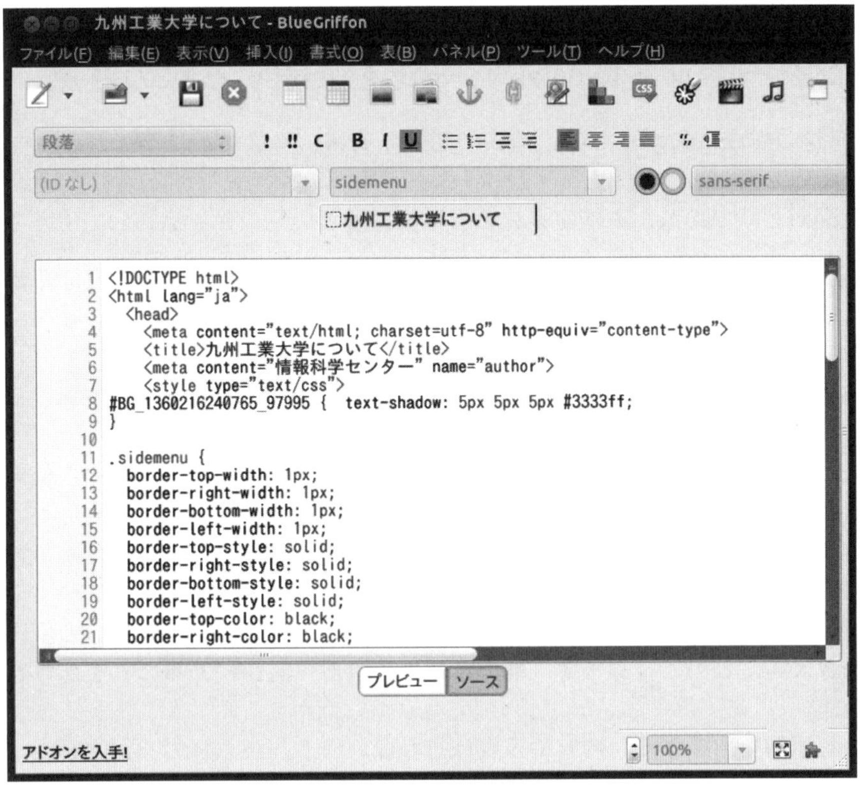

8.2 BlueGriffon で作る Web ページ

図 8.38　HTML ソースの表示

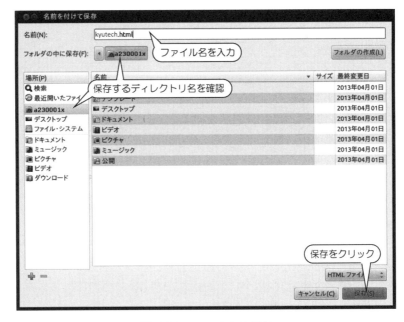

図 8.39　ファイルの保存

8.3 インターネットに Web ページを公開する際の注意

Web ページの作成にあたっては，他人の**知的所有権**，**肖像権**，プライバシーを侵害しないよう十分配慮しましょう．また，インターネットに Web ページを公開するということは，作成者の意図がどうであれ，不特定多数の目に触れるということを意識してください．

- Web ページを作成するにあたって，他人の知的所有権に対する配慮は非常に重要です．他人が創造した文章や写真，絵画，映像や音楽などを自分の Web ページに無断で掲載する行為は，**著作権法**によって禁じられています．
- 作成者自身が撮影した写真であっても，肖像権の侵害になる可能性があります．掲載する際は，必ず写真に写っている本人の許可を得てください．
- 他人の**個人情報**を安易に掲載すると，プライバシーの侵害になります．他人のプライバシーを侵害する内容を記載しないよう，注意してください．
- 他人を貶したり悪口を公開することは**名誉毀損**や**威力業務妨害**につながる行為になります．他人の名誉を傷つける内容を記載しないよう，注意してください．
- 自身の名前や住所，誕生日や趣味などを公開するということは，自分の個人情報を他人に教える，という行為です．他人に悪用される可能性があることを忘れないでください．
- 他人を**誤解**を招くような内容や表現は行わないよう，注意してください．

第9章 LATEX を使ったレポート作成

　文書整形システムは，図表の配置や文字の大きさなどを指定することで文書の体裁を整えるためのシステムです．LATEX[*1]は代表的な文書整形システムの 1 つであり，本書も LATEX を用いて作成しています．この章では，レポート作成を例に LATEX の機能や使い方について説明します．

9.1 LATEX について

　LATEX は TEX と呼ばれる文書整形システムを使いやすくするために開発されたものです．LATEX には文書の種類に応じた形式があらかじめ用意されており，論文やレポートなどのある程度決まった形式の文書であれば非常に簡単に作成できます．また，図を含む文書作成やレイアウトの指定も簡単に行うことができます．図 9.1 に LATEX で作成した「参考レポート」の印刷例を示します．以降では，このレポートを作成するための，操作方法と LATEX の文法について簡単に解説します．

9.2 LATEX による文書作成方法

　ここでは，LATEX のソースファイルの作成から印刷・保存までを例に，LATEX の基本的な文書の作成について説明し，次に作成手順を示します．各手順の番号は図 9.2 中の番号に対応しています．
　(1) ソースファイルの作成
　文章や図表と，それらのレイアウトに関する LATEX のコマンドを記述します
　(2) コンパイル
　ソースファイルから文書を作成します．この作業はコンパイルと呼ばれます．
　(3) プレビューアによる文書の確認 (画面に印刷イメージを表示する)
　コンパイルが正常に終了すると **dvi** ファイルが生成されます．プレビューアの引数として dvi ファイルを指定し，作成した文書の印刷イメージを確認します
　(4) ファイル形式の変換
　dvi ファイルを印刷可能な形式である PostScript 形式に変換します．文書をファイルとして保存したい場合は PDF 形式に変換します
　(5) ファイルの印刷・保存
　変換されたファイルのプリンタへの出力 (印刷) や保存を行います

[*1] LATEX は日本語で「ラテフ」，「ラテック」と発音します．ここでは，pLATEX 2_ε 3.14159265 を前提として説明します．

LATEXを使用したレポート作成例

情報科学センター

平成 29 年 10 月 1 日

1 LATEX について

LATEX は文書を整形するためのさまざまな機能を備えたシステムです．LATEX を使用する事により，簡単にレポートや学術論文などを美しく作成することができます．

1.1 LATEX の機能

- 簡単な文書であれば，LATEX の基本文法のみで美しく作成できます．
- このような箇条書きや，以下に示す数式や表も容易に作成することができます．
    1. 数式
    $$S(t) = A(1 + m\sin(\omega_s t + \theta_s))\sin(\omega_c t + \theta_c)$$
    2. 表

    表 1: 入力 x に対する出力 $f(x)$ の観測結果

x	-2	-1	0	1	2
$f(x)$	9	2	1	6	17

- 他のツールで作成された図も取り込むことができます．今回は，gnuplot[1] を用いてグラフを作成しました．

```
gnuplot> set grid
gnuplot> plot sin(x)
gnuplot> set terminal postscript eps enhanced color
gnuplot> set output "graph.eps"
gnuplot> replot
```

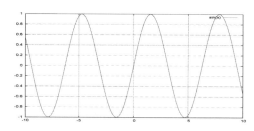

図 1: GNUPLOT を利用して作成したグラフ

参考文献

[1] gnuplot homepage, http://www.gnuplot.info/

図 9.1　参考レポート

9.2 LaTeX による文書作成方法

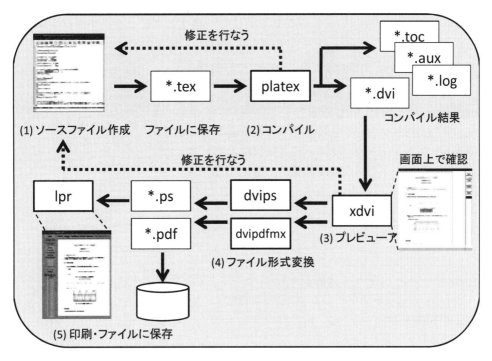

図 9.2 LaTeX による文書作成の基本手順

9.2.1 ソースファイルの作成

次のページにソースファイルの構造を示します．\(バックスラッシュ[*2]) で始まる文字列は LaTeX のコマンドと呼ばれ，作成する文書の体裁を指定するために用います．

LaTeX のコマンドには，オプションと引数をとるものがあります．例の\documentclassや\begin の直後にある [ ] や { } 内の文字列が，それぞれオプションと引数に対応します．コマンドによっては，複数の引数を持つものもあります．

LaTeX のソースファイルには，\documentclass, \begin{document}, \end{document}の各コマンドが必ず含まれ，これらのコマンドは決められた順序で書く必要があります．なお，\documentclass 行の後から\begin{document}の前までをプリアンブルといいます．プリアンブルには，文書全体の体裁 (文書のタイトルや，紙面の大きさなど) を記述します．

最初の\documentclass コマンドは，基本となる文書の種類 (文書クラス) を決めるためのコマンドで，ソースファイルの 1 行目に書かれます．[ ] 内には全体の文字サイズや用紙の種類，段組みなどのオプションが指定でき，{ } 内には文書クラスを指定します．文書クラスによって表紙，章・節の表示位置などのレイアウトが異なります．以下の例では，文字サイズを 12 ポイントとし，文書クラスにレポート (jreport) を指定しています．以下に文書

[*2] 「\」は，使用するコンピュータによって「¥」と表示されることがあります．また，「\LaTeX」は，LaTeXというロゴを表示するためのコマンドです．

クラスとオプションの例を示します．これ以外にも，様々な文書クラスやオプションが用意されています[*3]．

```
┌─────── 主なオプション一覧 ───────┐
│                                         │
│  11pt, 12pt        · · · 文字サイズの指定    │
│  twocolumn          · · · 2 段組指定        │
│  a4paper, a5paper   · · · 用紙のサイズを指定   │
│  titlepage          · · · 表題を別ページに出力  │
│  landscape          · · · 用紙を横長に指定する  │
│                                         │
└─────────────────────────────┘
```

```
┌─────── 主な文書クラス一覧 ───────┐
│                                      │
│  jbook     · · · 書籍              │
│  jarticle  · · · 論文，短い文書      │
│  jreport   · · · レポート           │
│  letter    · · · 手紙              │
│                                      │
└────────────────────────────┘
```

```
┌─────────── 簡単な LaTeX のソースファイル ───────────┐
│                                                               │
│  \documentclass[12pt]{jreport}      · · · 文書クラスの指定      │
│  \title{{\LaTeX}を使用したレポート作成例}  · · · 表題            │
│  \author{情報科学センター}           · · · 著者                │
│  \date{\today}                      · · · 日付け              │
│  \begin{document}                   · · · 文書の始まり         │
│    \maketitle                       · · · タイトルの出力       │
│    \chapter{{\LaTeX}について}        · · · 第 1 章の始まり       │
│    本章では{\LaTeX}について述べる.    · · · 第 1 章の文         │
│    \section{{\LaTeX}とは}           · · · 第 1 節の始まり       │
│        {\LaTeX}は文書を整形するための                          │
│        機能を備えたシステムです.     · · · 第 1 節の文          │
│  \end{document}                     · · · 文書の終わり         │
│                                                               │
└─────────────────────────────────────────────┘
```

\begin{document}コマンドは document 環境とも呼ばれ，ソースファイルの最後の\end{document}コマンドと対で使用します．詳しい説明は 9.3.1 項で行います．

レポートなどの文書作成では，文書の内容に応じた章立て (章や節) が必要です．表 9.1 に章や節を作るコマンドを示します．上のソースファイルに示すように，これらのコマンドの引数には章や節の見出し (表題) を書きます．LaTeX では，章立てに関する見出しを書くだけで，使用する文書スタイルに応じた文字の大きさや形，章節番号が自動的に指定されます．

なお，これらの章節コマンドの最後に "*" を付けると，章節番号の付かない見出しが作成されます (例：\section*{{\LaTeX}とは})．

LaTeX での注意事項

文書作成の上での注意点は，空白 (スペース) の挿入，改行や段落の指定です．LaTeX では以下に示すように，空白や改行，段落については，ソースファイル内の空白文字や改行文

[*3] 学術論文用，縦書き文書用などのクラスファイルなどが WWW 上に公開されています．

9.2 LATEX による文書作成方法

表 9.1 章・節コマンド

コマンド	機 能
\chapter	章の見出しを付ける (jbook と jreport クラスのみ使用可)
\section	節の見出しを付ける
\subsection	小節の見出しを付ける
\subsubsection	小小節の見出しを付ける

字の配置とは関係なく設定されます.

- ソースファイル中の改行文字は，たんなる区切り文字として解釈され，実際の改行は行われません．強制的に改行する場合には\\を使用します
- 文章中の空行，または空白文字だけの行は，新しい段落の始まりとみなされ改行されます．また，ほとんどの場合は次の段落の字下げが行われます
- 連続する空行は，1 つの空行として取り扱われます
- 連続する空白は，1 つの空白として取り扱われます
- 行頭の空白は，段落による字下げや空白をあけるコマンドを使用する以外は，すべて無視され左へ詰められます

表 9.2 空白，段落，改行の制御コマンド

コマンド	機 能
\␣	1 つ空白をあける (␣は空白を表す)
\indent	段落の最初の字下げを行う
\noindent	段落の最初の字下げを行わない
\hspace{ len }	水平方向に { len } の空白を作る
\vspace{ len }	垂直方向に { len } の空白を作る
\clearpage	それまでの文章を出力して，強制改頁を行う
\newline	\\と同様，強制改行を行う

　強制的な空白の挿入や段落の指定には，表 9.2 に示すコマンドを使用します．なお，この表で扱う長さ (len) の単位には，cm，mm，in(インチ)，em(使用しているフォントでの大文字 "M" の幅)，ex(使用しているフォントでの小文字 "x" の高さ) などがあります．

9.2.2 ソースファイルのコンパイル

　ソースファイルから文書を作成するには，コンパイルと呼ばれる作業が必要となります．コンパイルを行うには，**platex** コマンドを使用します．以下に示すように platex の引数にソースファイル名を指定し，実行します．

170 第 9 章 LATEX を使ったレポート作成

＝＝＝ platex の実行 ＝＝＝

```
$ platex   ソースファイル名 Enter
```

日本語文字コードの指定を行わなかった場合，utf-8 を既定値としてコンパイルが行われ
ます．ソースファイルの日本語文字コードが異なる場合は，platex コマンドに -kanji オプ
ションを付けてコンパイルを実行します．

＝＝＝ platex の実行 (文字コードを指定) ＝＝＝

```
$ platex -kanji {euc|jis|sjis|utf8}   ソースファイル名 Enter
```
---

sample.tex をコンパイルした例を示します．

＝＝＝ コンパイル例 ＝＝＝

```
$ platex sample.tex
This is pTeX, Version 3.141592-p3.1.10 (utf8.euc) (Web2C 7.5.4)
(./sample.tex
pLaTeX2e <2006/11/10>+0 (based on LaTeX2e <2003/12/01> patch level 0)
(/usr/local/teTeX/share/texmf/ptex/platex/base/jarticle.cls
Document Class: jarticle 2006/06/27 v1.6 Standard pLaTeX class
(/usr/local/teTeX/share/texmf/ptex/platex/base/jsize11.clo))
(/usr/local/teTeX/share/texmf-dist/tex/latex/graphics/graphicx.sty
(/usr/local/teTeX/share/texmf-dist/tex/latex/graphics/keyval.sty)
[1] (./sample.aux))
Output written on sample.dvi (1 page, 3092 bytes).
Transcript written on sample.log.
```

正常にコンパイルが終了すると，「.dvi」，「.log」，「.aux」ファイルが生成されます[4]．
　コンパイル中，以下のように 「?」 が表示されてコンパイルが中断した場合は，ソース
ファイルの記述に間違いがあることを意味します．?に対して次に示すキーを入力すること
で，エラーに対処することができます．

＝＝＝ コンパイルエラー例 ＝＝＝

```
! Undefined control sequence.
l.7 \chaptr
           {{\LaTeX}について}
?
```

- **Enter** · · · エラーを起こした行をスキップし，コンパイルを続けます
- **x** · · · コンパイルを中止します

---

[4] log ファイルには，コンパイルの経過が保存されています．aux ファイルには，目次の情報や参考文献の情
報，参照の情報が保存されています．

9.2 LaTeX による文書作成方法

- **?** · · · コマンドの一覧を表示します
- **h** · · · エラーに関する簡単な説明をします
- **e** · · · 修正のためのエディタが起動し，エラー行へカーソルが移動します

今回のコンパイル例で生じたエラーは，「7 行目に未定義の制御コマンドを使っている」というものです．LaTeX には章の見出しを付ける\chapter コマンドが用意されていますが，エラーメッセージを見ると，\chaptr と間違っていることがわかります．Emacs などのテキストエディタで間違いを修正 (\chaptr を\chapter に) することにより，正しくコンパイルが行われます．

またエラーではありませんが，コンパイル中，以下のようなメッセージが表示されることがあります．これは横幅 (\hbox) と縦幅 (\vbox) の行間隔や文字間隔に無理が生じていることを表していますが，最初のうちは無視しても構いません．

警告メッセージ例

```
Underfull \hbox (badness 10000) in paragraph at .....
Overfull \hbox (12.00014pt too wide) in paragraph at ....
```

9.2.3　印刷前の確認

コンパイルによって生成された dvi ファイルには，印刷に必要なデータが記述されています．この dvi ファイルを画面に表示して，意図した通りのレイアウトになっているかを確認することができます．このような印刷結果を事前に画面表示するツールを**プレビューア**といいます．Linux で使用できるプレビューアは多数ありますが，ここでは X ウィンドウシステム上で動作する **xdvi** を使用します．ターミナルウィンドウから次のように実行します．

---

xdvi の実行

```
$ xdvi    dvi ファイル名 Enter
```

コマンド入力後，印刷結果をプレビューしたウィンドウが表示されます (図 9.3)．部分的に詳しく見たいところがあれば，その部分にマウスカーソルを移動させ，マウスの右ボタンをクリックします．すると，マウスカーソルの周辺が拡大します．ウィンドウの拡大や縮小，改ページなど全体の変更は，ウィンドウ右端のメニューを左マウスボタンでクリックすることにより行えます．主なメニューについては，表 9.3 を参照してください．

9.2.4　文書の印刷・保存

印刷前にプレビューアを用いて文書を確認した後，実際の印刷を行います．ここでは，PostScript [*5]対応のプリンタへ印刷する場合を解説します．また，PDF ファイルに文書を保存する方法も紹介します．

■**PostScript プリンタでの印刷**　PostScript プリンタを利用して文書を印刷するためには，dvi 形式のファイルを PostScript 形式のファイルに変換する必要があります．以下に **dvips**

[*5] 文字や複雑な図形を表現できる，高度なグラフィック機能を持ったプログラミング言語です．

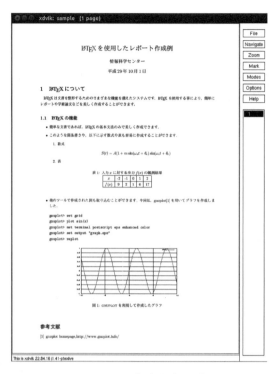

図 9.3　xdvi による作成文書のプレビュー

表 9.3　xdvi の主なメニュー操作

メニュー	サブメニュー	機能
File	Open	別の dvi ファイルを開く
	Reload	開いた dvi ファイルを読み直す
	Find	指定した文字列を検索する
	Quit	xdvi を終了する
Navigate	First Page,Page-10,Page-5,Prev	ページを戻す
	Last Page,Page+10,Page+5,Next	ページを進める
Zoom	Zoom In , Zoom Out	表示の拡大率を切り替える
	Fit in Window	ウィンドウの大きさに表示を合わせる
Options	Show PS	図形の表示
	Show Bounding Boxes Only	図形の代わりに矩形を表示
Help		操作方法を表示する

コマンド[*6]を例に，一般的な印刷方法を示します．

[*6] LaTeX のインストールされた環境やプリンタの種類によって，使用できる変換コマンドが違います．どのコマンドを使用するかはシステム管理者に問い合わせてください．本書では，dvips(k)5.98dev+pdvips(k)p1.7b(日本語パッチ) を想定しています．

9.2 LaTeX による文書作成方法　　173

── dvips を用いた印刷 ──

```
$ dvips  -f  dvi ファイル名  |  lpr Enter
```

　これは，dvi 形式のファイルを PostScript 形式に変換した後，標準出力へ出力し (-f オプ
ションを利用します)，プリンタへ出力 (lpr コマンドへのパイプ) することを意味していま
す．また，dvips は表 9.4 に示すオプションを記述することで，用紙サイズや出力方法を指
定することができます．なお，第 10 章では，プリンタの操作 (lpr) やパイプ (|) について
解説していますので，一度目を通しておいてください．

── dvips の書式 ──

```
$ dvips  [オプション]  dvi ファイル名
```

表 9.4　dvips コマンドの主なオプション

オプション	機能
-A	奇数ページのみを出力する
-B	偶数ページのみを出力する
-f	標準入出力に対応する．lpr コマンドで印刷する場合はこのオプション を指定する．
-o *filename*	*filename* に指定したファイルに出力するファイル名を指定しないと，dvi ファイルが foo.dvi の場合 foo.ps がファイル名となる
-r	ページを逆順で印刷する
-t *option*	用紙の大きさや向きなどを指定する．`letter,legal,ledger,a3,a4,...` など がある．また，`landscape` を指定すると 90 度反転した用紙となる．詳 しくは `man dvips` コマンドを参照

■**PDF ファイルでの保存**　　文書を印刷せずにファイルとして保存したい場合，PostScript
形式で保存する方法もありますが，PDF 形式で保存を行った方が便利です．PDF ファイル
は Linux 以外の環境でも利用でき，様々なプリンタで文書の印刷ができます．
　dvi ファイルの PDF ファイルへの変換方法として，以下に **dvipdfmx** コマンドを例に
示します[7].

── dvipdfmx を用いた PDF 形式での保存 ──

```
$ dvipdfmx -o  保存したい pdf ファイル名  dvi ファイル名 Enter
```

　これは，dvi 形式のファイルを PDF 形式に変換し，保存することを意味しています．保
存したい pdf ファイル名を指定しなかった場合は，dvi ファイルが foo.dvi であれば foo.pdf
がファイル名となります．

---
[7]　本書では，dvipdfmx Version 20150315 を想定しています．

174 第 9 章 LATEX を使ったレポート作成

9.3 文書作成のための様々な環境

　文書中で表や箇条書きなどの特別なレイアウトを構成するには，レイアウトに対応する環境の指定を行います．指定は以下のように\begin コマンドと\end コマンドの引数に環境名を与え，レイアウトを構成する範囲を囲むことで行います．なお，\begin と{環境名}，\end と{環境名} の間に空白を入れてはいけません．

　これらのコマンドで囲まれた領域に対し，{ }内で指定された環境の処理が行われます．環境によっては引数を必要とするものもあります．また，環境の中でさらに別の環境指定を行うことができます．

―――― LATEX の環境指定 ――――

```
\begin{環境名}
    この中では，指定された環境下で定義されているコマンドが使えます．
\end{環境名}
```

9.3.1 document 環境とプリアンブル

　LATEX で最も重要な環境指定として，**document** 環境があります．これは文書を記述するための環境であり，様々な LATEX のコマンドがこの環境内で有効になります．通常，文章や図表はすべてこの環境の中に書きます．\end{document}以降に書かれたものは，無視されます．

　なお，タイトルコマンド[8]や文書全体に共通するパラメータなどは，プリアンブル (\documentclass から\begin{document}の間) で指定します．表 9.5 にプリアンブルの主な設定例を示します．

9.3.2 箇条書き環境 (itemize 環境，enumerate 環境，description 環境)

　文章をわかりやすく見せる方法の 1 つに箇条書きがあります．LATEX では，様々なレイアウトに対応できるよう **itemize** 環境，**enumerate** 環境，**description** 環境の 3 つの箇条書き環境が用意されています．どの環境内でも，各項目の先頭は\item から始め，\item と各文章の先頭との間には空白が必要です．

　itemize 環境では見出しに ● が表示され，enumerate 環境では見出しに数字が使われます．なお，description 環境では見出し文字を指定できます．

---

[8] プリアンブルで設定した文書のタイトルは，document 環境の先頭に maketitle コマンドを指定して出力します．

9.3 文書作成のための様々な環境

表 9.5 プリアンブルの設定例

コマンド	意味
\title{表題}	文書のタイトルを指定
\author{著者名}	文書の著者を指定
\date{日付}	文書の公開日を指定
\date{\today}	公開日をコンパイルした日に指定
\textwidth = *size*	本文領域の幅を指定
\textheight = *size*	本文領域の高さを指定
\topmargin = *size*	上側余白サイズを指定
\oddsidemargin = *size*	左側余白サイズの指定 (奇数ページ)
\evensidemargin = *size*	左側余白サイズの指定 (偶数ページ)
\pagestyle{empty}	文書にページ番号を打たない

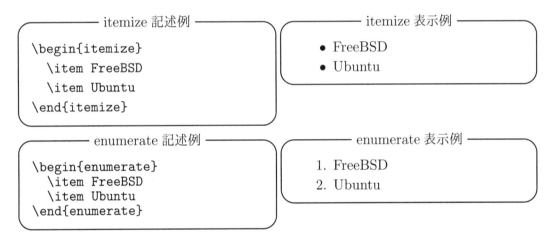

箇条書きの入れ子

　箇条書き環境の中でさらに別の箇条書き環境を使用することもできます．環境によってラベル[*9]は異なりますが，環境の中でさらに環境を使用した場合，段階に応じたラベルが付けられます．例えば itemize 環境の場合，「●」→「−」→「＊」→「・」の順番でラベルが変化します．

[*9] 各項目の先頭に付ける記号や数字を意味します．

次の例は，箇条書き環境の中で，箇条書きの description 環境を記述した例です．

```
─ 入れ子の記述例 ─

\begin{itemize}
  \item FreeBSD
    \begin{description}
      \item[Production] R11.1
      \item[Legacy] R10.3
    \end{description}
  \item Ubuntu
    \begin{itemize}
      \item 17.10
      \item 16.04LTS
    \end{itemize}
\end{itemize}
```

```
─ 入れ子の表示例 ─

● FreeBSD
  Production   R11.1
  Legacy   R10.3
● Ubuntu
  – 17.10
  – 16.04LTS
```

9.3.3 中央揃えと右寄せ (center 環境，flushright 環境)

LaTeX で作成した文章は，通常左端から文字が表示されます．タイトルを中央に揃えたり
会社名を右寄せしたい場合は，center 環境，flushright 環境を用います[*10]．

```
─ 中央揃えと右寄せの表示例 ─

                                          平成 29 年 10 月 1 日
                                             情報科学センター

                    教科書改訂のお知らせ
```

```
─ center 環境などの記述例 ─

\begin{flushright}
平成 29 年 10 月 1 日\\
情報科学センター
\end{flushright}

\begin{center}
教科書改訂のお知らせ
\end{center}
```

表 9.6: tabular 環境の様式指定文字

オプション	機能
l	文字列を枠の左側に揃える
r	文字列を枠の右側に揃える
c	文字列を枠の中央に揃える
p{len}	列の幅を len に設定する
		縦の罫線を引く
||	2 重に縦の罫線を引く
\hline	横罫線を引く
\hline \hline	2 重に横の罫線を引く

9.3.4 表の作成 (tabular 環境，table 環境)

表は，**tabular** 環境 (罫線を含んだ表を作成するのに適した環境) を用いて作成します．
書式を以下に示します．

[*10] 左寄せの flushleft 環境もあります．

9.3 文書作成のための様々な環境

───── 表の書式 ─────

```
\begin{tabular}[垂直方向の出力位置]{表の項目の様式指定}
    表を構成する内容
\end{tabular}
```

\begin{tabular}の引数として，垂直方向の出力位置と，表の項目の様式指定をそれぞれ指定します．垂直方向の出力位置は省略しても構いませんが，オプションとして t(上部)，b(下部)，c(中央) のいずれかを指定することができます．例えば，\begin{tabular}[t]{列の縦並び}と指定した場合，表の上部を前後の文章に揃えます．列の縦並びには，表 9.6 に示すオプションを列の数だけ並べて記述します．

───── 表の記述例 (表 9.6 のソースファイル) ─────

```
\begin{table}[h]
\caption{tabular 環境の様式指定文字}
\begin{tabular}{|c|p{5cm}|}
\hline
オプション & 機 能 \\ \hline\hline
l & 文字列を枠の左側に揃える\\
r & 文字列を枠の右側に揃える\\
c & 文字列を枠の中央に揃える\\
p{len} & 列の幅を len に設定する\\
|      & 縦の罫線を引く\\
||     & 2 重に縦の罫線を引く\\
\hline & 横罫線を引く \\
\hline \hline & 2 重に横の罫線を引く\\
\hline
\end{tabular}
\end{table}
```

& は表の列の区切りを意味し，\hline は横の罫線を引きます．表の行の末尾には必ず\\を指定します．なお，最後の行に\\は必要ありませんが，記述例 (表 9.6) のように最後の行の下に罫線を引く場合は\\が必要です．

あらかじめ表の出力位置や表題を指定した状態で表を作成することもできます．表全体を **table** 環境で囲みます (表 9.6 の記述例参照)．出力位置の指定には\begin{table}[h] のように [ ] 内にオプションを指定します．指定できるオプションを表 9.7 に示します．オプションを省略した場合 tbp を指定したとみなされ，「ページの上端に出力，ページの下端に出力，独立したページに出力」という優先順位で表を出力します．

表 9.7: table 環境のオプション

オプション	機能
h	table 環境が指定された位置に出力
t	ページ上端に出力
b	ページ下端に出力
p	図や表だけの独立したページを作成

表 9.8: multicolumn の使用例

	試験の結果	
	合格者	不合格者
1 年	43 名	7 名
2 年	33 名	5 名

表題を付けるためには\caption コマンドを使用します．このコマンドは表題を出力

する位置を自由に指定することができ，\begin{table}の直後に指定すれば表の上へ，\end{table}の直前に指定すれば，表の下へ出力[*11]することができます.

複数の列にまたがった項目を作りたい場合には，\multicolumn コマンドを使用します.

```
──────── multicolumn の記述例 (表 9.8 のソースファイル) ────────

\begin{table}[h]
\begin{center}
\caption{multicolumn の使用例}
\label{option}
\begin{tabular}{|l|p{2cm}|p{2cm}|} \hline
    & \multicolumn{2}{c|}{試験の結果} \\ \cline{2-3}
    & 合格者 & 不合格者 \\ \hline
1 年 & 43 名   & 7 名 \\ \hline
2 年 & 33 名   & 5 名 \\ \hline
\end{tabular}
\end{center}
\end{table}
```

9.3.5　図形の取り込み，配置 (graphicx パッケージ，\includegraphics, figure 環境)

X ウィンドウシステムで用いられる LibreOffice Draw や gnuplot などの作図ツールは，出力形式として **EPS**(Encapsulated PostScript) ファイルを選択できます. LaTeX は，この EPS 形式で生成された図やグラフを文書中に取り込むことができます. また，EPS 形式で描かれていない図形も，画像形式変換コマンドや変換機能を持ったツールを用いて EPS 形式に変換すれば，文書中に取り込むことができます.

図の取り込みには，graphicx パッケージを用います. 具体的には，プリアンブル (documentclass 行と\begin{document}行の間) に，次のような指定を行います.

```
──────── graphicx パッケージの使用を宣言 ────────

\usepackage{graphicx}
```

次に，図を取り込みたい位置で以下のように記述します. 例として demo.eps というファイルを取り込みます.

```
──────── ファイル指定例 ────────

\includegraphics{demo.eps}
```

オプションを指定することで，取り込んだ図の大きさを変更することができます. よく使うオプションは，width(幅)，height(高さ)，scale(全体の拡大率)，angle(回転) です. 指定例を以下に示します.

[*11] 表題は表の上に付けるのが慣例です.

9.3　文書作成のための様々な環境　　179

```
───── 指定例 ─────
\includegraphics[width=10cm,height=0.8cm]{demo.eps}
\includegraphics[scale=0.8,angle=90]{demo.eps}
```

　図を取り込む際，図の出力位置も併せて指定することができます．それには，次のように **figure** 環境を使用します．figure 環境は，表と図の通し番号の表し方が異なるだけで table 環境と同じ働きをします．なお，この環境内でも \caption コマンドが使用できます．

```
───── figure 環境 ─────
\begin{figure}[出力位置の指定]    ・・・ 図の出力位置を指定する
  \includegraphics{demo.eps}    ・・・ 図の取り込み指定
  \caption{図題}                ・・・ この場合，図題は図の下部に表示される
\end{figure}
```

9.3.6　表や図の参照 (\label，\ref)

　本文中で表や図を番号で参照する場合には，\label コマンドと \ref コマンドを使用すると便利です．\label コマンドは，使用される位置によって，式，章・節，図番号のいずれかが定義付けられ，\ref コマンドは \label コマンドで定義された番号を出力します．\label コマンドの引数として，ラベル (参照名) を定義する必要があります．ラベルには，「^」，「_」，「%」を除く文字や記号，漢字が使用できます．ただし，同じラベルを持つ \label コマンドが複数存在してはいけません．また，\label コマンドを使用した場合は，必ず 2 回コンパイル[*12]を行ってください．
　以下の環境については \label コマンドを使用する位置が決まっています．

```
  ● enumerate 環境              ・・・ \item より後ろで使用します．
  ● table 環境・figure 環境 ・・・ \caption より後ろで使用します．
```

```
───── 表や図の参照例 ─────
\begin{figure}[h]
  \includegraphics{demo.eps}    ・・・ 図の取り込み指定
  \caption{図形の例です}         ・・・ 図題の出力
  \label{demo}                  ・・・ ラベルの定義
\end{figure}
図\ref{demo}を参照してください    ・・・ ラベルの参照
```

[*12] 1 回目のコンパイルでページ数や図番号を調べ，2 回目で，1 回目の情報を元に式番号や表番号を付けます．ラベルを使うことで，本文中の図表が増減してもコンパイルをやり直すだけで正しい参照になります．

9.3.7 参考文献の参照 (\cite, \bibitem, thebibliography 環境)

レポートや論文を作成する場合に参考にした図書があれば, 参考にした, あるいは引用したことを示すことが必要です[13]. LaTeX には, 文献情報を列記するための **thebibliography** 環境と\bibitem コマンド, \cite コマンドが用意されています.

thebibliography 環境を用いて文献情報を記入し, 対応するラベル (参照名) を\bibitem コマンドで定義します. \cite コマンドは文献情報に対応付けた文献番号を出力します.

```
──────── thebibliography 環境 ────────

\begin{thebibliography}{引用冊数に応じた数}   ··· 文献情報を列記する
  \bibitem{ラベル 1}                        ··· ラベルを指定する
  文献情報 1                                ··· 対応する文献情報の記述
  \bibitem{ラベル 2}                        ··· 文献が複数ある場合には
  文献情報 2                                ··· この記述を繰り返す
\end{thebibliography}
```

引用する冊数に応じた数は, 9 冊以下であれば "9", 99 冊以下であれば "99" と, 引用する文献冊数の桁に応じて "9" を増やし指定します.

文献情報を文書中で引用する場合は\cite{ラベル名}と記述します. ラベル名には\bibitem コマンドで定義したものを用います. \bibitem コマンドで指定するラベルは, 表や図で用いる\label コマンドと同様, 同じものが存在してはなりません. また, 文献情報を増やした場合は必ず 2 回以上コンパイルを行ってください. 以下に文献情報の列記と参照例を示します.

```
──────── 参考文献の参照例 ────────

この図書\cite{linux}は, Linux の活用法について解説しています.
                        % "%"から行末はコメントです
\begin{thebibliography}{9}      % document 環境の最後に記述
\bibitem{linux}                 % ラベル"linux"で文献情報を登録
九州工業大学情報科学センター, Linux で学ぶコンピュータ・リテラシー
\end{thebibliography}
```

9.3.8 記述内容をそのまま表示する (\verb, verbatim 環境)

プログラムリストのように, 空白文字や改行文字も含めて, 文字列をそのまま表示させたい場合があります. このような場合には, \verb コマンドや **verbatim** 環境を用いる方法があります. これらのコマンドや環境を使用した場合, 英数字, 記号 (半角) の文字列はタイプライタ体と呼ばれるフォントで, かな漢字 (全角) の文字列は明朝体と呼ばれるフォン

---

[13] これは, レポートや論文作成における重要なルールです.

トで，記述内容が出力されます．

\verb コマンドは，同一行の文字列に対して有効に働きます．

――――――――――――― \verb コマンドの書式 ―――――――――――――

\verb+ 文字列 +

上に示すように\verb コマンドは，+ で囲まれた文字列に対し有効になります．この文字 (+) は，\verb コマンドの引数の有効範囲を限定するものですが，文字列の前後に同じ文字を使用すればよいので，+ 以外の文字でも構いません．囲まれた文章中に連続する空白，「\」や「{」などの特殊文字があっても，そのままの文字として表示します．

以下に注意事項を挙げます．

- \verb コマンドで指定された文字列を，途中で改行することはできません
- 有効範囲を限定する文字が，文字列中に含まれていてはいけません．必ず文字列中の文字と異なる文字を使用してください
- タブ文字は 1 つの空白とみなされます．タブ文字はあらかじめ，いくつかの空白に変換しておく必要があります

verbatim 環境は\verb コマンドと同様の働きをしますが，1 つの段落として取り扱われますので，表示領域を大きく取ってしまいます．短い文章や特殊文字を表示するのであれば\verb コマンドを使用した方がよいでしょう．verbatim 環境の書式を以下に示します．

――――――――――――――― verbatim 環境 ―――――――――――――――

```
\begin{verbatim}
 この中に記述した文章は，そのまま出力されます．
\end{verbatim}
```

9.3.9 LaTeX の数式スタイル

インラインモードとディスプレイモードのどちらかを利用することにより，複雑な数式を容易に記述することができます．モードによって，数式の出力場所や数式記号のサイズ，添え字の出力場所，空白の取り扱いなどが異なります．

―――― インラインモード書式 (一部) ――――

\(数式 \)
$ 数式 $

―――― ディスプレイモード書式 (一部) ――――

\[数式 \]
$$ 数式 $$

インラインモード

文章中に数式を (改行せずに) 出力する時に使用します．インラインモードは，数式がなるべく行の縦幅をはみ出さないように，文字サイズを小さくして出力します．例えば，以下の記述例は $f(x) = \sum_{k=1}^{\infty} (-1)^{k-1} * x^{2k-1}/(2k-1)!$ のようになります．

182 　第 9 章　LATEX を使ったレポート作成

```
────── インラインモード記述例 ──────
  $ f(x)=\sum_{k=1}^{\infty} (-1)^{k-1}*x^{2k-1}/(2k-1)! $
```

ディスプレイモード

　独立した行に数式を出力する時に使用します．記述された数式は，改行して，行の左右中央に出力されます．例えば以下の記述例では，

$$f(x) = \sum_{k=1}^{\infty} (-1)^{k-1} * x^{2k-1}/(2k-1)!$$

のようになります．

```
────── ディスプレイモード記述例 ──────
  \[ f(x)=\sum_{k=1}^{\infty} (-1)^{k-1}*x^{2k-1}/(2k-1)! \]
```

各モードで使用できる主な数式コマンドを表 9.9 に示します．

表 9.9　添え字, 数式コマンド

機　能	表　示	コマンド	機　能	表　示	コマンド
上付き	x^{2y}	x^{2y}	分数	$\frac{1}{x}$	\frac{1}{x}
下付き	x_{2y}	x_{2y}	平方根	$\sqrt[2]{x-1}$	\sqrt[2]{x-1}
上下	x_1^y	x_{1}^{y}	円周率	π	\pi
積分	$\int_0^8$	\int_{0}^{8}	シグマ	$\sum_{i=1}^n$	\sum_{i=1}^{n}
関数	$\sin, \cos$	\sin , \cos	ギリシャ文字	θ, ω	\theta , \omega

■**太字の使用について**　数式でベクトル表記を行うために，太字が用いられることがあります．太字の使用に関しては，太字を記述する\boldmath コマンドと，任意の文字列を記述する\mbox コマンドを利用します[*14]．

　例えば　$\boldsymbol{X} = \{a, b, c\}$　は，各モードで以下のように記述します．

```
───── インラインモード ─────
\mbox{\boldmath $X$}$=\{a,b,c\}$
```

```
───── ディスプレイモード ─────
 \[
 \mbox{\boldmath $X$}=\{a,b,c\}
 \]
```

9.3.10　図表の隣に文章を並べる (minipage 環境)

　これまでに，図表を配置する **figure** 環境や **table** 環境を紹介しました．これらの環境を配置すると，文章は図表の上か下に配置されます．図表の隣に文章を並べたい場合は，

[*14] 数式の中に boldmath コマンドを直接記述することができないため，このような記述が必要になります．

9.3 文書作成のための様々な環境　　183

minipage 環境を利用すれば実現できます．minipage 環境は，指定した横幅の領域 (ミニページ) をページ内に作成します．

―― minipage の書式 ――

```
\begin{minipage}[垂直方向の出力位置 (t,b)]{横幅のサイズ}
    ページ内に入れる内容 (文章，図，表など)
\end{minipage}
```

垂直方向の出力位置とミニページの横幅をそれぞれ指定します．垂直方向の出力位置は省略しても構いませんが，オプションとして t(上部)，b(下部) のいずれかを指定することができます．例えば，\begin{minipage}[t]{5cm}と指定した場合，横幅 5cm のミニページを作成し，上部を前後の文章に揃えます．

　例えば，表の左側に説明文を並べた以下の文書

入力 x に対する出力 y の観測結果は右表の通りである．$y = 3x^2 + 2x + 1$ に従うことが観測された．

x	-2	-1	0	1	2
y	9	2	1	6	17

は，以下のように minipage 環境を 2 つ作成することにより記述できます．

―― minipage 環境記述例 ――

```
\begin{minipage}{8cm}
    入力$x$に対する出力$y$の観測結果は右表の通りである．
    $y = 3x^2+2x+1$に従うことが観測された．
\end{minipage}
\begin{minipage}{6cm}
  \begin{center}
    \begin{tabular}{|c||c|c|c|c|c|}
      \hline
      $x$ & -2 & -1 & 0 & 1 & 2 \\ \hline
      $y$ & 9 & 2 & 1 & 6 & 17 \\ \hline
    \end{tabular}
  \end{center}
\end{minipage}
```

　ここで，1 つ目の\end{minipage}と 2 つ目の\begin{minipage}の間に空行があると，ミニページが横に並びません．記述には注意してください．

9.3.11　特殊文字

　以下に示す 13 個の記号は，それぞれ特別な用途に使われます．例えば，「%」はコメントを表す記号です．そのため，そのままソースファイルに記述しても LaTeX のコメントとして解釈されてしまい表示されません．

184 第 9 章 LATEX を使ったレポート作成

```
%  {  }  &  #  $  ^  ~  \  _  <  >  |
```

これらの記号をそのままの文字として表示させるには，先に説明した\verb コマンドを使用します．\verb+~+, \verb+\+, \verb+^+ のようになります．この中で，次の 7 種類の文字 %, {, }, &, #, $, _ については，直前に\(バックスラッシュ) を付けることで出力することもできます．それぞれ\%, \{, \}, \&, \#, \$, _のようになります．ただし，\verb コマンドを使った場合とフォントが異なります．

9.3.12 文字レイアウトの変更

LATEX では，表 9.10 や表 9.11 に示すコマンドを使って文字サイズやフォントを自由に変更することができます．以下にその例を示します．文字サイズの変更を行うと，それ以降の文章も変更対象とみなされ影響がおよんでしまいます．文字サイズの変更範囲を{ }で囲んで限定することで，それ以降に影響をおよぼさなくなります．

— large サイズへの変更例 —

```
{\large 文字列}
```

— ゴシック体への変更例 —

```
\textgt{文字列}
```

文字サイズとフォントを同時に変更する場合，次のような記述になります．例えば，ゴシック体の文字を少し小さくしたいのであれば\textgt{\small 文字列}と指定します．

— 色々な記述例 —

```
{文字列}
{\small 文字列}
\textgt{文字列}
\textgt{\large 文字列}
```

— 色々な表示例 —

文字列
文字列
文字列
文字列

指定した文字サイズまたはフォントが見つからない場合は，最も近い大きさのものが使用されます．しかし，文章の途中で文字のレイアウトを変更すると全体の文字間隔が揃わなくなりますので，あまり使用しない方がよいでしょう．

表 9.10 文字サイズ

コマンド	表示	コマンド	表示
\tiny	センター	\scriptsize	センター
\footnotesize	センター	\small	センター
\normalsize	センター	\large	センター
\Large	センター	\LARGE	センター
\huge	センター	\Huge	センター

9.4 LATEX マクロの活用 185

表 9.11 フォント

コマンド	表示	コマンド	表示
\textrm{Roman}	Roman	\textbf{Bold}	**Bold**
\textit{Italic}	*Italic*	\texttt{Typewriter}	Typewriter
\textsl{Slant}	*Slant*	\textsf{Sans Serif}	Sans Serif
\textsc{Small}	SMALL		
\textmc{明朝体}	明朝体	\textgt{ゴシック体}	ゴシック体

9.4 LATEX マクロの活用

これまで，LATEX に備わった様々なコマンドを用いて，文字の整形や図表の配置などの文書整形が行えることを紹介しました．LATEX や TEX では，あらかじめ備わったコマンドに加え，新しいコマンドを定義して利用することが可能です．コマンドの定義の事を，本書では「マクロ定義」と呼びます．この節では，LATEX による初歩的なマクロ定義を用いたコマンドの作成方法について紹介します．また，ソースファイルの記述に便利なマクロの活用例についても紹介します．

9.4.1 LATEX でのマクロ定義

マクロ定義によって LATEX で新しいコマンドを作成するには，**newcommand** コマンドを用います．

---
newcommand の書式

```
\newcommand{新規コマンド名}[引数の個数]
{
定義内容 (表示するテキスト，環境，コマンドなど)
}
```

新規コマンド名には，\ で始まる任意の半角英字文字列を指定します．引数の個数には，コマンドにオプション引数を含める場合，その個数を記述します (0 以上 9 以下である必要があります)．定義内容には，コマンドを実行することによって表示されるテキスト，用いる環境，実行されるコマンドなどを記述します．この定義は，複数行にわたって記述できます．なお，コマンドの定義はソースファイル中の任意の場所で行うことができますが，コマンドを実行する箇所より前の行で定義を終える必要があります．したがって，プリアンブルで定義を行うことが望ましいでしょう．

■引数を含めないマクロ定義　最も単純なコマンドの作成例として，オプション引数を含めないマクロ定義について示します．「情報科学センター」という文字列を表示する新しいコマンド (\isc) の作成例を以下に示します．

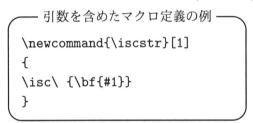

■**引数を含むマクロ定義**　次に，オプション引数を含むマクロ定義について示します．LaTeX マクロでは，コマンド名に続けて { } で囲んだ文字列がオプション引数として渡されます．{ } で囲んだ文字列を並べることにより，複数のオプション引数を渡すことができます．newcommand での定義内容側では，渡された n 個目のオプション引数を#n として取り出します．isc コマンドの実行後に空白を入れ，1 個目のオプション引数で渡された文字列を太字で表示する新しいコマンド (\iscstr) の作成例を以下に示します．

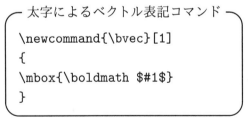

9.4.2　マクロの活用例

ここでは，ソースファイルの記述に便利なマクロの活用例を取り上げます．

■**太字によるベクトル表記**　9.3.9 項にて，太字によってベクトル表記を行う場合は，太字を記述する boldmath コマンドと，任意の文字列を記述する mbox コマンドを併用する必要があることを述べました．コマンドを併用する記述はソースファイルが煩雑になり，記述ミスの原因となります．このような場合，コマンドを併用して記述するマクロ定義が有用になります．

太字によるベクトル表記を行う新たなコマンド (\bvec) の例を以下に示します．

```
─ 太字によるベクトル表記コマンド ─
\newcommand{\bvec}[1]
{
\mbox{\boldmath $#1$}
}
```

```
─ 記述例 ─
\bvec{Z}=\bvec{X}+\bvec{Y}
```

```
─ 表示結果 ─
$\boldsymbol{Z} = \boldsymbol{X} + \boldsymbol{Y}$
```

9.4 LATEX マクロの活用

■図の挿入とラベルの参照　LATEX を使って実験レポートや論文を作成する場合，図の挿入と，対応する図番号の参照を頻繁に行います．最もよく用いる図の挿入では，

1. figure 環境の記述
2. center 環境による図の中央への配置
3. includegraphics コマンドによる図の読み込み，サイズ設定
4. caption コマンドによる図題の設定
5. label コマンドによるラベルの設定

を記述する必要があり，ソースファイルが煩雑になります．また，対応するラベルに同じ文字列を設定した場合，ラベルが重複してしまい正しい図番号が参照できません．

　ここでは，図の挿入に便利な 2 つの新しいコマンドの作成例を示します．1 つ目は，ファイル名，サイズ，図題を引数に設定することにより図の挿入を行い，ファイル名をラベルとして自動的に設定するコマンド (\ig) の例です．2 つ目は，ig コマンドで設定されたラベルを参照するコマンド (\rg) の例です．

図の挿入・図番号の表示コマンド

```
\newcommand{\ig}[3]
{
\begin{figure}[h]
    \begin{center}
        \includegraphics[#2]{#1}
    \end{center}
    \caption{#3}
    \label{fig:#1}
\end{figure}
}
\newcommand{\rg}[1]
{
\ref{fig:#1}
}
```

記述例

```
実験結果を図\rg{./result.eps}に示します.
\ig{./result.eps}{scale=0.7}{実験結果}
```

表示結果

実験結果を図 9.4 に示します．

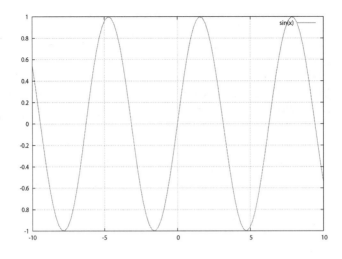

図 9.4　実験結果

9.5　「参考レポート (図 9.1)」のソースファイル例

「参考レポート」のソースファイル

```
\documentclass[10pt,a4paper]{jarticle}  % 文書のスタイルを指定
\usepackage{graphicx}                    % 画像パッケージを使用
\usepackage{ascmac}                      % 枠で囲むパッケージを使用
\topmargin    = -33mm                    % 用紙の上端のサイズ指定
\textheight   = 280mm                    % 本文領域のサイズ指定
\textwidth    = 163mm                    % 本文領域のサイズ指定
\oddsidemargin  = 0mm                    % サイドマージン指定
\evensidemargin = 0mm                    % サイドマージン指定
\title{{\LaTeX}を使用したレポート作成例}  % タイトルの入力
\author{情報科学センター}                 % 作者名の入力
\date{\today}                            % 日付けの入力
\begin{document}                         % document 環境の始まり
\maketitle                               % タイトルの表示指定
\thispagestyle{empty}                    % 現在のページスタイルの変更
\section{{\LaTeX}について}               % 第 1 章
{\LaTeX}は文書を整形するための様々な機能を備えたシステムです．
{\LaTeX}を使用することにより，簡単にレポートや学術論文などを美し
く作成することができます．
\subsection{{\LaTeX}の機能}              % 第 1 章，第 1 項目
\begin{itemize}                          % itemize 環境の始まり
\item 簡単な文書であれば，{\LaTeX}の基本文法のみで
美しく作成することができます．
\item このような箇条書きや，以下に示す数式や表も容易に作成することができます．
\begin{enumerate}                        % enumerate 環境の始まり
```

```
\item 数式
\[                                       % ディスプレイモードの始まり
S(t) = A(1+m \sin(\omega_s t + \theta_s)\sin(\omega_c t + \theta_c)
\]                                       % ディスプレイモードの終わり
\item 表
\begin{table}[h]                         % table 環境の始まり
  \begin{center}                         % 表全体を中央寄せで表示
    \caption{入力$x$に対する出力$f(x)$の観測結果}         % 表題の出力
    \begin{tabular}{|c|c|c|c|c|c|}       % tabular 環境の始まり
      \hline                             % 横罫線を引く
      $x$     -2  -1   0   1    2 \\ \hline
      $f(x)$   9   2   1   6   17 \\ \hline
    \end{tabular}                        % tabular 環境の終わり
  \end{center}                           % 中央寄せの終わり
\end{table}                              % table 環境の終わり
\end{enumerate}                          % enumerate 環境の終わり
\item 他の作図ツールで作成された図やグラフも取り込むことができます.
今回は, gnuplot\cite{gp}を用いてグラフを作成しました.% 参考文献 (ラベル gp) を引用
\begin{verbatim}                         % verbatim 環境の始まり
gnuplot> set grid
gnuplot> plot sin(x)
gnuplot> set terminal postscript eps enhanced color
gnuplot> set output "graph.eps"
gnuplot> replot
\end{verbatim}                           % verbatim 環境の終わり
\begin{figure}[h]                        % figure 環境の始まり
  \begin{center}                         % 図形を中央寄せで表示
  \includegraphics[scale=0.5]{graph.eps}  % 図形取り込み
  \vspace{-2ex}                          % 行間隔を設定
  \caption{\textsc{gnuplot}を利用して作成したグラフ}  % 図題を設定, フォントを変更
  \end{center}                           % 中央寄せの終わり
\end{figure}                             % figure 環境の終わり
\end{itemize}                            % itemize 環境の終わり
\begin{thebibliography}{9}               % bibliography 環境の始まり
\bibitem{gp}                             % gp をラベルとして文献を登録
  gnuplot homepage,http://www.gnuplot.info/
\end{thebibliography}                    % bibliography 環境の終わり
\end{document}                           % document 環境の終わり
```

第10章　Linux コマンドを使う

　Ubuntu などの Linux や FreeBSD，そしてそれらの源流である UNIX の操作の大部分は，もともとキーボードからコマンドを文字入力することで行われてきました．今や GUI 環境において，グラフィカルなボタンやメニューの操作だけでも多くの作業をこなすことができるようになりましたが，コマンド操作でしかできないことや，コマンド操作の方が手早く簡単にできてしまう作業も数多くあります．

　この章では Linux をより深く利用するために必要となるコマンドについて，そのごく一部を，Linux および UNIX の基本的な事項とともに説明します．

10.1　Linux, UNIX の特徴

　世の中にはいろいろな種類のオペレーティングシステム (OS) がありますが，**UNIX** はその代表的なものの 1 つです．UNIX は 1960 年代後半に AT&T のベル研究所でミニ・コンピュータ用の OS として開発されました．その後，カリフォルニア大学バークレイ校を初めとして様々な研究機関や企業で機能追加や改良が行われ，現在までに多様な派生版が開発されてきました．Linux や FreeBSD もこうした UNIX 系の OS であり，その設計思想や機能を色濃く受け継いでいます．以下に Linux および UNIX の主な特徴を列挙します．

- マルチタスク，マルチユーザ機能
  マルチタスク機能とは，複数のプログラムを同時に実行できる機能のことです．CPU は厳密にいうと同時に 1 つのプログラムしか実行できません．そのため，大変細かな時間ごとに複数のプログラムを交替に動かすことで，マルチタスク機能を実現しています．また，マルチユーザ機能とは，複数の利用者が 1 台のコンピュータを共有して利用するための仕組みです．マルチタスク機能との組合せにより，同時に複数の人が同じコンピュータを使うこともできます．
- 柔軟なファイルシステム
  Linux(UNIX) では，階層的なファイル管理機構を持っているため，利用者別にファイルを管理したり，1 人の利用者のファイルを利用目的別に整理することが簡単に行えます．
- 豊富なコマンドとソフトウェア・ツール群
  コマンドは，対話的にコンピュータを利用する場合に用いられる，OS に対する指示命令のことです．Linux(UNIX) には長年かけて作成・改良された良質のコマンドが大量にあり，たいていの仕事はこれらをうまく組み合わせることで簡単に処理できます．さらに，Linux(UNIX) では多数の優れたソフトウェア・ツール (道具) が開発

されフリーソフトウェアとして配布されています．X ウィンドウシステム (第 2 章)，Emacs エディタ (第 4 章)，gnuplot(第 7 章) や LaTeX(第 9 章) などもフリーソフトウェアです．UNIX や Linux がソフトウェア開発環境として多くの利用者から支持されている理由はここにもあります．

- 強力なコマンド解読部
  Linux(UNIX) のコマンド解読部は，**シェル**と呼ばれています．利用者はシェルを使って，複数のコマンドを組み合わせたり，適当な回数だけコマンドを繰り返したり，新しいコマンドを作成したりすることができます．シェルには sh，bash，csh，tcsh など様々な種類があります．
- ネットワーク機能
  Linux(UNIX) では，異なる種類のコンピュータ同士をネットワーク接続するための，ネットワーク・ソフトウェアを標準的に備えています．

ここに挙げた特徴の多くは，今では UNIX 以外の OS でも実現されています．しかし，歴史的にかなり早い時期からこれらの特徴を実現し，他の OS に対して多大な影響を与え続けたのが UNIX です．そのため，UNIX やその流れをくむ Linux では高度で使いやすい機能が安定して動作します．

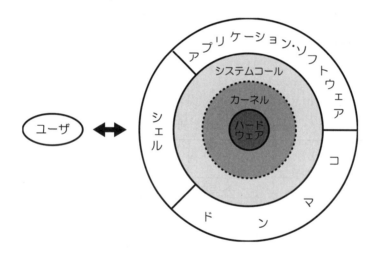

図 10.1　Linux(UNIX) の概念図

Linux および UNIX は，図 10.1 に示すように，OS に対する指示命令であるコマンド，コマンドを解読するシェル，OS の本体でありハードウェアの管理・制御を行う**カーネル**などから構成されます．シェルやコマンド，アプリケーション・ソフトウェアがカーネルの機能を使う場合にはシステムコールを介して行います．

以下では，Linux および UNIX のシェルやコマンドを使用するにあたって重要となる，入出力の考え方とファイルの保護モード，そしてプロセス，ジョブの扱いについて簡単に説明します．この他にファイルとディレクトリに関する理解も必要ですが，これについては第 3 章を参考にしてください．

10.1.1 標準入出力とリダイレクション，パイプ

　通常，プログラムは何らかのデータを入力し計算した結果を出力するように構築されます．入力元には，ファイル中のデータやキーボード・通信回線から入力されるデータなどがあり，出力先にはファイルやディスプレイ・プリンタなどがあります．

　Linux(UNIX) では，プログラムにおけるデータの入出力に関して，特定の機器に依存しない一般的な記述を可能にするために，**標準入出力**という概念を導入しています．標準入出力では，入出力することは決まっていますが，どの入出力装置を用いるかは，プログラムを実行させる段階になってシェルが具体的な装置を割り当てるまではわかりません．つまり，標準入出力を使うことにより，データの入出力が特定の機器やファイルに依存することなく，実行時にファイルやキーボード，通信回線などへ簡単に切り換えることができるというわけです．

　Linux(UNIX) では表 10.1 に示すように 1 つの標準入力と，通常の出力用とエラーメッセージの出力用の 2 つの標準出力が定義されています．デフォルトでは**標準入力**がキーボードに，**標準出力と標準エラー出力**がディスプレイ (ターミナルウィンドウ) に割り当てられています．

表 10.1　標準入出力の種類

名称	意味
標準入力	汎用的な入力専用装置 (デフォルトではキーボード)
標準出力	汎用的な出力専用装置 (デフォルトではディスプレイ)
標準エラー出力	もう 1 つの標準出力 (デフォルトではディスプレイ) (慣習的にエラーメッセージなどの出力先として用いられている)

　デフォルトではキーボードとディスプレイに割り当てられている標準入出力を，実行時にファイルなどに切り換える操作を**リダイレクション**といいます．リダイレクションは，あくまでも標準入出力を用いて「UNIX 流に」プログラムされたコマンドに対してだけ適用できるものであり，プログラム内で直接ファイルを指定している場合には適用できません．

　リダイレクションを用いることで，例えば A プログラムの出力結果を作業ファイルに保存し，その作業ファイルの内容を B プログラムの入力とするといった使い方ができます．しかしこの方法では，A プログラムの処理が完全に終了して結果を作業ファイルに保存し終わるまで，次の B プログラムの実行を開始することができません．

　あるプログラムの標準出力を別のプログラムの標準入力に連結する機能のことを**パイプ**といいます．図 10.2 にパイプの概念図を示します．この図では，パイプを用いて，標準出力を使った A プログラムの出力結果を，標準入力を使った B プログラムの入力にしています．パイプは，A プログラムの処理が完全に終了するのを待たずに，処理された分ずつ B プログラムに渡します．つまり，パイプを使うことで，作業ファイルをディスクに保存せずにすみ，しかも実行時間が短くなる場合が多いという利点があります．

　リダイレクションとパイプの使い方については，10.2.2 項を参照してください．

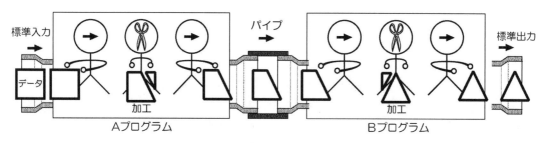

図 10.2　パイプ

10.1.2　ファイルの保護モード

Linux(UNIX) ではファイルやディレクトリに**保護モード**[*1]を設定できます．保護モードは，そのファイルに対して「誰が」「何を」できるか，あるいはできないかを決めるものです．

「誰が」に対しては，ファイルの所有者 (**u**ser, owner)，所有者ではないが，同じグループに属す利用者 (**g**roup)，そしてそのどちらでもない利用者 (**o**ther)，という区分があります．一方，「何を」に相当するものとしては，読み出し (**r**ead)，書き込み (**w**rite)，実行 (**e**xecute) があります[*2]．ただし表 10.2 に示すように，対象がファイルかディレクトリかによって保護モードの意味するものが少し異なっているので注意してください．

表 10.2　ファイルおよびディレクトリに対する保護モード

read	ファイル	ファイルの内容を読むことができる
	ディレクトリ	ディレクトリに存在するファイルを参照できる
write	ファイル	ファイルの内容の追加，修正ができる
	ディレクトリ	ディレクトリにファイルを作成したり，削除したりできる
execute	ファイル	ファイルがコマンドとして実行できる
	ディレクトリ	ディレクトリの下のファイルの検索ができる あるいは，そこをカレントディレクトリとすることができる

ファイルの所有者は，この「誰」と「何」の組合せを許可する，しないの設定を行うことによって，自分のファイルを他人と共有したり他人から保護したりできるようになっています．

ファイルの保護モードは ls コマンド (10.3.1 項) にオプション -l を付けて確認することができます．以下に例を示します．

[*1] 「ファイルモード」，「アクセス権」ともいいます．本書では「保護モード」という名称を使います．
[*2] いずれも，文中太字で記したアルファベットで表記されることが多くあります．

```
                          ── ls ──
  $ ls -l Enter
  合計 4
  drwxr-xr-x 2 n230001x student  4096  2月 20 15:23 Desktop/
  -rw-r--r-- 1 n230001x student 20318  1月 22 17:01 main.c
  -rw-r--r-- 1 n230001x student    67  2月 17 12:51 prog1.c
  -rw-r--r-- 1 n230001x student 23369  2月 17 13:42 prog2.c
  $ ■
```

各行の最初の1文字がファイルの種別，先頭文字「d」はディレクトリ，「-」は通常のファイルであることを表します．続く9文字は，図10.3に示すように，ファイルの保護モードを表しています．この9文字の中で「-」となっているところは，アクセスが禁止されていることを意味します．

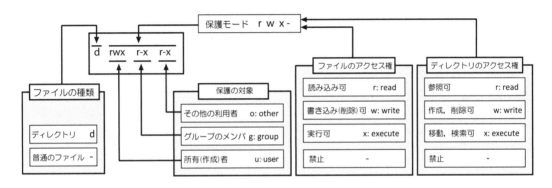

図10.3 ファイルの保護モード

10.1.3 プロセスとジョブ

プロセス

マルチタスクの OS である Linux や UNIX では，一般に複数のプログラムが同時に動作しています．これら実行中の[*3]プログラムのことを**プロセス**といいます．

ここで，プログラム，コマンド，プロセスの関係について説明します．プログラムはコンパイラにより実行可能形式に変換され，実行可能ファイルとして出力されます．コマンドと実行可能ファイルは，Linux(UNIX) にもともと用意されているかいないかの違いがあるだけで，他は同じです．実行可能ファイルやコマンドが起動されて実行中になったものはプロセスと呼ばれています．したがって，プログラム，コマンド，プロセスはそれぞれ状態が変化しただけで，大まかにいえば「実体」は同じものです[*4]．

Linux(UNIX) カーネルはこれらのプロセスを管理するのに，ファイル名やプログラム名

[*3] いったん起動されて実行を待っている実行可能なプログラムはすべて，実際に実行中であるかどうかにかかわらずプロセスとしてカーネルによって管理されています．

[*4] 実行時には，1つのプログラム (プロセス) から別のプログラムを子プロセスとして起動することが (よく) あるので，一般には1つのプログラムは実行時には複数 (1つ以上) のプロセスに対応します．

ではなく OS 内で 1 つしかないように付けられた番号を用いています．この番号のことを**プロセス ID**(略して PID) といいます．プロセスの状態表示，実行の一時停止，強制終了などの操作のことを**プロセス制御**といいます．プロセス制御はすべて PID を指定して行われます．プロセス制御コマンドの詳細については 10.3.4 項を参照してください．

ジョブ

コマンドを入力してコンピュータにひとまとまりの仕事をさせるとき，その仕事の単位を Linux(UNIX) では**ジョブ**といいます．1 つのコマンド (プロセス) で 1 つのジョブになることもあれば，複数のコマンド (プロセス) を (パイプで連結して動作させるなどして) 1 つのジョブとして取り扱うこともあります．プロセスがプロセス番号によって識別されるように，ジョブも**ジョブ番号**によって識別されます．

Linux(UNIX) のジョブの実行形態には次の 2 種類があります．1 つは**フォアグラウンドジョブ**と呼ばれる実行形態で，通常のジョブはフォアグラウンドジョブとして実行されます．もう 1 つは**バックグラウンドジョブ**と呼ばれる実行形態で，フォアグラウンドジョブとは別に複数のジョブを並列実行させる場合に利用します．フォアグラウンドジョブは，そのジョブが完全に終了しない限り次の新しいジョブを実行させることができません．これに対してバックグラウンドジョブは，フォアグラウンドジョブあるいは既に実行されているバックグラウンドジョブと並行して，いくつでも新しいジョブを実行させることができます．

図 10.4 にジョブの実行形態の違いを示します．図中の A，D がフォアグラウンドジョブであり，B，C がバックグラウンドジョブです．t0 〜 t3 では実行しているフォアグラウンドジョブがないので，ターミナルウィンドウにはプロンプトが表示されており，コマンド入力が可能です．そのため，t1 で B を実行させることができます．ただし，B はバックグラウンドジョブであるので，B の実行中である t2 でも C を実行させることができます．同様に B，C の実行中である t3 でも，D を実行させることができます．しかし，t3 〜 t5 の間はフォアグラウンドジョブである D が実行中であるので，新たにジョブを実行させることはできません．ここで注意してもらいたいのは，フォアグラウンドジョブである D が実行されても，それまで実行している B や C はやはり実行し続けることです．

この 2 種類のジョブを用いることで，例えば，時間のかかる計算を行うプログラムをバックグラウンドジョブとして動かしながら，そのプログラムが実行中に使っている CPU やメモリの量を調べるコマンド (ps コマンド，10.3.4 項参照) をフォアグラウンドジョブとして動かす，といった使い方ができます．

ジョブをバックグラウンドジョブとして起動したり，強制終了させたり，またフォアグラウンドジョブを実行中に一時停止して別の処理を行った後で再開したりする操作のことを**ジョブ制御**といいます．ジョブ制御コマンドの詳細については 10.3.5 項を参照してください．

何らかの理由で，動作中のプログラムの実行を中止させたいことがあります．フォアグラウンドジョブとして実行させている場合には，そのジョブを実行させたターミナルウィンドウで Ctrl を押したまま C を押すことにより，プログラムの実行を中止できます．また，バックグラウンドジョブとして実行させている場合には，ジョブ制御コマンドを使うことにより，プログラムの実行を中止できます．

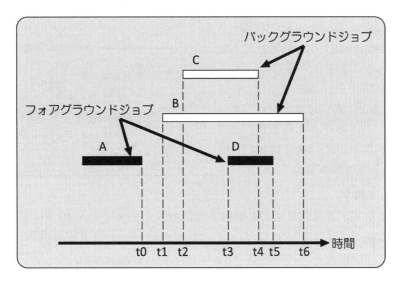

図 10.4　ジョブの実行形態

10.2　シェル (bash) の操作

　ここでは，コマンドを入力して Linux(UNIX) を使うのに必要な，シェル (**bash**) の基本的な操作について説明します．ターミナルウィンドウでコマンドを入力して実行させる操作は，既に 2.4 節で説明しました．その時に，プロンプトを表示してコマンド入力を受け付け，必要なコマンドを実行して結果を表示したりしていたのは，実はシェルの仕事です．シェルは非常に多くの機能を持っていますが，ここでは比較的よく利用するものに絞って述べていきます．

10.2.1　コマンド行の編集

　コマンド行の入力の際には，Del や BS を使って 1 文字単位での修正を行うことができます．しかしこれだけでは，エディタなどと比べるとあまり便利ではありません．bash はいろいろな行編集の機能を備えていて，よりスムーズに入力ができるようになっています．

カーソル移動
　コマンド行でカーソルを左右に移動させるためのキー操作を表 10.3 に示します．

例として，カーソルを文字列「napple」の末尾から文字列先頭の「n」のところへ移動してみましょう．まず，Ctrl+b(あるいは←)を1回押すと，カーソルは左に1つ移動し「e」のところにきます．

続いてCtrl+b(あるいは←)を5回押すと，カーソルは文字列「napple」の先頭文字「n」のところへ移動します．

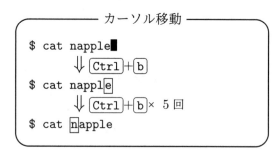

コマンド文字列の編集

既に入力したコマンド行の文字列を編集するためのキー操作を表10.4に示します．

■**文字の削除と挿入** コマンド行の文字を削除するには，まず削除する文字のところへカーソルを移動させ，それからCtrl+dを押します．文字列「napple」の先頭文字「n」を削除する例を右に示します．

表 10.3 カーソル移動

キー操作	動作 (移動先)
Ctrl+b (←)	1文字分左へ
Ctrl+f (→)	1文字分右へ
Ctrl+a	先頭の文字へ
Ctrl+e	末尾の文字へ

表 10.4 コマンド文字列の編集

キー操作	動作
Ctrl+d	カーソル位置の1文字を削除
BS	カーソル左側の1文字を削除
Ctrl+k	カーソルから右をすべて削除
Ctrl+u	すべての文字列を削除

なお，コマンド行に新しい文字を挿入するには，挿入する位置までカーソルを移動し，挿入する文字を入力します．

入力コマンドの再利用

過去に入力したコマンドの中から，再度利用したいものをコマンド行へ呼び出し，適当に修正を加えた後，再実行させることができます．繰り返し同じようなコマンドを，条件や引数を変更して入力したい場合に便利です．キー操作を表10.5に示します．

■**1行ずつ順に呼び出して表示** 過去に入力したコマンドを呼び出して表示させるためには，Ctrl+Pあるいは↑を何回か押します．戻り過ぎたときはCtrl+nあるいは↓を押して元に戻します．過去に入力した文字列「cat apple」を呼び出して表示する例を右に示します．

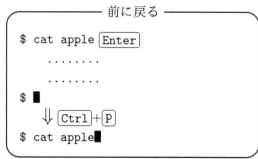

■文字列で検索して表示 Ctrl+r を押すと，これまでに入力したコマンドの検索 (インクリメンタルサーチ) モードに入ります．検索文字列を 1 文字入力するごとに，その文字列を含む過去のコマンド入力が検索されて表示されます．検索文字列を入力したところで Ctrl+r を押すと，そのたびにさらにさかのぼって検索を繰り返します．例では Ctrl+r を押して「ca」まで入力したところで，過去に入力したコマンドの中で文字列「ca」を含むものが表示されています．

表 10.5　過去に入力したコマンドの再利用

キー操作	動作
Ctrl+p (↑)	1 つ前のコマンドを表示
Ctrl+n (↓)	1 つ後のコマンドを表示
Ctrl+r	コマンドを前方に検索して表示 (インクリメンタルサーチ)
!*str*	*str* を先頭文字列に持つ最新コマンドの再実行
!!	直前と同じコマンドを再実行

ファイル名とコマンド名の補完

　文字列を入力する場合，先頭の 1 部分だけを入力して特定のキー (ここでは Tab) を押すことにより，残りの部分を自動的に補って完全な文字列にすることを**補完** (completion) といいます．bash は入力途中のファイル名やコマンド名を対話的に補完する強力な機能を持っています．補完操作のために使われるキーを表 10.6 に示します．

表 10.6　補完のためのキー操作

補完キー	動作
Tab	補完できるところまで補完し，複数候補がある位置で止まる
Esc+?	補完候補の一覧を表示

■**長いファイル名の補完**　補完機能を使うと，長いファイル名を少ないキー操作で入力することができます．以下，

　ls /home/n230001x/report/reidai01

を入力する例について説明します．

　まず「ls /h」まで入力して Tab を1回押すと，/home まで自動的に補完されます．これより先は複数候補があるため，このままでは残りの部分は補完されません．そこで，続いて「/n230001x/re」を入力し Tab を押すと「port/」が補完されて表示されます．以下同様にして補完を繰り返し，完全なファイル名をコマンド行に表示することができます．

■**ファイル名の補完候補の表示と選択**
ファイル名の一部分「ap」までを入力した後，Esc + ? を押してファイル名の補完候補一覧を表示する例を示します．

　補完候補の中から特定のファイル名を選択するには，目的のファイル名を一意的に決定するために必要な文字列 (ここでは「p」1文字で十分) を入力し，Tab を押します．これによってファイル名の完全な補完が行われます．

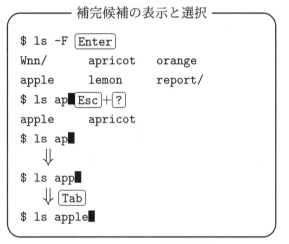

■**コマンド名の補完**　文字列「da」までを入力して，Tab を押してコマンド名を補完する例を右に示します．ただし，補完のためにコマンド名を検索する範囲は，シェル変数 PATH に設定されているディレクトリに限ります．この範囲外にあるコマンド名の補完はできません．

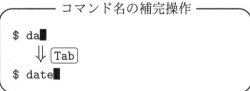

　逆に，シェル変数 PATH で設定されているディレクトリ内に「da」から始まるコマンドが複数ある場合は，Tab を一度押しても何も表示されません．続けてもう一度 Tab を押すと，以下のコマンド名の補完候補一覧と同様に複数の候補が表示されます．

■**コマンド名の補完候補一覧の表示**　文字列「ca」まで入力した後に Esc + ? を押し，コマンド名補完候補一覧を表示する例を以下に示します．

10.2　シェル (bash) の操作

```
┌──────────── コマンド名の補完候補一覧表示 ────────────┐
│ $ ca█ [Esc]+[?]                                              │
│ cachepic          caller          captoinfo      catman       │
│ cadaver           canberra-gtk-play  card        cautious-launcher │
│ cal               cancel          case                        │
│ calendar          capinfos        cat                         │
│ calibrate_ppa     capsh           catchsegv                   │
│ $ ca█                                                         │
└──────────────────────────────────────────────────────┘
```

10.2.2　標準入出力のリダイレクションとパイプ処理

　この項では，標準入出力のリダイレクションとパイプ機能の具体的な使い方について説明します．これらの機能の仕組みについては 10.1.1 項を参照してください．

標準出力のリダイレクション（ >, >> ）

　標準出力をファイルへ切り換えます．

$$command \; > \; file$$

　標準出力を切り換えて，ファイルの最後に追加します．

$$command \; >> \; file$$

　標準出力のリダイレクションでは，誤って既存のファイルに別のデータを上書きしてしまうことがあります．このようなミスを回避するために，あらかじめ set -o noclobber というコマンドを実行しておきます[*5]．これで既存ファイルへのリダイレクションはできなくなります (追加はできます)．

```
┌──────── > ────────┐      ┌──────── >> ────────┐
│ $ date > tmp [Enter]      │      │ $ date >> tmp [Enter]      │
│ $ cat tmp [Enter]         │      │ $ cat tmp [Enter]          │
│ 2020 年 1 月 1 日 水曜日 16:51:59 JST │  │ 2020 年 1 月 1 日 水曜日 16:51:59 JST │
│ $                         │      │ 2020 年 1 月 1 日 水曜日 16:52:11 JST │
└───────────────────┘      │ $                          │
                           └────────────────────┘
```

標準入力のリダイレクション（ < ）

　標準入力をキーボードからファイルに切り換えます．

$$command \; < \; file$$

[*5]　環境設定ファイル .bashrc (付録 A 参照) に加えておくこともできます．

bc コマンド (簡易電卓) の標準入力を,
キーボードから, 文字列「1+2+3」が入って
いるファイル data へ切り換える例を右に
示します.

```
┌─── 標準入力のリダイレクション ( < ) ───
│ $ cat data Enter
│ 1+2+3
│ $ bc < data Enter
│ 6
```

標準出力と標準エラー出力のリダイレクション (&>)
標準出力と標準エラー出力を同一のファイルへ切り換えます.

```
command &> file
```

C プログラム prog.c のコンパイル結果
を, エラーメッセージも含めてファイル
prog.err へ出力する例を右に示します.

```
┌─ 標準出力・エラー出力の切り換え ( >& ) ─
│ $ cc prog.c &> prog.err Enter
```

標準入力と標準出力両方の切り換え (< >)
標準入力と標準出力をともにファイルへ切り換えます.

```
command < datafile > outfile
```

ファイル indata の中の漢字データ (例
えば, Shift-JIS や JIS コードのもの) を
nkf コマンドによって UTF-8 コードに変
換してファイル outdata へ出力する例を
右に示します.

```
┌─── 標準入力と標準出力をともに切り換え ───
│ $ nkf -w8 < indata > outdata Enter
```

連結された標準出力のリダイレクション ((;) >)
複数のコマンドを組み合わせ (グループ化し) て順次実行させ, その標準出力を連結して
ファイルへ切り換えます.

```
( command1 ; command2 ; .... ) > file
```

パイプ処理
パイプ記号「|」は, コマンドの標準出力を次のコマンドの標準入力に結合します. なお,
「|」の前には標準出力へ出力を行うコマンドだけが指定でき,「|」の後には標準入力から入
力を行うコマンドだけが指定できます.

```
command1 | command2 | command3 ....
```

例えば, ls コマンドは処理結果を標準出力へ出力するので,「|」の前に指定することがで
きます. しかし, このコマンドは入力データを標準入力ではなく引数で指定するようになっ
ているため,「|」の後に指定することはできません.
以下に, ls コマンドの出力が 1 画面内に入らない場合に, 出力をパイプで more コマンド

10.2　シェル (bash) の操作　　203

(10.3.1項) に渡して 1 画面ずつ表示させる例を示します.

```
――――――――――― パイプの例 ―――――――――――
$ ls -l /usr/bin | more Enter

合計 376361
-rwxr-xr-x 1 root    root            96  8月  1 14:45 2to3-2.7
-rwxr-xr-x 1 root    root          9568 10月 17  2011 411toppm
-rwxr-xr-x 1 root    root            39  2月 18  2012 7z
-rwxr-xr-x 1 root    root            40  2月 18  2012 7za
-rwxr-xr-x 1 root    root          8610  1月  1  2012 R
-rwxr-xr-x 1 root    root          9644  1月  1  2012 Rscript
-rwsr-sr-x 1 root    root          9524  1月  4 01:24 X
-rwxr-xr-x 1 root    root       2073088  8月 29 09:12 Xorg
-rwxr-xr-x 1 root    root        105060 11月 27 09:53 a2p
-rwxr-xr-x 1 root    root        330096  5月 24  2010 a2ps
-rwxr-xr-x 1 root    root          1159  5月 24  2010 a2ps-lpr-wrapper
-rwxr-xr-x 1 root    root         28006  1月 21 10:40 a2psj
--続ける--
```

　パイプを利用して,「ls -l」の出力を sort コマンド (10.3.8項) で並べ替え, ファイルサイズの大きいものから順に表示する例を以下に示します.

```
――――――――― 複数のパイプを利用した例 ―――――――――
$ ls -l /usr/bin | sort -nr -k +5 | more Enter

-rwxr-xr-x 1 root    root      12125208  3月 30  2012 inkscape
-rwxr-xr-x 1 root    root      10570580  2月 16  2012 virtuoso-t
-rwxr-xr-x 1 root    root      10231668  3月 30  2012 inkview
-rwxr-xr-x 1 root    root       8893156  6月  9  2012 net.samba3
-rwxr-xr-x 1 root    root       8147852  9月 13 04:05 php5
-rwxr-xr-x 1 root    root       7842220  6月  9  2012 rpcclient
-rwxr-xr-x 1 root    root       7825428 12月  6  2011 xetex
-rwxr-xr-x 1 root    root       7654733 10月 23 14:42 tgif
-rwxr-xr-x 1 root    root       6772008  9月 22 04:32 emacs23-x
-rwxr-xr-x 1 root    root       6458252  6月  9  2012 smbget
-rwxr-xr-x 1 root    root       6241196  6月  9  2012 smbclient
-rwxr-xr-x 1 root    root       6228876  6月  9  2012 smbpasswd
--続ける--
```

10.2.3　その他の機能

ファイル名の簡略指定

　コマンドの引数などでファイル名を指定するとき, 例えば,「名前が f で始まるファイル」とか「最後が.c のファイル (すなわち C 言語のプログラムファイル) 全部」といった指定をしたい場合があります. そうしたとき, いちいち該当するファイル名を並べて書く代わりに, **ワイルドカード文字** (表 10.7) を使ってファイル名の簡略指定をすることができます. 例えば, *は 0 個以上の任意の文字列に対応するので,「最後が.c のファイル全部」は*.c で表すことができます. ただし, 新規にファイルを作成する時には, 通常通りのファイル名

の指定方法を使う必要があります.

表 10.7　ワイルドカード文字 (一部)

ワイルドカード文字	意味
*	0 個以上の任意の文字列
?	任意の 1 文字
[xyz]	x，y，z のうちいずれか 1 文字
[a-z]	a，b，c，d，...，z のうちいずれか 1 文字
[^abc]	a，b，c 以外の任意の 1 文字

コマンドの保管場所

大半の Linux(UNIX) コマンドは/bin，/usr/bin などの下にコマンド名と同じ名前のファイルとして保存されています. なお，利用者の作ったプログラムは，コンパイラにより機械語に変換され，実行可能ファイルとして保存されます. このファイルも一般の Linux(UNIX) コマンドと同様に，ファイル名を入力することで実行することができます.

10.3　Linux コマンド

この節では基本的な Linux(UNIX) コマンドについて，使用例を挙げながらコマンドの機能と使い方について解説します. コマンドによっては多くの種類の引数やオプションが指定できますが，ここでは比較的使用頻度の高いものだけを取り上げています.

イタリック体で示した文字列 (例えば，*files*，*dir* など) は，特に説明がない限り実際の名前 (ファイル名，ディレクトリ名など) に置き換えて入力してください. この文字列が複数形になっている場合 (*files* など) は，複数個の項目を空白で区切って指定することができます. また，[ ] で囲まれたオプション (options) は省略可能です.

10.3.1　ファイルの操作 (cat，more，ls，cp，mv，rm)

この項ではファイルの操作に関する Linux(UNIX) コマンドについて説明します.

ファイルの内容の表示 (cat)

files で指定したファイルの内容表示，および複数のファイルの連結をします.

形式 :　　**cat** *files*

例 1 では，ファイル sample の内容を画面に表示しています. 例 2 では，リダイレクション機能 (10.2.2項参照) を用いて，ファイル prog1 と prog2 の内容を，順に連結してファイル prog を作成しています.

10.3 Linux コマンド

```
┌─── 例1：cat ────────┐
│ $ cat sample Enter   │
│ This is a text file. │
│ 文字ファイルを作ってみました.│
│ $ ■                  │
└──────────────────────┘
```

```
┌─── 例2：cat ──────────────┐
│ $ cat prog1 prog2 > prog Enter │
│ $ ■                        │
└────────────────────────────┘
```

ファイルの内容の画面単位での表示 (more)

files で指定したファイルの内容を画面単位で表示します[*6].

形式：	**more** [*files*]

　内容を1画面分表示した後に一時停止し，サブコマンドの入力待ち状態になります．主なサブコマンドを表 10.8 に示します．ファイルを指定しない場合は，標準入力からのデータを表示します．

　more コマンドを用いてファイル xgraph.dat の内容を表示する例を右下に示します．

表 10.8　more, less の主なサブコマンド

サブコマンド	意味
SPACE	次画面を表示
Enter	次の1行を表示
b	前画面を表示
q	表示を終了
/ str	文字列 *str* の検索
n	前回の検索の繰り返し
h	サブコマンドの説明
v	エディタを起動して編集

```
┌─── more ──────────────┐
│ $ more xgraph.dat Enter │
│ -2.000000   7.000000    │
│ -1.850000   6.122500    │
│ -1.700000   5.290000    │
│ -1.550000   4.502500    │
│ ...........             │
│ ...........             │
│ -0.950000   1.802500    │
│ -0.800000   1.240000    │
│ -0.650000   0.722500    │
│ -0.500000   0.250000    │
│ --続ける--（54%）        │
└─────────────────────────┘
```

ファイル名とファイル情報の表示 (ls)

　ファイル名およびファイルの詳細な情報を表示します．

[*6] 同様の機能を持つコマンドとして **less** があります．

206   第 10 章　Linux コマンドを使う

```
形式 :    ls [options] [files(dirs)]

options    -l : 名前以外の詳細なファイル情報も表示します
           -a : ファイル名の先頭がピリオド（ "." ）であるファイルも表示します
           -t : 最終修正日付の新しい順に表示します
           -R : そのサブディレクトリの下のすべてのファイルを再帰的に表示します
           -F : ディレクトリには "/" を，実行可能ファイルには "*" をファイル名の末尾に
                付けて表示します
```

　各々のファイルにはファイル名の他に，保護モード，作成者 (所有者)，大きさ，更新日時など，様々な情報 (ファイル属性) が付随しています．ls コマンドはこれらの情報を参照するのに利用します．

- オプションの指定をしない場合はファイル名だけが表示されます
- 引数 (*files* または *dirs*) を省略した場合はカレントディレクトリのファイルを一覧表示します
- 複数のオプション指定では，2 番目以降の「-」を省略し，オプション文字を連続して指定することができます

■**例 1 :**　-l オプションと -F オプションを組み合わせて，カレントディレクトリのファイル情報を表示する例を以下に示します．

```
──────────────── ls ────────────────
$ ls -lF Enter
合計 4
drwxr-xr-x 2 n230001x student  4096   2 月 20 15:23 Desktop/
-rw-r--r-- 1 n230001x student 20318   1 月 22 17:01 main.c
-rw-r--r-- 1 n230001x student    67   2 月 17 12:51 prog1.c
-rw-r--r-- 1 n230001x student 23369   2 月 17 13:42 prog2.c
$ ▮
```

■**例 2：** ファイル名の簡略指定機能 (10.2.3 項) を用いた例を以下に示します．

(1) ファイル名の先頭文字がアルファベット順で「a」～「p」の範囲にあるファイルをすべて表示する例
(2) ファイル名の先頭 2 文字が「pr」で始まるすべてのファイルを表示する例
(3) ファイル名の先頭 2 文字が「pr」で始まり，続いて任意の 2 文字と「1」，その後に任意の文字列からなるファイルを表示する例
(4) ファイル名に「a」を含むファイルを表示する例
(5) ファイル名の先頭から 5 文字目に「1」または「2」を含むファイルを表示する例

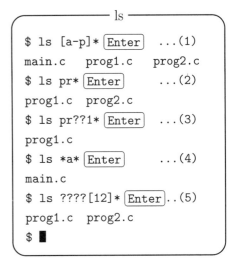

ファイルのコピー (cp)

コピー元 (*sourcefile*) とコピー先 (*destinationfile*) のファイル名を指定してファイルのコピーを行います．

形式：	cp [options] *sourcefile destinationfile*
	cp [options] *sourcefiles(dir) destinationdir*
options	-i：コピー先のファイルが既に存在する場合，上書きするかどうか確認した上でコピーします
	-R：コピー元とコピー先がともにディレクトリの場合，ディレクトリの下のファイルをすべて再帰的にコピーします

- -i オプションを付けない場合，コピー先に同名のファイルがあると上書き (overwrite) されます
- コピー元のファイル名として「*」や「?」を用いた簡略指定ができますが，コピー先のファイル名には簡略指定はできません
- コピー先がディレクトリの場合，コピー元には複数のファイルを空白で区切って指定することができます

ファイル prog.c を別のファイル new.c へコピーする例を示します．

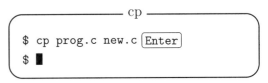

ファイルの移動 (ファイル名の変更)(mv)

ファイルを移動 (ファイル名を変更) します．または，ディレクトリを移動 (ディレクトリ名を変更) します．

208　　　　第 10 章　Linux コマンドを使う

```
形式：   mv [options] sourcefile destinationfile
         mv [options] sourcefiles(dir) destinationdir
options   -i：変更後のファイル名が既に存在する場合，強制的に変更するかどうか確認した
              上で名前を変更します
```

- -i オプションを付けない場合，移動先に同名のファイルがあると強制的に名前が変更されます (元のファイルの内容は失われます)
- 移動元のファイル名として「*」や「?」を用いた簡略指定ができますが，移動先のファイル名には簡略指定はできません
- 移動先がディレクトリの場合，移動元に複数のファイルを空白で区切って指定することができます

ファイル new.c の名前を bak.c へ変更する例を示します．

```
─── mv ───
$ mv new.c bak.c Enter
$ ■
```

ファイルの削除 (rm)
指定されたファイルを削除します．

```
形式：   rm [options] [files(dirs)]
options   -i：削除するファイル名を対話形式で確認しながら削除します
          -r：ディレクトリを削除する場合に指定します．その際その下のファイルやサブ
              ディレクトリもすべて削除します
```

- 削除するファイル名として「*」や「?」を用いた簡略指定ができます
- 削除したファイルは二度と復活できません．コマンドの実行前に，削除するファイルの名前を十分に確認してください

ファイル bak.c を削除する例を示します．

```
─── rm ───
$ rm bak.c Enter
rm: 通常のファイル 'bak.c' を削除します
か? y Enter
$ ■
```

10.3.2　ディレクトリの操作 (mkdir , rmdir , pwd , cd)

この項では，ディレクトリの操作に関するコマンドについて説明します．

ディレクトリの作成 (mkdir) と削除 (rmdir)
mkdir はディレクトリを新規に作成します．rmdir はディレクトリを削除します．

```
形式：   mkdir [options] dirs
options   -m：作成するディレクトリの保護モードを指定します．モードの指定方法は
              chmod コマンドの項を参照してください
```

10.3 Linux コマンド   209

形式： **`rmdir`** `[options]` *dirs*

---

rmdir コマンドを使う場合，削除するディレクトリの中にファイルやディレクトリが存在してはいけません．あらかじめこれらをすべて削除してからコマンドを実行します．

次の例では，まずディレクトリ report を作成し，さらにその中にディレクトリ tmp を作成しています．次に，ディレクトリ tmp を削除していない状態で，ディレクトリ report を削除しようとすると，ディレクトリの中が空でないためエラーが表示されています．この場合は，ディレクトリの中を先に削除します．

```
―――――――――――― mkdir と rmdir ――――――――――――
$ mkdir report Enter
$ mkdir report/tmp Enter
$ rmdir report Enter
rmdir: 'report' を削除できません: ディレクトリは空ではありません
$ ■
```

ディレクトリとその下のファイルをすべて一括して削除するには，以下のように -r オプションを付けて rm コマンドを実行します．

    `$ rm  -r  ディレクトリ名 Enter`

カレントディレクトリの表示 (pwd) と移動 (cd)

pwd コマンドはカレントディレクトリを表示します．cd コマンドは引数で指定したディレクトリをカレントディレクトリに設定します．引数を省略するとホームディレクトリをカレントディレクトリに設定します．cd コマンドの引数の指定例を表 10.9 に示します．

形式： **`pwd`**   形式： **`cd`** *dir*

表 10.9 cd コマンドの引数の指定例

操作	意味
`cd`	ホームディレクトリへ移動
`cd` *dir*	サブディレクトリ *dir* へ移動
`cd ~/`*dir*	ホームディレクトリの下のサブディレクトリ *dir* へ移動
`cd ..`	親 (1つ上の) ディレクトリへ移動
`cd ../`*dir*	親 (1つ上の) ディレクトリの下のサブディレクトリ *dir* へ移動
`cd ../..`	親 (2つ上の) ディレクトリへ移動

pwd コマンドの実行例を以下に示します．現在のカレントディレクトリが /home/n230001x であることがわかります．また，cd コマンドの実行例では，カレントディレクトリを，その下のサブディレクトリ report へ移動させています．

```
┌─────────── pwd ───────────┐
│                           │
│  $ pwd Enter              │
│  /home/n230001x           │
│  $ ■                      │
│                           │
└───────────────────────────┘
```

```
┌─────────── cd ────────────┐
│                           │
│  $ cd report Enter        │
│  $ pwd Enter              │
│  /home/n230001x/report    │
│  $ ■                      │
│                           │
└───────────────────────────┘
```

10.3.3 ファイルやディレクトリの管理 (chmod , du)

保護モードの変更

ファイルあるいはディレクトリの保護モードを変更します.

形式：　　**chmod** [options] modes [*files*(*dirs*)]

options	-R：指定したディレクトリの下のすべてのファイルを対象とします	
	（再帰的指定）	
modes	保護対象	u：ファイルの所有者 (作成者) (user, owner)
		g：ファイルと同じグループの構成員 (group)
		o：その他の利用者 (others)
		a：全員 (all)
	許可 / 禁止	+：許可を設定
		-：禁止を設定
	保護モード	r：読み取り / コピー (read)
		w：書き込み / 修正 / 削除 (write)
		x：実行 (execute)

保護モードを変更する例を以下に示します. まず,「-rw-r--r--」となっているファイル main.c の保護モードを, グループ構成員とその他の利用者に対して読み出し (read) を禁止するように変更します.

```
┌──────────────────────── chmod ────────────────────────┐
│                                                        │
│  $ ls -l main.c Enter                                  │
│  -rw-r--r-- 1 n230001x student 20318  1 月 22 17:01 main.c │
│  $ chmod go-r main.c Enter                             │
│  $ ls -l main.c Enter                                  │
│  -rw------- 1 n230001x student 20318  1 月 22 17:01 main.c │
│  $ ■                                                   │
│                                                        │
└────────────────────────────────────────────────────────┘
```

次に,「drwx------」となっているディレクトリ report の保護モードを, グループ構成員に対して read, write, execute のすべてを許可するように変更します.

10.3 Linux コマンド   211

```
─── chmod ───
$ ls -l Enter
drwx------ 3 n230001x student  4096  1 月 27 17:21 report
$ chmod g+rwx report Enter
$ ls -l Enter
drwxrwx--- 3 n230001x student  4096  1 月 27 17:21 report
$ ▮
```

ディスク使用量の表示 (du)

ファイルやディレクトリのディスク使用量を集計して表示します.

形式: **du** [options] [*dirs(files)*]

options -s : 引数で指定したファイルやディレクトリごとに, その総計だけを表示する
         -k : 表示をキロバイト (1024 バイト) 単位にする

ファイルの容量は ls コマンドでも調べることができますが, ディレクトリの中のファイルやディレクトリが全体としてどのくらいのディスク容量を占めているかを調べるのには, du コマンドを使います. 容量はブロック単位 (512 バイト/ブロック) で表示されます.

```
─── du ───
$ du -s report3 Enter
745      report3
$ cd Enter
$ pwd Enter
/home/n230001x
$ du -s Enter
17847    .
```

オプションなしだとディレクトリの中のそれぞれのファイルごとに容量を表示するので, 全体の使用量を知りたい時には-s オプションを指定します.

ディレクトリ指定なしで実行した場合には, カレントディレクトリが指定されます. ホームディレクトリで実行すれば, 自分の持つ全ファイルの使用量の総計が出ます.

10.3.4 プロセス制御 (ps , kill , exit)

この項では, 具体的なプロセス (process) 制御の方法について説明します. プロセスの定義や PID の仕組みについては 10.1.3 項を参照してください.

プロセス情報の表示 (ps)

プロセスの状態を表示します.

形式: **ps** [options]

options u : 利用者名, CPU やメモリの使用状況, 起動時間などの情報を表示します
         l : さらに詳細な情報を表示します
         x : バックグラウンドで実行中のプロセスも表示します
         a : 全プロセスを表示します

第10章　Linux コマンドを使う

　以下に ps コマンドの実行例を示します．最初がオプションなしで実行した結果，次がオプション「u」と「x」を一緒に指定した場合の出力です．

```
─────────────────────────── ps ───────────────────────────
$ ps Enter
  PID TTY          TIME CMD
 4094 ttyp0    00:00:11 bash
 4245 ttyp0    00:00:01 emacs
 4247 ttyp0    00:00:00 ps

$ ps ux Enter
USER       PID %CPU %MEM    VSZ   RSS TTY      STAT START   TIME COMMAND
n230001x  4031  0.0  1.5  27928  8252 ?        Ss   10:18   0:00 kdeinit Running
n230001x  4036  0.0  1.6  29380  8536 ?        S    10:18   0:00 klauncher [kdei
n230001x  4038  0.0  2.2  30700 11636 ?        S    10:18   0:02 kded
n230001x  4091  0.0  4.0  44732 20868 ?        S    10:20   0:03 konsole
n230001x  4094  0.0  1.0   9508  5192 ttyp0    Ss   10:20   0:11 /bin/bash
n230001x  4245  1.2  1.7  15600  9104 ttyp0    S    13:17   0:01 emacs
n230001x  4248  0.0  0.1   5148   840 ttyp0    R+   13:19   0:00 ps ux
```

プロセスの終了 (kill)
　プロセスの実行を強制的に終了させます[*7]．

```
形式：　 kill [options] pids

options   -KILL：強制終了させます
```

　通常はオプションなしで用います．もしこれで終了しない場合は，-KILL オプションを指定します．
　PID が 2023 のプロセスを終了させる例を右に示します．

```
───────── kill ─────────
$ ps Enter
  PID TTY          TIME CMD
 1678 ttyp0    00:00:01 bash
 1876 ttyp0    00:00:01 bash
 2023 ttyp0    00:00:00 myprog
$ kill 2023 Enter
```

シェルの終了 (exit)
　シェルを終了させます．

```
形式：　 exit
```

　ターミナルウィンドウを開いた時のシェルを終了すると，ウィンドウが閉じます．

[*7] 厳密には，コマンドはシグナル (割り込み要求) を送るだけであり，これを受けてプロセスを終了させるかどうかは実行中のプログラムに依存します．

10.3 Linux コマンド

10.3.5 ジョブ制御 (jobs，fg，bg)

この項では，bash でのジョブ (job) 制御の方法について説明します．ジョブの定義やジョブ番号，ジョブの種類などについては 10.1.3 項を参照してください．ジョブ制御はジョブ番号を指定して行います．指定形式を表 10.10 に示します．

表 10.10 ジョブの指定形式

形式 (*job*)	意味
%% または **%+**	カレントジョブ (+ マークが付いているジョブ)
%*n*	ジョブ番号 *n* のジョブ
%*str*	文字列 *str* で始まるコマンド行のジョブ

バックグラウンドジョブの起動 (&)

ジョブをバックグラウンドジョブとして起動します．

> *command* **&**

コマンド行の最後に「&」を付けて入力します．入力後，ジョブ番号が「[ ]」で囲まれた数字として表示され，次にプロセス ID を表示した後，プロンプトが返ってきます．この後はフォアグラウンドで別の処理を行うことができます．

C コンパイラをバックグラウンドジョブとして起動する例を示します．この例ではコンパイルメッセージをファイル msg へリダイレクトしています．

```
─ バックグラウンドジョブの起動 (&) ─
$ cc prog.c &> msg & Enter
[1] 18937
```

フォアグラウンドジョブの強制終了

> **Ctrl** + **C**

フォアグラウンドジョブを実行中に **Ctrl**+**c**を入力すると，ジョブが強制的に終了され，プロンプトを表示して次のコマンド入力待ち状態となります[*8]．**Ctrl**+**z**で一時停止したジョブと違って，そのジョブを再開することはできません．

フォアグラウンドジョブの一時停止

> **Ctrl** + **Z**

フォアグラウンドジョブを実行中に **Ctrl**+**z**を入力すると，実行中のジョブが一時停止され，「停止」と表示されます．その後，プロンプトを表示して次のコマンド入力待ち状態

[*8] 厳密には，シグナル (割り込み要求) を送るだけであり，これを受けてジョブを終了させるかどうかは実行中のプログラムおよび環境設定に依存します．

となります．

　バックグラウンドでジョブを再開するには「bg」と入力し，フォアグラウンドでジョブを再開するには「fg」と入力します．

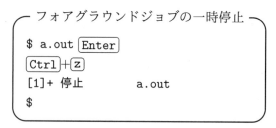

バックグラウンドジョブの状態表示（jobs）

形式：	**jobs**

　すべてのバックグラウンドジョブの状態を表示します．表示項目は左から，[ジョブ番号]，動作中のジョブの簡易識別マーク（最後に操作 (+) ／ 1 つ前に操作 (-)），処理状況，入力したコマンド文字列となります．

　右の例では，ジョブ番号 1 の myprog コマンドがバックグラウンドで実行中であることを示しています．

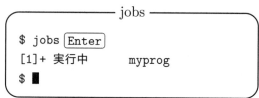

フォアグラウンドに切り換えて処理を継続（fg）

　バックグラウンドジョブをフォアグラウンドジョブへ切り換えて処理を継続します．

形式：	**fg** [*job*]
job	%*n*：ジョブ番号 *n* のジョブを指定

　コンパイル結果の実行形式ファイル a.out をバックグラウンドで実行し，その後，このジョブをフォアグラウンドに切り換えて続行する例を右に示します．

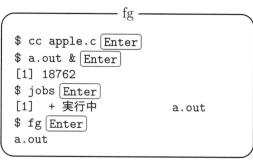

一時停止中のジョブのバックグラウンドとしての処理再開（bg）

形式：	**bg** [*job*]
job	%*n*：ジョブ番号 *n* のジョブを指定

ジョブの状態を表示し，その後，一時
停止中のジョブ **a.out** の処理をバックグ
ラウンドで再開し，処理状況を確認する
例を右に示します．

```
┌──── バックグラウンドジョブの再開 (bg) ───┐
│ $ jobs [Enter]                             │
│ [1]   + 停止   a.out                       │
│ $ bg %% [Enter]                            │
│ [1]     a.out &                            │
│ $ jobs [Enter]                             │
│ [1]   + 実行中              a.out          │
└────────────────────────────────────────────┘
```

バックグラウンドジョブの強制終了 (kill)

形式：	**kill** [*job*]
job	%*n* : ジョブ番号 *n* のジョブを指定

現在のバックグラウンドジョブを強制終
了する例を右に示します．

```
┌──────── kill ────────┐
│ $ kill %% [Enter]     │
│ [1]    Terminated  a.out │
└───────────────────────┘
```

10.3.6　プリンタ操作 (lpr , lpq , lprm)

ここでは，プリンタに関係する Linux(UNIX) コマンドについて説明します．

プリンタ出力要求 (lpr)

ファイルの内容を印刷するために，プリンタに出力要求を出します．

形式：	**lpr** [options] [*files*]
options	-P*prn* : プリンタ名 *prn* のプリンタに出力します -#*num* : 複写部数を *num* にします

右に lpr コマンドの使用例を示します．1
番目は基本的な使用法，2 番目は出力先と
して printer2 というプリンタを指定した
例です．

```
┌──────── lpr ────────────┐
│ $ lpr prog.c [Enter]             │
│ $ lpr -Pprinter2 prog.c [Enter]  │
└──────────────────────────────┘
```

なお，プリンタ関連コマンドで使用するプリンタ名は，それぞれの Linux(UNIX) システ
ムで設定されています．どのようなプリンタ名が指定できるかは，システム管理者などに問
い合わせてください．

印刷状況の表示 (lpq)

プリンタの印刷状況を表示します．なお，既にプリンタに印刷データが送られてしまって
いる場合は，OS 側では印刷完了とみなすため，実際には印刷前や印刷中であっても本コマ
ンドでの表示には現れません．

```
形式：    lpq [options] [jobnumbers] [usernames]

 options   -l    ：詳細な情報を表示します
           -Pprn：プリンタ prn の情報を表示します
```

使用例を右に示します．Rank
項目にはプリント処理待ちの順
番が表示されます．active の
場合は，現在印刷中を意味しま
す．Job 項目はそのプリント要
求のジョブ番号です．

```
┌─ lpq ──────────────────────────────┐
│                                    │
│ $ lpq [Enter]                      │
│ lp is ready and printing           │
│ Rank   Owner     Job  Files    Total Size │
│ active n230001x  3    prog.c   71536 bytes │
│                                    │
└────────────────────────────────────┘
```

印刷の中止 (lprm)

印刷待ちのプリント要求をキャンセルします．なお，既にプリンタに印刷データが送られ
てしまっている場合は，印刷前や印刷中であっても OS 側からキャンセルすることはできま
せん．

```
形式：    lprm [options] [jobnumbers]

 options   -Pprn：プリンタ prn に対するプリント要求をすべて中止します
           -    ：すべてのプリント要求を中止します
```

通常は lpq コマンドでジョブ番号を表示させ，それを指定して印刷を中止します．また，
引数を指定しない場合，現在 active(印刷中) のジョブが対象となります．

印刷を中止する例を右に示します．最初
の例ではジョブ番号 3 を，次の例ではプリ
ンタ名 printer2 を指定しています．最後
の例では印刷要求中のすべての印刷を中止
します．

```
┌─ lprm ─────────────────────┐
│                            │
│ $ lprm 3 [Enter]           │
│ $ lprm -Pprinter2 [Enter]  │
│ $ lprm - [Enter]           │
│                            │
└────────────────────────────┘
```

10.3.7 オンラインマニュアル (man)

オンラインマニュアルを表示します．キーワードによるコマンド検索も可能です．

```
形式：    man [options] commandname

 options   -k：すべてのコマンドの要約説明から，キーワードを含むものを表示
           -f：コマンドの要約説明を表示[9]
```

man コマンドの表示では，画面単位で上下にスクロールして表示することができます．主
なキー操作は次の通りです．**q** で表示終了，**SPC** で次画面表示，**b** で前画面表示．これは，
more コマンド (10.3.1 項参照) での操作と同じです．以下に表示例を示します．

---

[9] このオプションと同じ機能を持つコマンドとして whatis があります．

10.3 Linux コマンド   217

```
─────────────────── man ───────────────────
$ man man [Enter]

MAN(1)                マニュアルページユーティリティー              MAN(1)

名前
      man - オンラインマニュアルのインターフェース

書式
      man -l [-C file] [-d] [-D] [--warnings[=warnings]] [-R encoding] [-L
      locale] [-P  pager] [-r prompt] [-7] [-E encoding] [-p string] [-t]
      [-T[device]] [-H[browser]] [-X[dpi]] [-Z] file ...
      man -w|-W [-C file] [-d] [-D] page ...
      man -c [-C file] [-d] [-D] page ...
      man [-hV]
man(1): █
```

キーワード検索

正確なコマンド名を覚えていない場合であっても，そのコマンド名の一部分を指定して，関連するコマンドを検索することができます．不正確なコマンド名「 chmo 」を指定して検索する例を以下に示します．

```
─────────────────── man ───────────────────
$ man -k chmo [Enter]
chmod (1)             - ファイルのアクセス権を変更する
chmod (2)             - change permissions of a file
fchmod (2)            - change permissions of a file
fchmodat (2)          - change permissions of a file relative to a ...
XF86VidModeSwitchMode (3) - Extension library for the XFree86-VidM...
XkbLatchModifiers (3) - Latches and unlatches any of the eight rea...
```

10.3.8 その他のコマンド (grep, sort, nkf)

文字列の検索 (grep)

ファイル (省略時は標準入力) から指定した文字列を含む行を検索して表示します．なお，*expression* に指定する検索文字列には，表 10.11 に示す**正規表現** (regular expression) を用いることができます．

形式：	**grep** [options] *expression files*
options	-n：各行の先頭にファイル内の行番号を入れる -i：大文字と小文字を区別せず扱う -l：一致した文字列を含むファイル名だけを表示

例 1 では，すべての C ソースファイルから，break 文を含んでいる行を検索して表示します．例 2 では，オプションによって検索結果に行番号を付けて表示します．

218　　第 10 章　Linux コマンドを使う

表 10.11　正規表現 (regular expression)

形 式	意 味	形 式	意 味
^	行の先頭	$	行末
[*strs*]	文字群 *strs* のいずれか 1 文字	[*ch1-ch2*]	文字 *ch1* から *ch2* のいずれか 1 文字
ch*	文字 *ch* の 0 回以上の繰り返し	[^*strs*]	文字群 *strs* 以外の文字
.	任意の 1 文字	\	特殊文字の機能を打ち消す

──── 例 1：grep ────

```
$ grep break *.c  Enter
```

──── 例 2：grep ────

```
$ grep -n break *.c  Enter
```

ファイルの行単位の並べ替え (sort)

入力ファイル (省略時は標準入力) の内容を行単位で並べ替えます.

形式：　**sort** [options] [+*pos1* [-*pos2*]] *files*

options　-r：逆順に並べ替えます
　　　　　-n：数値の昇順に並べ替えます (これを省略した場合は文字コード順)
　　　　　-f：英文字の大文字と小文字を同じものとみなします
　　　　　-b：フィールド範囲を定める際に，先行するスペース文字を無視します
　　　　　-t：フィールド範囲を決める区切り文字を指定します (省略時は空白)
　　　　　-k：フィールドの場所を指定します

pos1 と *pos2* は並べ替えのキーの位置 (フィールド) を指定するのに用います.「ls -l」の実行結果をファイルサイズで並べ替える例を以下に示します.

──── sort ────

```
$ ls -l /usr/bin | sort -nr -k +5  Enter
```

日本語文字コードの変換 (nkf)

ファイルに使用されている日本語文字コードをチェックし，任意の文字コードに変換することができます.

形式：　**nkf** [options] *file*

options　-g　　　　　：ファイルの文字コードを確認します
　　　　　-j　　　　　：文字コードを JIS コードに変換します
　　　　　-s　　　　　：文字コードを Shift-JIS コードに変換します
　　　　　-w　　　　　：文字コードを UTF-8 コードに変換します (BOM なし)
　　　　　-w8　　　　：文字コードを UTF-8 コードに変換します
　　　　　-w16　　　：文字コードを UTF-16 コードに変換します
　　　　　--overwrite：入力ファイルを変換したもので置き換えます

文字コードを変換する例を以下に示します. まず, オプション「overwrite」を指定して, 変換元ファイルを文字コードを変換したもので置き換えます.

10.3 Linux コマンド

```
─ sort ─
$ nkf -w8 --overwrite sample.txt Enter
```

次に，リダイレクションを使って変換後の文字コードを別のファイルに保存します[10].

```
─ sort ─
$ nkf -w8 sample.txt > sample-utf8.txt Enter
```

---

[10] この際，出力先のファイル名を入力元と同名にしてしまうと，ファイルの中身が消えてしまいます．

第11章　Linuxにおけるプログラミング

　この章ではLinux上におけるプログラムの作成について解説します．ここで取り上げるプログラミング言語は，CとJavaの2つです．ただし，プログラミング言語の文法については説明していませんので，他の文献を参考にしてください．

11.1　プログラムの作成と実行

　コンピュータに対する命令は一種の人工的な言葉を通して行います．コンピュータに仕事をさせるために一連の命令を並べて処理手順を示したものを**プログラム**，具体的に命令を記述する言葉を**プログラミング言語**といいます．

　コンピュータは**機械語**を実行します．利用者が機械語でプログラムを作成すれば，コンピュータを動作させることができます．しかし，機械語はコンピュータの種類によって異なる上に，人間にとってわかりにくいという欠点があります．そのため通常，コンピュータの種類に依存せず，利用者にとってわかりやすい**高級言語**がプログラムの作成に用いられます．

　利用者が高級言語で記述したプログラムは，コンピュータが理解できる機械語に変換する必要があります．この変換の方式には，大きく分けてコンパイラ方式とインタプリタ方式の2つがあります．この2つの方式の違いは，ちょうど「翻訳」と「通訳」の違いに相当します．

　コンパイラ方式は，例えば英語の本を日本語に翻訳する時のように，プログラムの最初から最後まで前後関係を考慮しながら一括して機械語に変換していきます．このため変換が最後まで完了しないと完全な機械語は作成できません．一方，インタプリタ方式は，同時通訳者が英語の会話を文や文節ごとに日本語に訳して伝えるという動作を繰り返しながら進んでいくように，プログラムを最初から1行ずつ解釈しながら機械語に変換し実行していきます．

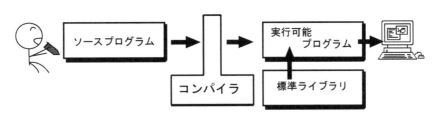

図 11.1　プログラムのコンパイル

本書ではコンパイラ方式におけるプログラミングについて説明します．図 11.1 に示すように，コンパイルされる前の高級言語で記述したプログラムを**ソースプログラム**，コンパイルされた後の機械語プログラムを**実行可能プログラム**といいます．1 つのソースプログラムにすべての処理手順を記述することはあまりありません．ハードウェアに依存する部分や多くのプログラムで共通して使われる部分は**標準ライブラリ**として用意されており，利用者は自分のプログラムの中で，これを利用すればよいのです．

11.1.1 プログラムの作成手順

書かれたプログラムの動作を何通りにも解釈できないようにするため，プログラム言語には厳密な文法が定めてあります．文法は，プログラムの記述形式 (構文と呼ばれる) と実行時の動作との関係を示したものです．

図 11.2 に，プログラムの作成から実行までの手順を示します．

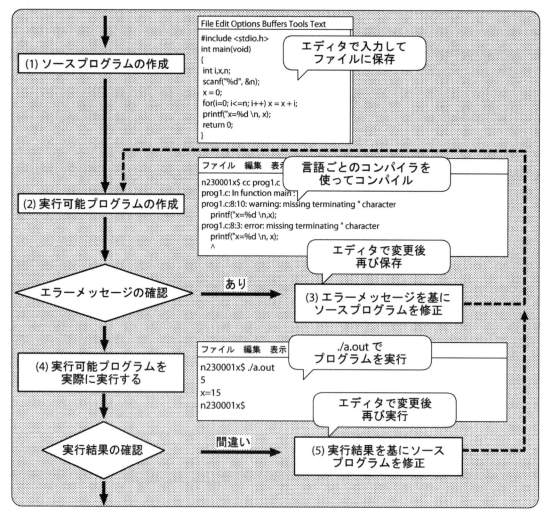

図 11.2　プログラムの作成手順

11.1 プログラムの作成と実行

プログラムの誤りは，コンパイルエラーと実行時エラーの 2 つに分けることができます．

コンパイルエラー (図 11.2 の手順 3) はプログラムの文法的な誤りです．コンパイル時に，コンパイラが自動的に検出してエラーメッセージにより知らせてくれます．たいていの場合，エラーのある行番号も指摘[*1]してくれますので，訂正は比較的容易です．コンパイルエラーのうち構文に関するものを特に**構文エラー**と呼びます．よくある構文エラーの例を表 11.1 に示します．

表 11.1　よくある構文エラー

数字の 1 と英小文字の l の混同	単一引用符' と二重引用符"の混同
数字の 0 と英文字の o,O の混同	半角の',"と全角の',"の混同
ピリオド. とカンマ, の混同	(と) の対応がとれてない
コロン:とセミコロン; の混同	{ と } の対応がとれてない

実行時エラー (図 11.2 の手順 5) は，コンパイルエラーがすべてなくなり，実行可能プログラムを実行した時に起こるエラーです．例えば，実行時にエラーメッセージが出力されて異常終了したり，期待した通りに動作 (結果表示) しなかったり，最悪の場合，実行可能プログラムが暴走してしまい，キー操作を受け付けなくなることもあります．実行時エラーは，プログラムの基本的な考え方の誤りによって発生することが多いため，コンパイルエラーに比べて発見は難しく，一度は動作していたプログラムでも，別の入力データに対して実行時エラーを起こすこともあります．

プログラムに関する誤りを一般に**バグ** (bug; 虫) と呼び，誤りを探して訂正することを**デバッグ** (debug; 虫をとること) といいます．実行時エラーのデバッグ作業は通常，以下の方法で行います．

- ソースプログラムの中で，実行時のエラーに関連がありそうな箇所を調べる
- 手がかりとなりそうな変数の値を画面に表示させ，プログラムがどのように動いているかを追跡する
- gdb[*2]などのデバッガ (デバッグのための道具) を用いて，プログラムがどのように動いているかを追跡する

最初からうまく動くプログラムを作成できるとは限りません．大切なことは間違いをできるだけ早く発見し，正しく動作するプログラムを作り上げることです．これにはいろいろと経験を積むことが必要ですが，最初のうちはプログラムの効率など細かいテクニックにこだわらず，できるだけ「わかりやすい」プログラムを書くよう心がけましょう．

[*1] エラーメッセージに表示される行番号は，必ずしもその行が誤っていることを示すものではありません．その行番号でコンパイラがコンパイルエラーを発見したと考えた方がよいでしょう．

[*2] 本書では説明しませんので，他の文献を参照してください．

11.1.2 プログラムの作成環境

プログラムの作成および訂正に使用するエディタ (第 4 章) とコンパイルに必要なターミナルウィンドウ (第 2 章) は頻繁に使用しますので，図 11.3 に示すように，同時に開いておいた方が便利です．このようにウィンドウを同時に開いておくと，コンパイラから出力されるエラーメッセージなどを見ながら，エディタに表示されているソースプログラムを訂正することができます．

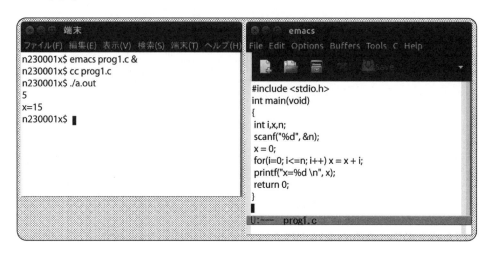

図 11.3　2 つのウィンドウを利用したプログラムの作成

以降の節では，C, Java の各サンプルプログラムをエディタで作成し，コンパイル，プログラムの訂正および実行までを解説します．なお，C, Java の環境が，利用する計算機に導入されている必要があります．

11.2　C 言語によるプログラム作成手順

C 言語は，ツール開発，図形処理，数値計算などの用途で広く用いられているプログラミング言語です．1970 年代初期に AT&T ベル研究所の **Dennis Ritchie**[3] らによって開発されました．C 言語は高級言語でありながらシステム記述能力が高いという特徴があり，例えば，UNIX オペレーティングシステム本体は主に C 言語で記述されています．

ソースプログラムの作成

ターミナルウィンドウからエディタ Emacs を起動します．ここではファイル名を引数としていますが，C のソースプログラムの場合，ファイル名の最後 (拡張子) は.c であることが必要です．なお，本書のウィンドウ環境では，Dash ホームの検索から起動することもできます．

---

[3] D.Ritchie は UNIX の主要な開発者でもあります．

11.2 C言語によるプログラム作成手順

---- Emacs の起動 ----
```
$ emacs prog1.c & Enter
```

図 11.4 は，n の値をキーボードから入力し，1 から n までの和を計算して画面に出力するプログラム例です．デバッグの練習のため，printf 関数の引数に構文エラーを含ませています．

このプログラムを Emacs で作成します．入力を終えたら，Emacs の保存コマンドを用いて prog1.c に保存します．

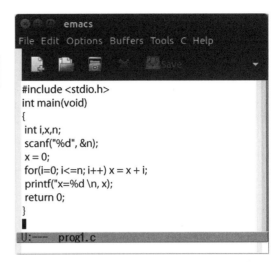

図 11.4: 構文エラーを含む C プログラムの例

---- 編集中のプログラムをファイルに保存する ----

C-x C-s

ソースプログラムのコンパイルと訂正

ソースプログラムをコンパイルするため，引数にソースプログラムのファイル名を指定し，C コンパイラ cc を起動します．cc コマンドの入力はターミナルウィンドウで行いますので，マウスでターミナルウィンドウを選択します (第 2 章参照)．ソースプログラムにコンパイルエラーがなければ (この例ではエラーがありますが)，自動的にファイル a.out に実行可能プログラムが出力されます．

なお，実行可能プログラムを，a.out 以外のファイル名で出力したい場合は，-o オプションを使用します．例えば，a.out の代わりに prog1 という実行可能プログラムにするのであれば，`cc -o prog1 prog1.c` と入力します．

---- C コンパイラの実行例 ----
```
$ cc prog1.c Enter

prog1.c: In function 'main':
prog1.c:8:10: warning: missing terminating " character
   printf("x=%d \n, x);
          ^
prog1.c:8:3: error: missing terminating " character
   printf("x=%d \n, x);
   ^
prog1.c:9:3: error: expected expression before 'return'
   return 0;
   ^
prog1.c:10:1: error: expected ';' before '}' token
 }
 ^
$
```

226　　第 11 章　Linux におけるプログラミング

　図 11.4 のソースプログラムには構文エラーがありますので，実際には上記のようなエラーメッセージが表示されます．コンパイルエラーがあると実行可能プログラムは作成されません．

　エラーメッセージから，プログラムの 8 行目付近でダブルクォーテーション " が 1 つ抜けているエラーが発生していることがわかります．マウスで再びエディタを選択し，誤りの部分 printf("x= %d\n,x) を正しい printf("x= %d\n",x) に訂正します．具体的な訂正手順は以下の通りです．

1. エラーメッセージからエラーが検知された行を確認 (図 11.4 では 8 行目)
2. エラー行付近を中心にコンパイルエラーをチェックし，訂正箇所を確認
3. カーソルを移動し，間違いを訂正
4. ファイルに再び保存 (**C-x C-s**)

　なお，プログラムが長くなると何行目かを数えるのは大変です．以下の方法は行番号を指定することで，その行にカーソルが移動するエディタのコマンド (第 4 章参照) です．

```
――――――――――――― 指定行へカーソル移動 ―――――――――――――

M-x goto-line Enter              …コマンド入力
8 Enter                         …行番号入力
```

ソースプログラムの再コンパイルとプログラムの実行

　ターミナルウィンドウ上で再度コンパイルを行うために，マウスで再びターミナルウィンドウを選択します．再度コンパイルした結果，その他のコンパイルエラーがなければエラーメッセージは表示されず，プロンプト**$** のみが返ってきます．もし，別のエラーメッセージが表示された場合は，再度エディタで誤りを訂正する必要があります．

```
――――――――――――― 再コンパイルとプログラムの実行 ―――――――――――――

$ cc prog1.c Enter
$ ./a.out Enter
5 Enter               … キーボードから n の値 (ここでは 5) を入力
x=15                  … 1 から 5 までの和が表示される
$ ▮
```

　ソースプログラムをコンパイルすると，コンパイラは実行可能プログラムを指定したファイルに出力します．実行可能プログラムの実行は，ターミナルウィンドウで行います．実行手順はきわめて簡単で，実行可能プログラムのファイル名 (前項の例では ./a.out) を入力するだけです[4]．

---

[4] Linux ではサーチパス (環境変数 PATH) に定義された順番にファイルを探し実行します．パスの設定状況によっては，カレントディレクトリにあるファイルが実行されないことがあります．その場合は，./a.out Enter と入力します．

11.3 Java 言語によるプログラム作成手順

Java 言語はオブジェクト指向プログラミング言語の 1 つで，1990 年代初期にサン・マイクロシステムズ (現 Oracle) の James Gosling らのグループによって開発が開始されました．ネットワークや組み込みシステムで安全に動作するプログラムや，Web ブラウザ上で動作するアプレットを簡単に記述できることなどにより，近年急速に普及しています．Java 言語で記述されたプログラムは Java のコンパイラで **Java バイトコード**と呼ばれる中間言語に変換され，Java バイトコードは **Java VM** と呼ばれるインタープリタで実行されます．

ソースプログラムの作成

ターミナルウィンドウからエディタ Emacs を起動します．ここではファイル名を引数としていますが，Java のソースプログラムの場合，ファイル名が**クラス名.java** であることが必要です[*5]．なお，本書のウィンドウ環境では，Dash ホームの検索から起動することもできます．

```
———— Emacs を起動 ————
$ emacs Prog1.java & [Enter]
```

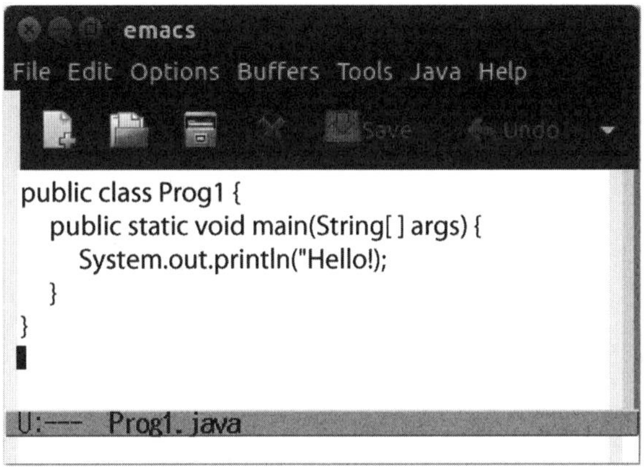

図 11.5: 構文エラーを含む Java プログラムの例

図 11.5 は，単純なメッセージを画面に出力するプログラム例です．デバッグの練習のため，`System.out.println` の引数に構文エラーを含ませています．

このプログラムを Emacs で作成します．入力を終えたら，Emacs の保存コマンドを用いて `Prog1.java` に保存します[*6]．

```
———— 編集中のプログラムをファイルに保存する ————
C-x C-s
```

ソースプログラムのコンパイルと訂正

ソースプログラムをコンパイルするため，引数にソースプログラムのファイル名を指定し，Java コンパイラ javac を起動します．javac コマンドの入力はターミナルウィンドウで行いますので，マウスでターミナルウィンドウを選択します (第 2 章参照)．ソースプログラムに

[*5] ここでクラス名は，ソースプログラムの中で，OS やブラウザが最初に呼び出すクラスのクラス名です．大文字・小文字の区別もソースプログラムのクラス名と同じになっている必要があります．

[*6] エディタを起動するときファイル名を指定しなかった場合は，ファイル名を付けて保存 (**C-x C-w**) を使ってファイル名を付けます．一般に，Emacs のモード行に表示されているファイル名が保存したいファイル名と一致する場合は **C-x C-s** コマンドだけで保存することができます．

コンパイルエラーがなければ (この例ではエラーがありますが)，ファイル Prog1.class に Java バイトコードが出力されます．

―――――――――― Java コンパイラの実行例 ――――――――――

```
$ javac Prog1.java [Enter]

Prog1.java:3: エラー: 文字列リテラルが閉じられていません
System.out.println("Hello!);
                   ^
Prog1.java:3: エラー: ';' がありません
System.out.println("Hello!);
                            ^
Prog1.java:5: エラー: 構文解析中にファイルの終わりに移りました
}
 ^
エラー 3 個
```

図 11.5 のソースプログラムには構文エラーがありますので，実際には上記のようなエラーメッセージが表示されます．コンパイルエラーがあると Java バイトコードは作成されません．

エラーメッセージから，プログラムの 3 行目の System.out.println でダブルクォーテーション " が 1 つ抜けていることがわかります．マウスで再びエディタを選択し，誤りの部分 System.out.println("Hello!); を正しい System.out.println("Hello!"); に訂正します．具体的な訂正手順は以下の通りです．

1. エラーメッセージからエラーが検知された行を確認 (例では 3 行目)
2. エラー行付近を中心にコンパイルエラーをチェックし，訂正箇所を確認
3. カーソルを移動し，間違いを訂正
4. ファイルに再び保存 (**C-x C-s**)

なお，プログラムが長くなると何行目かを数えるのは大変です．以下の方法は行番号を指定することで，その行にカーソルが移動するエディタのコマンド (第 4 章参照) です．

―――――――――― 指定行へカーソル移動 ――――――――――

M-x goto-line [Enter]	…コマンド入力
3 [Enter]	…行番号入力

ソースプログラムの再コンパイルとプログラムの実行

ターミナルウィンドウ上で再度コンパイルを行うために，マウスで再びターミナルウィンドウを選択します．再度コンパイルした結果，その他のコンパイルエラーがなければエラーメッセージは表示されず，プロンプト $ のみが返ってきます．もし，別のエラーメッセージが表示された場合は，再度エディタで誤りを訂正する必要があります．

11.4 レポートの作成

```
───── 再コンパイルとプログラムの実行 ─────
  $ javac Prog1.java Enter
  $ java Prog1 Enter
  Hello!                  ... メッセージが表示される
  $ █
```

　ソースプログラムをコンパイルすると，ファイル **Prog1.class** に Java バイトコードが出力されます．Java バイトコードの実行は，ターミナルウィンドウ上で java コマンドを使って行います．Java バイトコードのクラス名 (例では **Prog1**) を引数として使います．

11.4　レポートの作成

　プログラムが完成すると，実行結果をファイルに保存したりグラフ化したりして，レポートを作成します．

11.4.1　入力データと出力データ

　10.2.2 項の標準入出力のリダイレクション機能を用いてファイルからデータを入力したり，ファイルへ出力データを保存したりすることができます．

```
───── 入出力データのリダイレクションの例 ─────
  $ cat > in.data Enter        ... 入力データをファイル in.data に作成
  100 Enter                    ... データとして 100 を入力
  Ctrl + d                     ... 入力の終了
  $ ./a.out < in.data Enter    ... データを in.data から入力させて実行
  x=5050                       ... 1 から 100 までの和が表示される
  $ ./a.out < in.data > out.data Enter  ... in.data から入力，出力を out.data へ
  $ cat out.data Enter         ... out.data の内容を表示
  x=5050                       ... 1 から 100 までの和が表示される
```

11.4.2　出力結果の貼り付け

　演習問題のレポートを作成する場合，リダイレクションで得た出力データだけでは，入力データとの関係が明確になりません．そこで，ターミナルウィンドウに表示されるすべての情報 (図形情報は除く) をそのまま記録します．記録方法は，マウスを使ったウィンドウ間での「コピー・アンド・ペースト」(2.8 節参照) を用いる方法が一般的です．

　図 11.6 に示すように，レポートを作成するためのエディタをもう 1 つ起動します[*7]．この状態で，ターミナルウィンドウから実行結果を貼り付け，レポートを作成する手順を以下に示します．

───────────────────

[*7] 第 4 章のエディタでは，マルチバッファの使い方を説明していますので，そちらも参考にしてください．

図 11.6 エディタの起動とレポートの作成

1. ターミナルウィンドウでプログラムを実行します
2. レポートに必要な部分を左マウスボタンでドラッグして範囲を指定します
3. レポートを作成しているエディタ上の貼り付け (挿入し) たい部分にマウスカーソルを移動します
4. 中央マウスボタンをクリックすると，指定された位置に貼り付けられます

　実行結果をレポート内にうまく取り込むことができたら，次にソースプログラムを取り込みます．ソースプログラムも，上述した方法で取り込むことができますが，ここではエディタのインサートファイルを使って取り込んでみます．

　図 11.7 に示す状態から，エディタ (レポートを作成) 上で，ソースプログラムを挿入したい位置にカーソルを移動します．ファイルのインサートコマンド (4.3.2 項参照) を入力します．

―――― 編集中のレポートファイルにプログラムファイルを挿入する ――――
C-x i

`Insert file:` の入力要求に対し，ソースプログラムのファイル名を入力します．

　あとは，レポートの説明や感想などを記述して完成です．第 9 章で説明した LaTeX を使ってきれいなレポートにしたり，第 5 章で説明した電子メールを使って提出することが可能となります．各自で工夫してみてください．

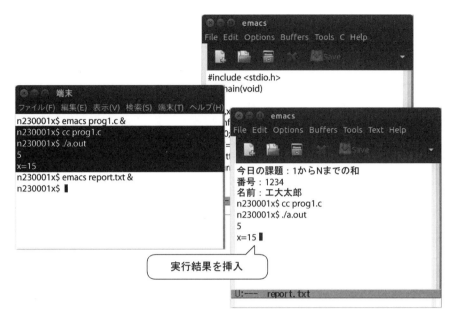

図 11.7 実行結果を取り込んだ状態

11.4.3 簡単なグラフ作成

グラフを描くのに必要なデータ (x 座標と y 座標の組) だけをプログラムで計算し，実際の作画処理を 7.4 節で説明した作図ツール gnuplot で行うことで，簡単にグラフを作成することができます．

ここでは 2 次関数のグラフを描く簡単な例を紹介します．関数の定義と描く座標範囲を変えるだけで，どんな複雑なグラフでも描くことができます．

グラフの座標値データを計算するプログラムを以下に示します．2 次関数として $y = x^2 - 2x - 1$，描く x 座標の範囲を xst $\leq x \leq$ xend (xst=-2.0, xend=4.0)，グラフを描くための座標点の個数 ndiv を 40 としています．

ターミナルウィンドウでソースプログラムをコンパイルし，コンパイルエラーがないことを確認します．次に，実行可能プログラム (ここでは./a.out) を実行しデータファイル (ここでは tmp.data) を作成します．

```
C プログラム (curve.c)

#include <stdio.h>

double func(double x) {
  return(x*x - 2.0*x - 1.0);
}

int main(void) {
  int ndiv, i;
  double xst, xend, dx, x, y;
  xst = -2.0;
  xend = 4.0;
  ndiv = 40;
  dx = (xend - xst) / ndiv;
  for(i=0; i<=ndiv; i++) {
    x = xst + i*dx; y = func(x);
    printf("%f  %f\n", x, y);
  }
  return 0;
}
```

―― データファイルの作成 ――
```
$ cc curve.c [Enter]
$ ./a.out > tmp.data [Enter]
```

画面表示

データファイルを gnuplot に読み込み，画面にグラフを表示するには，次のように入力し，マウスでグラフを表示するウィンドウの位置を決定します．図 11.8 に実行結果を示します．

―― 画面上でのグラフ確認 ――
```
$ cc curve.c [Enter]
$ ./a.out > tmp.data [Enter]
$ gnuplot [Enter]
  ................
gnuplot> plot "tmp.data" with line [Enter]   …作図コマンドを入力する
gnuplot>
```

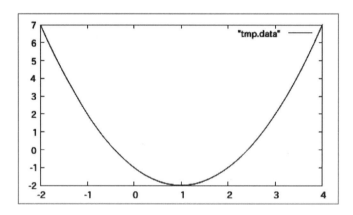

図 11.8　gnuplot による 2 次関数のグラフ

グラフの印刷は，まず PostScript 形式のファイルを作成し，そのファイルを lpr コマンドでプリンタに出力します．

―― グラフの印刷 ――
```
gnuplot> set terminal postscript[Enter]        …出力を PostScript 形式に変更する
Terminal type set to 'postscript'
gnuplot> set output "tmp.ps" [Enter]           …出力ファイル名を指定する
gnuplot> plot "tmp.data" with line [Enter]     …作図コマンドを入力する
gnuplot> !lpr tmp.ps [Enter]                   …lpr コマンドで印刷する
gnuplot> quit[Enter]                           …gnuplot を終了する
$
```

11.5 統合開発環境 Eclipse の利用

この節では，エディタ，コンパイラ，デバッガなどの複数のツールを互いに関連付けることでプログラミング作業を効率よく対話的に行える統合開発環境[*8]Eclipse を紹介します．Eclipse は，ビルド (コンパイル・リンク)，デバッグ，入力補完，バージョン管理などの機能が比較的簡単に利用できるオープンソースの統合開発環境であり，機能の充実や動作の軽さから最近急速に普及しています[*9]．機能拡張性の高いプラグイン・アーキテクチャにより多くのプログラミング言語に対応可能ですが，ここでは Java 言語を対象とします．

11.5.1 Eclipse の起動と終了

ターミナルウィンドウから Eclipse を起動します．なお，本書のウィンドウ環境では，Dash ホームの検索から起動することもできます．起動すると，オープニング画面 (図 11.9) に続き，ワークスペースランチャーウィンドウ (図 11.10) が表示されます．このウィンドウでは，これから作成するプログラムなどを保管するディレクトリを指定します[*10]．標準でユーザのホームディレクトリ下の workspace ディレクトリが指定されていますので，ここではそのまま「OK」ボタンをクリックします．

```
―― Eclipse の起動 ――
$ eclipse & Enter
```

図 11.9: オープニング画面

図 11.10: ワークスペースランチャーウィンドウ

ワークスペースランチャーウィンドウでの処理が終了すると，図 11.11 に示す「Eclipse へようこそ」画面が表示されます．この画面では，Eclipse の概要，使用方法を学習するためのチュートリアルなどへのリンクが，アイコン表示されています．ここでは，右端にあるワークベンチのアイコンをクリックし，**ワークベンチウィンドウ**を表示させます．

図 11.11: 「Eclipse へようこそ」画面

[*8] IDE(Integrated Development Environment) とも呼ばれます．
[*9] Eclipse 以外のオープンソース統合開発環境として WideStudio や NetBeans などがあります．
[*10] プロジェクトごとにワークスペースと呼ばれるディレクトリを選択し，そのプロジェクトに関するプログラムや設定ファイルを保管します．

ワークベンチウィンドウは，Eclipse を用いてプログラミングの作業を行うメインの画面であり，エディタまたはビューと呼ばれるいくつかの領域に分割されています．

図 11.12 にワークベンチウィンドウの各部名称を示します．

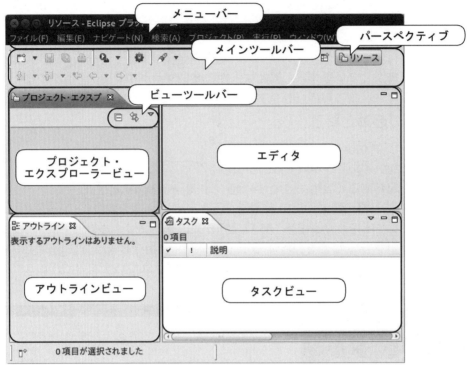

図 11.12　ワークベンチの各部名称

エディタは作成するプログラムを入力・編集する領域です．プロジェクトエクスプローラービューには，プロジェクト名やプログラム構成要素 (ソースファイル，ライブラリ，データファイルなど) が表示されます．アウトラインビューには，エディタで作成中のプログラム構成要素が表示されます．タスクビューには，エラーメッセージを示す問題ビューやプログラムの実行結果を示すターミナルビューなどがタブ別に重ねて表示されます．メインおよびビューツールバーには頻繁に使われる操作をボタン化したものが並んでいます．

Eclipse はプログラムの作成をパースペクティブと呼ばれる環境上で行います．通常，起動時はリソースという環境ですが，他に Java，デバッガ，プラグイン開発など作業内容によって変更することができます．

Eclipse の終了はメニューバーから [ファイル] → [終了] を選択します．

11.5.2　プロジェクトの作成

1 つのプログラムは，ソースコードや設定などの複数のファイルから構成されます．Eclipse では，これらのファイルをプロジェクトと呼ばれる単位で一括管理します．

メニューバーから [ファイル] → [新規] → [プロジェクト] を選択します．すると，図 11.13 に示す新規プロジェクトウィンドウが開きます．ここで [Java] → [Java プロジェクト] を選

択して，「次へ」ボタンをクリックします．

次に，**新規 Java プロジェクトウィンドウ**が開きます．図 11.14 に示すように「プロジェクト名」の入力部にプロジェクト名を入力します．プロジェクト名は自由に決められます[*11]ので，ここでは `lecture1` とします．その後「完了」ボタンをクリックすると，「関連付けられたパースペクティブを開きますか？」と聞かれますので，「はい」ボタンをクリックします．すると，プロジェクトが作成され，プロジェクトエクスプローラービューにプロジェクト名が表示されます．

図 11.13: 新規プロジェクトの作成

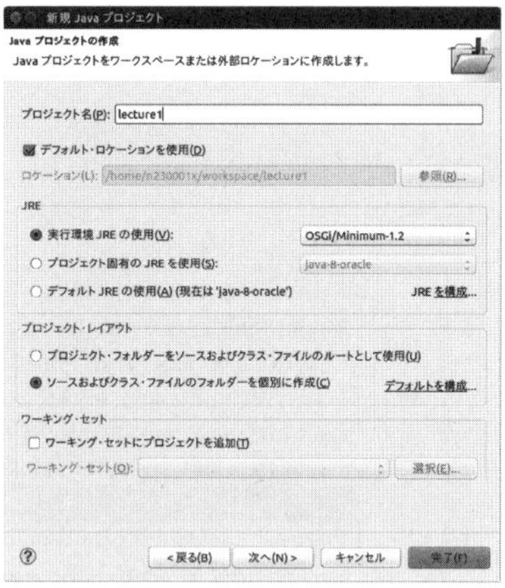

図 11.14: プロジェクト名の入力

11.5.3 プログラムの作成と保存

ここでは 11.3 節で用いた Java プログラムを作成してみましょう．

まずクラスの定義を行います．メニューバーから [ファイル] → [新規] → [クラス] を選択すると，図 11.15 に示す**新規 Java クラスウィンドウ**が開きます．

図 11.15: 新規 Java クラスの作成

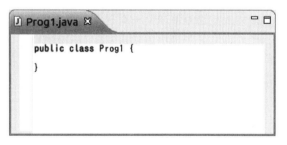

図 11.16: 作成されたクラス宣言

新規 Java クラスウィンドウではクラス宣言に必要な情報を指定します．ここでは「名前」の入力部にクラス名として `Prog1` を入力し，あらかじめ指定されている修飾子やスーパー

[*11] プログラム名やファイル名に日本語を使うと，コンパイルできないなどトラブルの原因になります．プログラム名やファイル名は英字や数字を組み合わせて付けましょう．

クラスなどの内容はそのままにしておきます．その後，「完了」ボタンをクリックすると，プロジェクトエクスプローラービュー上にクラス名が表示され，エディタ上に先ほど指定した内容に相当するクラス宣言が表示されます（図 11.16）．

クラス本体はエディタに直接入力します．Eclipse は入力途中の構文ミスの指摘や入力可能なメソッド (命令文) の候補リストの表示，対応する括弧の自動補完などといった，様々な入力支援を行います．

図 11.17 にはメソッド名の補完の例を示します．メソッド名の入力途中で Alt + / を押す (または，ピリオドを入力する) と，新たに現れるウィンドウにメソッド候補が表示されます．その中から適切なメソッドを選びダブルクリックすると，エディタ上に反映されます．

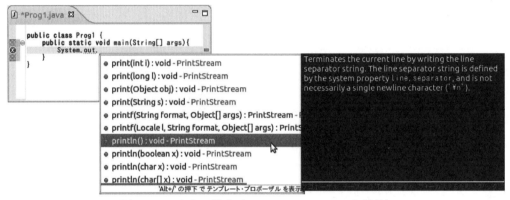

図 11.17　入力の補完 (コンテンツ・アシスト機能)

図 11.18 にメソッド名を間違えた例を示します．Eclipse は間違えた箇所に下線を引き，該当する行の両端にマークを付けて，問題があることを自動的に通知します．左端の電球マークをクリックすると，修正案が提示されます．右の赤や黄色のマークをクリックするとその行にカーソルが移動します．

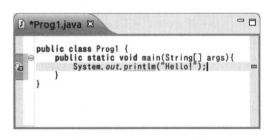

図 11.18: 入力ミスの通知

作成したプログラムを保存するには，メニューバーから [ファイル] → [保管](または [ファイル] → [別名保管]) を選択します．プログラムの保存と同時に，Eclipse はコンパイルを行います．コンパイルエラーがある場合には，エディタ上のエラー行の両端にマーク表示されたり，問題ビュー (タスクビュー領域) にエラーメッセージが表示されますので，プログラムを修正しましょう．

11.5.4　プログラムの実行とデバッグ

作成したプログラムを実行するには，メニューバーから [実行] → [実行 (S)] → [1 Java アプリケーション] を選択します．正常に実行されると，図 11.19 のようにコンソールビュー (タスクビュー領域) に「Hello!」という実行結果が表示されます．

図 11.19 の例では正常に動作していますが，意図した通りにプログラムが動作しない場合

11.5 統合開発環境 Eclipse の利用　　　　　　　　　　　　　　　　　　　　237

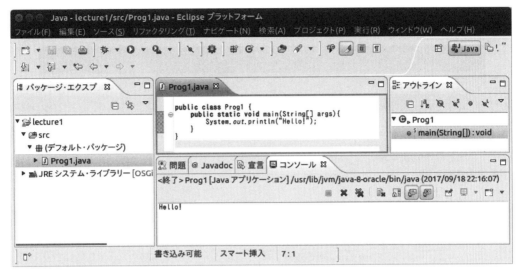

図 11.19　実行結果

にはデバッグを行う必要があります．プログラムのデバッグ方法はいくつかありますが，ここではプログラム中で実行停止するブレークポイントを設定し，停止時の変数の値をチェックするデバッグ方法について説明します．

まず，新しくクラス (Prog2) を定義し，図 11.20 に示す Java プログラムを記述して，ファイルに保存します．このプログラムはキーボードから n の値を入力し，1 から n までの和を計算して画面に出力します．

次に，ブレークポイントの設定を行います．ここでは for ループ中の代入文をブレークポイントに設定します．エディタ上の該当行の左端で右クリックすると現れるメニューから [ブレークポイントの切り替え] を選択すると，該当行の左端にマークが表示されます (図 11.21)．

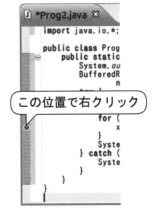

図 11.20: Java プログラム　　　　　図 11.21: ブレークポイントの設定

ワークベンチウィンドウをデバッグ作業に合ったパースペクティブに変更するため，メインツールバー上の右から 2 番目にあるアイコン ⊞ (パースペクティブを開く) → [デバッグ]

を選択します.

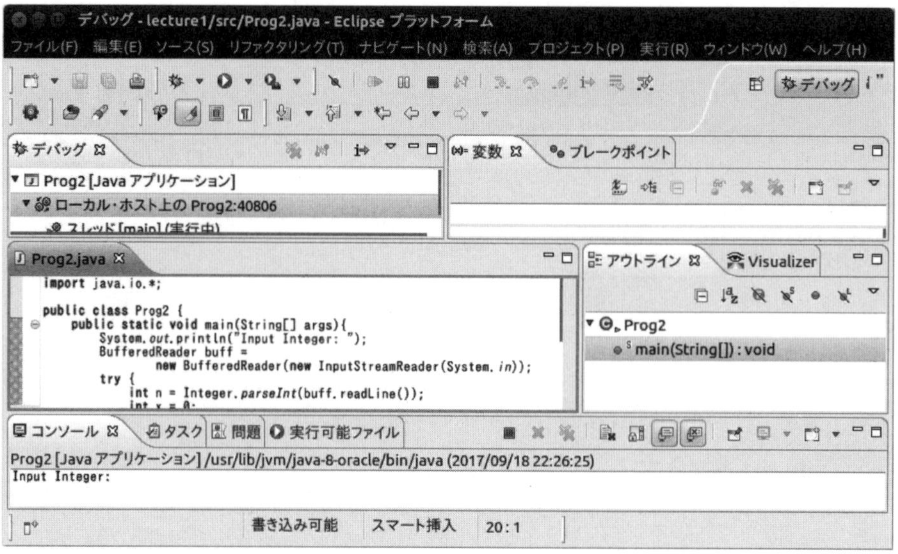

図 11.22　デバッグパースペクティブ

　デバッグを行うには，メニューバーから [実行] → [デバッグ (G)] → [1 Java アプリケーション] を選択します.

　コンソールビュー (タスクビュー領域) に Input Integer: と表示され，n の値を求められますので，10 を入力して[Enter]を押します.

　途中までは通常と同様に動作しますが，ブレークポイントに処理が移ると実行が停止し，変数ビューにその時点の変数の値が表示されます.次のブレークポイントまで実行を再開するには，メインツールバー上の左から 9 番目のアイコン[__](再開) をクリックします.

付録A 利用環境のカスタマイズ

　利用者の好みに合わせて，シェルやアプリケーションソフトウェアのインタフェース部分を変更できる場合があります．このようなインタフェース部分のことを利用環境と呼びます．また，**環境設定ファイル**を用いて，利用環境に関する情報を指定することを**カスタマイズ**または**環境設定**と呼びます．利用環境には，シェル環境，エディタ環境，ウィンドウ環境などがあり，それぞれ別の環境設定ファイルで定義します．環境設定ファイルは，ピリオド「.」で始まるファイル名で，各ユーザのホームディレクトリにあります．

A.1　bash 環境のカスタマイズ　(.bashrc)

　この節では，新しく bash が起動された時に，自動的に bash 環境を初期化する方法について紹介します．ログインしたときの初期設定もこれに含まれます．

　このためには，利用者のホームディレクトリに環境設定ファイル .bashrc を作成し，この中に必要な設定を記述します．

　以下に具体的な設定例を示します．設定例の中で，行の先頭の数字と次のドット「.」は後の説明のために付けたものです．実際に入力するときは省略してください．

```
──── bash の環境設定例 (.bashrc ファイル) ────

 1. PATH=/bin:/usr/bin:/usr/sbin:/sbin:/usr/local/bin:.
 2. ulimit -c 0
 3. umask 022
 4. set -o ignoreeof
 5. set -o noclobber
 6. set -o history
 7. export HISTSIZE=100
 8. set -o notify
 9. PS1="\u$ "
10. export LANG=ja_JP.UTF-8
11. export PRINTER=myprinter
12. export EDITOR=emacs
13. export PAGER=less
14. alias ls="ls -F"
15. alias h=history
```

　このファイルの各行の設定の意味について解説します．「=」の左辺はシェル変数と呼ばれるもので，bash で利用される変数です．**set** コマンドは bash の振る舞いを制御するためのコマンドです．また，**export** コマンドはシェル変数を環境変数として設定するためのコマンドです．

　1. コマンドファイルを探すためのパスおよびその順序を設定します．パスは，シェル変数 PATH

に設定します. ディレクトリ間はコロン「:」で区切ります. 1 行に入り切らない場合は,「\」で区切り, 行を変更することができます. パスの中の「.」は, 利用者のカレントディレクトリを意味します.

2. bash の ulimit コマンドを用いて, コマンドが異常終了した時に作成されるカーネルのダンプファイルの大きさを 0 に指定します. 通常, ダンプファイルを利用することはありませんので, このように指定しておきます.

3. bash の umask コマンドを用いて, 新規ファイルを作成するときのデフォルトの保護モードを設定します. umask の引数は 8 進数で指定します. 保護モードの設定は, 通常のファイルについては 666, ディレクトリについては 777 と, 引数との排他的論理和 (XOR) をとることによって行います. よく使われる値は **022** (グループおよび他人に対して書き込みを禁止し, 読み込みは許可) です. もうひとつよく使われる値は **002** (グループに対するすべてのアクセスと, 他人に対する読み込みを許可) です. **077** を指定すると, 本人以外すべてのアクセスが禁止されます. umask 022 は, chmod 644 と同じ意味を持ちます.

4. set コマンドを用いて ignoreeof を設定すると, 端末からの EOF を無視します. もしこの設定をしないと, 間違って **C-d** を入力したとき bash が終了してしまいます.

5. set コマンドを用いて noclobber を設定すると, 誤ったリダイレクション操作による既存ファイルへの上書きが防止できます.

6. set コマンドを用いて history を設定すると, 過去に入力したコマンドをさかのぼって再利用することができます.

7. history で記憶する数は, シェル変数 HISTSIZE に数値を代入し, export で環境変数へ設定します (HISTSIZE を設定しない場合の記憶数は 500 です).

8. set コマンドを用いて notify を設定すると, バックグラウンドジョブが終了した時にメッセージで知らせてくれます.

9. シェル変数 PS1 を設定し, プロンプト文字列を指定します. このように設定すると$の前に利用者名が付きます.

10. 環境変数 LANG を設定し, アプリケーションの表示で日本語を優先させます.

11. 環境変数 PRINTER を設定し, 標準プリンタ名を設定します.

12. 環境変数 EDITOR を設定し, エディタを必要とするコマンドやアプリケーション・ソフトウェアに対して, デフォルトのエディタを指定します (emacs, vi, vim などが指定できます).

13. 環境変数 PAGER を設定し, ページ単位の表示を必要とするコマンド (例えば man コマンド) やアプリケーション・ソフトウェアに対して, less を用いることを指定します (この他に lv, more などが指定できます).

14. 「ls -F」に別名「ls」を付けます. シェル上での, ディレクトリや実行可能ファイルの区別が容易になります.

15. history コマンドに別名「h」を付けます. 入力の手間を省くために設定します.

注意事項

.bashrc は Linux にログインした時に読み込まれるため，記述に誤りがある場合ログインができなくなる可能性があります[*1]．環境の設定方法や.bashrc の構造に慣れていない間は，無理なカスタマイズを行わない方がよいでしょう．

A.2　Emacs 環境のカスタマイズ（.emacs）

Emacs は起動時に以下の設定ファイルを自動的に読み込み実行します．
- 利用者のホームディレクトリの標準環境ファイル .emacs
- システムの標準環境ファイル群 (利用者の環境によって場所が異なりますが，本書の環境では，/etc/emacs/site-start.d/)

また，以下のようにオプションを指定すると，読み込む環境設定ファイルを指定したり，利用者の設定した環境ファイルを読まずに起動することができます．

```
── 起動時の環境ファイルを指定 ──
$ emacs -l 環境設定ファイル名
```

```
── 環境ファイルを読み込まない ──
$ emacs -q
```

以下に簡単な.emacs の記述例を示します．各行の; 以降はコメントですので，入力の必要はありません．

[*1] ログインできないため，.bashrc 自体の修正も困難となります．

第 A 章　利用環境のカスタマイズ

```
──── .emacs ファイルの記述例 ────

;; 起動画面表示時間の短縮／削除
(setq inhibit-startup-message t)

;; 日本語表示の設定
(set-language-environment-coding-systems "Japanese")

;; 日本語 UTF が使えるようにする
(set-default-coding-systems 'utf-8-unix)

;; モード行内の時計の設定
(setq display-time-24hr-format t)      ; 時刻の書式を 24 時間表示にする
(setq display-time-format "%m/%d(%a) %R")
(setq display-time-day-and-date t)     ; 時刻の書式に日付を追加する
(display-time)                         ; 時刻の表示
(line-number-mode t)                   ; 行番号の表示

;; xemacs の shell-mode で 日本語 UTF が使えるようにする
(if (featurep 'xemacs)
    (add-hook 'shell-mode-hook (function
    (lambda () (set-buffer-process-coding-system 'utf-8 'utf-8))))
)
```

.emacs は **Emacs Lisp** と呼ばれる形式で記述します．なお，命令の書式などは利用者の環境（OS や Emacs のバージョンなど）によって異なります．詳しくはシステム管理者に問い合わせてください．

A.3　Unity デスクトップ環境の設定

本書の環境では，ウィンドウマネージャとして Unity を使用しています．Unity の環境設定を行っていない場合，ログイン時の初期画面やフォントなどの設定は標準的な設定になります．これらの環境は利用者の好みに応じてカスタマイズすることができます．カスタマイズした設定は利用者のディレクトリ .gnome2 内に記録され[*2]，次にログインした時はカスタマイズされた環境で利用することができます．

デスクトップ環境をカスタマイズするには，**システム設定**と呼ばれるツールを利用します．システム設定を起動するには，画面上部インジケーターの右端にあるシステムボタン から [システム設定] と選択する方法と，ターミナルウィンドウから gnome-control-center とコマンド入力し，実行する方法があります．起動すると，図 A.1 に示すようなシステム設定ウィンドウが開きます．

システム設定は非常に多機能で，Unity に関するほぼすべての設定をカスタマイズできます．ユーザ向け，ハードウェアなどのサブメニューから項目を選択すると，設定項目が表示されます．ここでは，システム設定を用いた，簡単なカスタマイズ例を示します．

なお，設定に誤りがあると正常にログインできなくなることがありますので，十分注意してください．本書の環境では，.gnome2 をホームディレクトリから削除すると標準環境に戻すことができます．

[*2] 環境によってディレクトリ名は異なります．

A.3 Unity デスクトップ環境の設定

図 A.1　システム設定

A.3.1　デスクトップの背景とランチャーをカスタマイズする

　背景をカスタマイズするには**外観**と呼ばれるツールを利用します．外観ツールを起動するには，システム設定（図 A.1）の項目から [外観] を選択する方法と，ルートウィンドウ上で右マウスボタンをクリックすると表示されるデスクトップメニューから [背景の変更] を選択する方法があります（図 A.2）．

図 A.2: 外観ツール　　　　　　　　　　　図 A.3: ランチャー

　壁紙や画像フォルダ，色とグラディエーションといったメニューの中から，希望する画像や配色を組み合わせて背景が変更できます．

　画面の左端，縦にアイコンが並んでいる部分を**ランチャー**と呼びます．本書の環境では，パネルには Dash ホーム，Firefox や Thunderbird などのアプリケーションアイコン，ゴミ箱などが並んでいます (図 A.3)．

ランチャーに表示されているアイコンのサイズを変更するには，外観ツールの [外観] → [Launcher アイコンのサイズ] を利用します．この他，[挙動] タブを選択すると，ランチャーを自動的に隠したり，表示位置を変更したりすることもできます (図 A.4)．

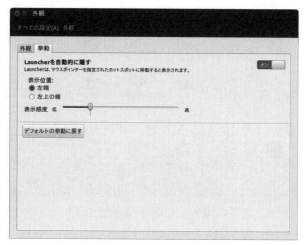

図 A.4　ランチャー設定

A.3.2　標準のアプリケーションを変更する

標準で設定されているアプリケーションを変更するには，詳細と呼ばれるツールを利用します．詳細ツールを起動するには，システム設定（図 A.1）の項目から [詳細] を選択します (図 A.5)．

詳細ツールの左のサブウィンドウから [デフォルトのアプリ] をクリックします．「ウェブ」や「メール」などの項目が右のサブウィンドウに表示されますので，それぞれの項目を変更してください[*3]．

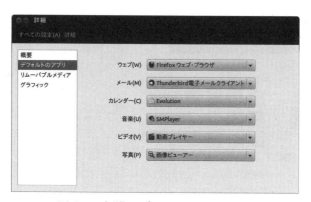

図 A.5　標準アプリケーションの変更

[*3] システムにインストールされていても，シェル変数 PATH に設定されていないアプリケーションは表示されません．

A.4 Thunderbird のカスタマイズ

A.4.1 初期設定

Thunderbird を使うにあたっては，メールアカウント情報やメールサーバとの通信など，プロファイルと呼ばれる設定を事前に行っておく必要があります．

初めて Thunderbird を起動したウィンドウ上で「メールアカウントを設定する」ボタンをクリックすると，プロファイルを作成するメールアカウント設定ウィンドウが表示されます[*4] (図 A.6).

図 A.6　メールアカウント設定ウィンドウ

「あなたのお名前」には自分の名前を，「メールアドレス」，「パスワード」にはそれぞれ自分のメールアカウントとパスワードを入力します．「続ける」ボタンをクリックすると，入力されたメールアドレスを元にプロパイダが自動検索され，メールサーバとの通信設定が自動で行われます．自動設定に間違いがなければ，「完了」ボタンをクリックすると，作成したアカウントが追加された基本ウィンドウが表示されます (図 A.7).

「Thunderbird はあなたのアカウント設定を見つけられませんでした．」と表示された場合は，受信サーバおよび送信サーバを手動で入力する必要があります．サーバ名についてはお使いのコンピュータの管理者に問い合わせてください．

A.4.2 設定ウィンドウ

Thunderbird の設定項目の多くは，独立した設定ウィンドウにまとめられ，確認や変更ができるようになっています．Thunderbird の基本ウィンドウでメニューバーから [編集] → [設定] を選択すると，図 A.8 のような設定ウィンドウが開きます．

設定項目は 8 つのカテゴリに分けて整理されています．ウィンドウ上部に並んだアイコンをクリックすると対応するカテゴリが選択され，そこに属する設定項目が表示されます．カテゴリの中には，さらに項目が細分化され，タブをクリックしてそれぞれの表示を切り替えるようになっているものもあります．

以下では，設定ウィンドウで変更できる項目をいくつか紹介します．項目の後ろの ( ) 内は，関連する設定項目を表示させる時に選択するボタン，タブを示します (タブはない場合があります).

[*4] 新たにアカウントを追加する場合にもこの作業が必要になります．メニューバーから [編集] → [アカウント設定] → [アカウント操作] → [メールアカウントを追加] で，メールアカウント設定ウィンドウが開きます．

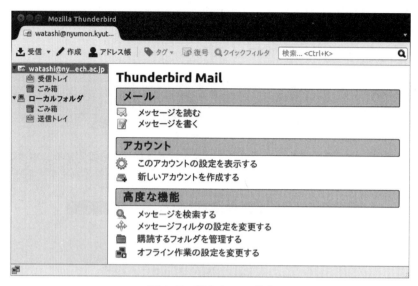

図 A.7　基本ウィンドウ

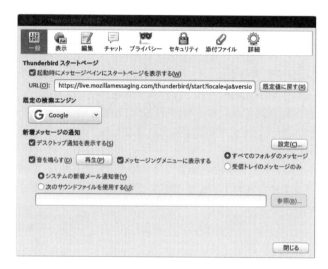

図 A.8　設定ウィンドウ (「一般」カテゴリを表示中)

- 表示フォントの指定　　([表示] → [書式])
  「フォント」項目の「既定のフォント」および「サイズ」で使用するフォントを指定します．「詳細設定」を選択するとフォントと文字エンコーディングウィンドウが表示され，さらに細かく設定することができます．
- メール引用部分の表示形式　　([表示] → [書式])
  「プレーンテキストメッセージ」項目における「引用されたテキストメッセージの表示」の各ボタンをクリックすると，メール本文で他のメールからの引用形式をとっている部分について，その表示文字色やフォント (字体) の種類などを指定することができます．
- 作成中のメールの自動保存　　([編集] → [一般])

「編集中のメッセージを ～ 分ごとに下書きとして自動保存する」項目をチェックし，任意の時間を入力すると作成中のメールを定期的に自動で保存します．
- **メールアドレス入力時の自動補完**　([編集] → [アドレス入力])
「アドレスの自動補完」項目の「ローカルのアドレス帳」をチェックすると，宛先メールアドレスを入力するときの補完機能 (5.2.5 項) が有効になります．
- **添付ファイルの保存先**　([添付ファイル] → [受信])
標準では受信した添付ファイルは「ファイルごとに保存先を指定する」となっています．「次のフォルダーに保存する」をチェックし，特定のフォルダを選択すると，保存先をそのフォルダに限定することができます．

A.4.3　アカウント設定

設定ウィンドウが Thunderbird の動作全般にかかわる設定を行うのに対し，アカウント設定ウィンドウには，電子メールを使う上での個人設定に関連する項目が集められています．メールサーバとの接続に関する基本設定に関しても，このウィンドウで確認や変更ができますが，ここでは説明を省略します．

基本ウィンドウでメニューバーより [編集] → [アカウント設定] を選択すると，アカウント設定ウィンドウが開きます (図 A.9)．ウィンドウの左側には，現在設定されているアカウント名と，そのアカウントごとの設定カテゴリが一覧表示されています．一覧項目のどれかをクリックして選択すると，対応する設定項目が右側の部分に表示されます．

ウィンドウの中で設定を変更したら，最後に「OK」ボタンをクリックし，設定変更を反映させます．

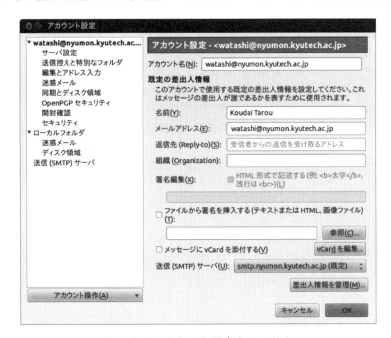

図 A.9　アカウント設定ウィンドウ

以下では，アカウント設定ウィンドウで変更できる項目をいくつか紹介します．項目の後ろの括弧書きは，関連する設定項目を表示させる時に選択する項目を示します．

- **署名の設定**　(アカウント名 (図 A.9 の例では **watashi@nyumon...**) を選択)

　　発信するメールの末尾に，発信者の名前や所属などを付加することがあります．これを**署名**，あるいは**シグネチャ (signature)** といいます．

　　メール作成時に自動的に署名を付けるには，「署名編集」フィールドに付加する文章を記入する方法と，あらかじめ署名として付加する内容を書いた文字ファイルを用意し，「ファイルから署名を挿入する」をチェックして有効にし，その下のフィールドに署名が入っている文字ファイルのパス名を入力する方法があります．右側の「参照」ボタンをクリックするとファイル選択ウィンドウが開くので，それを操作してファイルを指定することもできます．

- **メール受信のタイミング**　([サーバ設定])

「サーバ設定」項目の「新着メッセージがないか起動時に確認する」，「新着メッセージがないか 〜 分ごとに確認する」をチェックして有効にすると，Thunderbird は自動的にメールの受信を行います．あまり頻繁にメールの確認を行うと，メールサーバの負担が大きくなります．特別な理由がない限り，標準設定値 (10 分) より短い時間には設定しないようにしましょう．

- **メール作成時の形式**　([編集とアドレス入力])

「編集」項目における「HTML 形式でメッセージを編集する」をチェックすると，メール作成画面において，HTML 形式に基づいたメール本文の入力ができます．標準的な文字メールだけを作成するのであれば，チェックを外しておきます．HTML 形式を使うと，文字の字体や色を指定する機能が使えるようになる一方，相手によってはメールを表示できない場合もありますので注意が必要です．

- **開封確認**　([開封確認])

　　電子メールには「いつメッセージを読んでもらえるかわからない」という欠点があります．これは同時に「メールが先方に届いたのかわからない」ということでもあります．この問題を解消するため，開封確認，別名受信確認という機能を備えた電子メールリーダが増えてきました．Thunderbird にもこの機能が備わっています．

「このアカウントでは共通の開封確認設定に従う」にチェックを入れ，右端の [共通の開封確認設定] をクリックすると「開封確認」ウィンドウが表示されます[*5]．「開封確認」ウィンドウでは「開封確認が届いたとき」および「開封確認の返送を求められたとき」についての動作を設定することができます．なお，この「共通の〜」設定は，Thunderbird を複数の人間が共有する際に設定するものであり，「このアカウントでは開封確認の設定を個別に指定する」にチェックを入れ，下に表示された各種項目で個人ごとに設定することも可能です．

[*5] 設定ウィンドウ上で [詳細] → [一般タブ] → [開封確認] を選択した場合も「開封確認」ウィンドウが表示されます．

付録B　ネットワークを使う

　複数のコンピュータを，通信ケーブルや電波などの通信媒体で相互接続したものを**コンピュータ・ネットワーク**といいます．この節では，コンピュータ・ネットワークを使って，目の前にあるコンピュータ（ローカルコンピュータ）から，遠隔地にあるコンピュータ（リモートコンピュータ）を利用したり，プログラムやドキュメントを転送する方法について説明します．

B.1　リモートコンピュータを利用する (ssh)

　コンピュータ・ネットワークを通じて，ローカルコンピュータからリモートコンピュータを利用する方法として，ssh（Secure Shell）というプログラムの使い方について説明します．

　ssh は，rlogin や rsh コマンドのセキュリティ強化版です．公開鍵と秘密鍵を使った強力な認証機能や，ID やパスワードを含むすべての通信を暗号化して盗聴[*1]を防ぐといった特徴を持っています．

　ssh は，次のように実行します．

```
─────── ssh 接続例 ───────
$ hostname                                            ‥(1)
hotate.isc.kyutech.ac.jp
$ ssh sawara.isc.kyutech.ac.jp                        ‥(2)
The authenticity of host 'sawara (xxx.xxx.xxx.xxx)' can't be e......
ECDSA key fingerprint is SHA256:......
Are you sure you want to continue connecting (yes/no)? yes   ‥(3)
Warning: Permanently added 'sawara, xxx.xxx.xxx.xxx' (ECDSA) to......
n230001x@sawara.isc.kyutech.ac.jp's password: ........  ‥(4)
Welcome to Ubuntu
$ hostname                                            ‥(5)
sawara.isc.kyutech.ac.jp
$
```

　(1) hostname コマンドで，現在使っているローカルコンピュータの名前を確認します．(2) ssh の引数に **sawara** というリモートコンピュータを指定します．初めて利用する場合には，リモートコンピュータの情報を登録するかどうか確認を求められますので，(3) のように yes と入力します．なお，2 回目以降はこの手順はありません．(4) ログインパスワードの入力を求められますので，リモートコンピュータにおけるパスワードを入力してください．ログインが成功すると，プロンプトが表示されます．(5) は，確認のため hostname コマンドを実行しています．

[*1] 悪意ある第三者に通信内容を覗き見されることを盗聴といいます．

B.2 ファイルを転送する (sftp)

コンピュータ・ネットワークを通じて，ローカルコンピュータとリモートコンピュータ間でファイル転送を行う方法として，sftp (SSH File Transfer Protocol) の使い方について説明します．

sftp は，ftp コマンドのセキュリティ強化版です．ssh の機能を利用することで，認証の強化と通信の暗号化を行い，なりすましや盗聴を防ぐことができます．なお，sftp はリモートコンピュータを操作するため，リモートコンピュータにログインできる必要があります．

B.2.1 sftp の起動

sftp を起動するには，ターミナルウィンドウ上で次のように入力します．

```
──── sftp コマンドの実行 ────
$ sftp
```

例として，sakana.isc.cake.ac.jp に接続し，ファイル転送を実行します．

```
──── sftp 接続例（成功）────
$ hostname
tori.isc.pann.ac.jp
$ sftp sakana.isc.cake.ac.jp                        ‥(1)
The authenticity of host 'sakana (xxx.xxx.xxx.xxx)' can't be e......
ECDSA key fingerprint is SHA256:......
Are you sure you want to continue connecting (yes/no)? yes    ‥(2)
Warning: Permanently added 'sakana,xxx.xxx.xxx.xxx' (ECDSA) to......
n230001x@sakana.isc.cake.ac.jp's password: ........           ‥(3)
Connected to sakana.isc.cake.ac.jp.
sftp>                                                         ‥(4)
```

(1) 引数に接続したいリモートコンピュータ名を指定して sftp を実行します．初めて利用する場合には，リモートコンピュータの情報を登録するかどうか確認を求められますので，(2) のように yes と入力します．なお，2 回目以降はこの手順はありません．(3) ログインパスワードの入力を求められますので，リモートコンピュータにおけるパスワードを入力してください．ログインが成功すると，(4) のようなプロンプトが表示されます．

パスワードの入力ミスが原因でログインに失敗した場合，再度，パスワードの入力を求めてきます．一定回数連続して失敗すると，sftp コマンドは自動的に終了します．

─────── sftp 接続例（失敗） ───────
```
$ sftp sakana.isc.cake.ac.jp
The authenticity of host 'sakana (xxx.xxx.xxx.xxx)' can't be e......
Are you sure you want to continue connecting (yes/no)? yes
Warning: Permanently added 'sakana,xxx.xxx.xxx.xxx' (ECDSA) to......
n230001x@sakana.isc.cake.ac.jp's password:
Permission denied, please try again.
n230001x@sakana.isc.cake.ac.jp's password:
Couldn't read packet: Connection reset by peer
$
```

B.2.2 ファイル転送

リモートコンピュータへのログインに成功し，**sftp >** プロンプトが表示されると，sftp のサブコマンドが入力できるようになります．

sftp には多くのサブコマンドがあります．図 B.1 に示すように，リモートコンピュータ上のファイルをローカルコンピュータで受信するには **get** サブコマンドを使用し，ローカルコンピュータ上のファイルをリモートコンピュータ上に送信するには **put** サブコマンドを使用します．

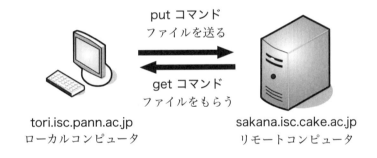

図 B.1 sftp のファイル送受信

put サブコマンドと get サブコマンドの書式を次に示します．

─────── put サブコマンドと get サブコマンド ───────
```
put    ローカルコンピュータのファイル名    [ リモートコンピュータのファイル名 ]
get    リモートコンピュータのファイル名    [ ローカルコンピュータのファイル名 ]
```

各サブコマンドの第 2 引数を省略した場合は，第 1 引数と同じファイル名を使用します．転送先のコンピュータ上に既にファイルが存在すると，そのファイルは転送したファイルと置き換わってしまうので注意が必要です．

リモートコンピュータの `sample.txt` というファイルを，ローカルコンピュータに `sample2.txt` という名前で受信する方法は，次のようになります．

252 第 B 章　ネットワークを使う

```
──── ファイル受信の例 ────
sftp> ls -l
-rwxr--r--   1 n230001x    student         40 Jan 14 21:04 kekka.txt
-rwxr-xr-x   1 n230001x    student      55516 Jan 17 15:20 sample.txt
sftp> get sample.txt sample2.txt
Fetching /home/n230001x/sample.txt to sample2.txt
/home/n230001x/sample.txt                        100%  54KB 54.2KB/s  00:00
sftp>
```

　ローカルコンピュータの kekka.txt というファイルを，リモートコンピュータに kekka2.txt と
いう名前で送信する方法は，次のようになります．

```
──── ファイル送信の例 ────
sftp> lls -l
-rwxr--r--   1 n230001x    student         40 1 月 14 21:04 kekka.txt
-rwxr-xr-x   1 n230001x    student      55516 1 月 17 15:20 sample.txt
-rwxr-xr-x   1 n230001x    student      55516 1 月 17 15:20 sample2.txt
sftp> put kekka.txt kekka2.txt
Uploading kekka.txt to /home/n230001x/kekka2.txt
kekka.txt                                        100%  40 0.0KB/s  00:00
sftp>
```

B.2.3 主なサブコマンド一覧

――― 主なサブコマンド一覧 ―――

! [command]	ローカルコンピュータでシェルコマンドとして command を実行します．コマンドが与えられないと，対話式シェルを呼び出します．
bye または quit	リモートコンピュータとの sftp セッションを完了して，sftp を終了します．
cd [remotedirectory]	リモートコンピュータの作業ディレクトリを remotedirectory に変更します．
lcd [directory]	ローカルコンピュータの作業ディレクトリを変更します．directory が指定されないと，ユーザのホームディレクトリが使用されます．
ls [remotedirectory]	remotedirectory のディレクトリ内容をリストに表示します．ディレクトリが指定されないと，リモートコンピュータの現作業ディレクトリが使用されます．
lls [directory]	ローカルコンピュータのディレクトリ内容をリストに表示します．ディレクトリが指定されないと，ローカルコンピュータの現作業ディレクトリが使用されます．
get remotefile [localfile]	remotefile をローカルコンピュータに転送します．localfile が指定されないと，リモートコンピュータ上のファイル名が使用されます．
mget [remotefiles]	リモートコンピュータの remotefiles を展開し，生成された各ファイル名に対し get を実行します．
mput [localfiles]	ローカルコンピュータの localfiles を展開し，生成された各ファイル名に対し put を実行します．
put [localfile] remotefile	リモートコンピュータにローカルファイルを転送します．remotefile が指定されないと，ローカルコンピュータ上のファイル名が使用されます．
help [command]	command の意味に関する機能説明メッセージを表示します．引数が与えられないと，sftp が既知のコマンドのリストを出力します．

付録C　ファイルマネージャを使う

　コンピュータ内に保存されているファイルを開いたり，移動や複製，削除といった操作を行う場合，最も Linux らしい方法はターミナルウィンドウからコマンド入力して実行することですが，ファイルマネージャという，グラフィカルユーザインターフェース (GUI) を備えたプログラムを用いることで，マウス操作主体で実行することもできます．Linux 上で動作するファイルマネージャには様々な種類があり，それぞれ異なった操作方法を持っていますが，この節では，Ubuntu 標準のファイルマネージャ **Nautilus** について説明します．

　Nautilus は基本的なファイル操作機能に加えて，複数のディレクトリを 1 つのウィンドウ内に開くことができるタブ機能や，コンピュータ・ネットワークを通じて，リモートコンピュータのファイルシステムにアクセスすることができる機能を持っています[*1]．

C.1　ディレクトリとフォルダ

　Linux では，ファイルを内容や用途ごとに分類して保存するための保管場所を**ディレクトリ**と呼んでいますが，Nautilus のようなグラフィカルユーザインターフェース (GUI) を用いたプログラム上では，ディレクトリを**フォルダ**と呼んでいます．コンピュータシステム上でこの 2 つの名称がさす意味は厳密には異なりますが，利用する側から見れば両者はほぼ同様と考えて問題はありません．本節では Nautilus の表示に従い，フォルダと記しています．

C.2　Nautilus の基本ウィンドウ

　Nautilus を起動するには，ランチャーの「ファイル」アイコンをクリックするか，ターミナルウィンドウ上で **nautilus** コマンドを入力します．起動すると図 C.1 のような基本ウィンドウが開きます．

―――――― コマンドラインからの起動 ――――――

```
$ nautilus Enter
```

　基本ウィンドウは，図 C.1 に示すようないくつかの表示領域 (ペイン) からできています．

　画面上部は，Nautilus を操作するペインです．マウスを使って Nautilus の機能メニューを選択するためのメニューバーがあり，ファイルや編集，表示，移動といった項目をクリックすると，それぞれの詳細なメニューがプルダウン表示されます．メニューバーの下部にはメインツールバーがあり，カレントディレクトリを示すロケーションバーや検索バーなどが表示されます．

　画面右側のペインは，カレントディレクトリのファイルやフォルダがアイコン形式で表示されてい

[*1] 本書の環境ではアクセス制限されているため使用できません．

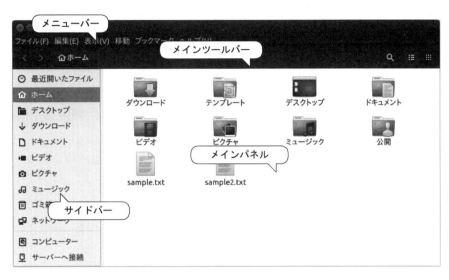

図 C.1　Nautilus の基本ウィンドウ

るメインパネルです．これらのアイコンをクリックまたはドラッグ・アンド・ドロップなどをすることで，移動や削除，編集などの操作をすることができます．

画面左側のペインは，ユーザのホームディレクトリ構成が表示されているサイドバーです．メインパネルで別階層のファイル操作をしていても，サイドバーの項目を選択することでホームディレクトリに戻ることができます．

Nautilus を終了するには，メニューバーから [ファイル] → [閉じる] を選択します．

C.3　基本的な操作方法

新規作成

Nautilus で新しいファイルを作成するには，メインパネルでマウスの右ボタンをクリックしてプルダウンメニューから [新しいドキュメント] → [空のドキュメント] を選択するか，またはメニューバーから [ファイル] → [新しいドキュメント] → [空のドキュメント] を選択します (図 C.2)．

するとメインパネルに「無題のドキュメント」という名前のファイルが作成され，名称入力待ち状態になりますので，名前を入力して Enter を押します (図 C.3) [*2]．

フォルダを作成する場合は，同じプルダウンメニューから [新しいフォルダー] を選択します．メインパネルに「無題のフォルダー」という名前のフォルダが作成され，名称入力待ち状態になりますので，ファイル作成と同様に名前を入力して Enter を押します (図 C.4)．

名前の変更

既に作成したファイルやフォルダの名前を変更する場合には，メインパネルでファイルまたはフォルダをクリックして選択し，マウスの右ボタンをクリックしてプルダウンメニューから [名前の変更] を選択するか，またはメニューバーから [編集] → [名前の変更] を選択します．

すると，選択したファイルまたはフォルダが名称入力待ち状態になりますので，新しい名前を入力

[*2] この際に拡張子を付けることもできます．例では html を付けています

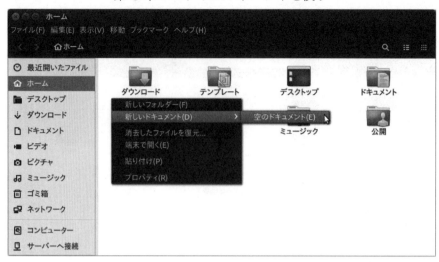

図 C.2　新しいファイルの作成 (プルダウンメニュー)

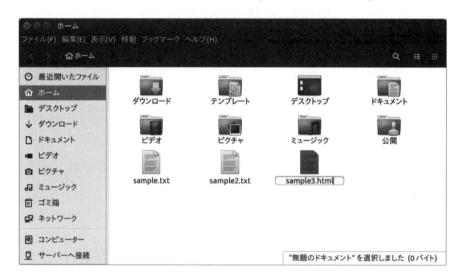

図 C.3　ファイル名，拡張子の指定

して Enter を押します．

削除

　ファイルやフォルダを削除するには，削除したいファイルやフォルダをメインパネル上でクリックして選択し，メインパネルでマウスの右ボタンをクリックしてプルダウンメニューから [ゴミ箱へ移動する] を選択するか，またはメニューバーから [編集] → [ゴミ箱へ移動する] を選択します．なお，この操作ではファイルもフォルダも実際にはゴミ箱フォルダの中に移されるだけなので，必要に応じてランチャーのゴミ箱アイコンを右クリックして，「ゴミ箱を空にする」を実行する必要があります．

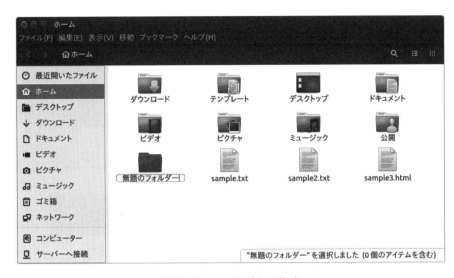

図 C.4　フォルダ名の指定

移動

　ファイルやフォルダを別のフォルダに移動するには，メインパネルでそのファイルまたはフォルダを選択し，それをメインパネル内の移動先のフォルダにドラッグします (図 C.5)．プルダウンメニューから行う場合は [編集] → [指定先に移動] を選択します．

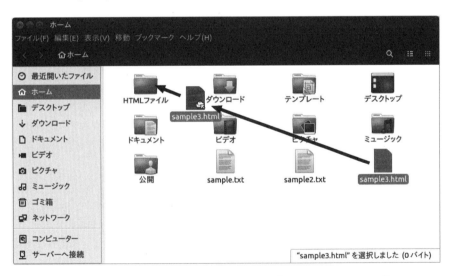

図 C.5　別のフォルダへの移動 (ドラッグ・アンド・ドロップ)

　メインパネルやサイドバーに表示されていないフォルダに移動するには，メインパネルでそのファイルまたはフォルダを選択し，マウスの右ボタンをクリックしてプルダウンメニューから [切り取り] を選択するか，またはメニューバーから [編集] → [切り取り] を選択します．

メインパネルに移動先のフォルダを表示させ，マウスの右ボタンをクリックしてプルダウンメニューから [貼り付け] を選択するか，またはメニューバーから [編集] → [貼り付け] を選択して移動することができます．

コピー

ファイルやフォルダを移動するのではなく，別のフォルダにコピーを作成する場合には，メインパネルでそのファイルまたはフォルダを選択し，マウスの右ボタンをクリックしてプルダウンメニューから [コピー] を選択するか (図 C.6)，またはメニューバーから [編集] → [コピー] を選択します．

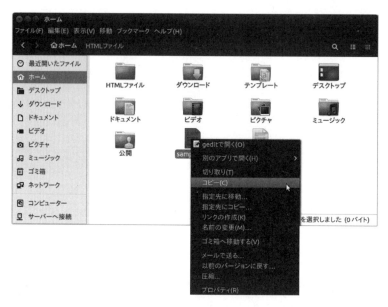

図 C.6 別のフォルダへのコピー (プルダウンメニュー)

次に，メインパネルに移動先となるフォルダを表示させ，そのフォルダを右クリックしてプルダウンメニューから [フォルダーへ貼り付け] を選択すると，フォルダの中にコピーが作成されます．

編集

ファイルを編集するには，メインパネルでそのファイルをダブルクリックするか，メニューバーから [ファイル] → [gedit で開く] を選択します．すると編集のための新しいウィンドウ (図 C.7) が開きます[*3]．

ファイルをダブルクリックして編集を行うと，それぞれの拡張子に紐付けされたアプリケーションが自動的に起動します．拡張子が html の場合は Firefox が，xlsx など表計算ソフトの場合は LibreOffice が起動します．

こうした，自動的に起動するアプリケーション以外で編集を行いたい場合は，メインパネルでファイルを選択し，マウスの右ボタンをクリックしてプルダウンメニューから [別のアプリで開く] を選択します．するとアプリケーションの一覧が表示されますので，使用したいアプリケーションを選択し

[*3] 本書の環境では，Nautilus の標準エディタは gedit です．

図 C.7　編集画面の例 (gedit)

ます (図 C.8).

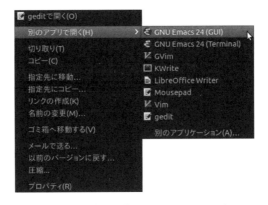

図 C.8　編集アプリケーションの選択

アクセス権の変更

ファイルやフォルダのアクセス権を確認，変更するには，メインパネルでそのファイルまたはフォルダを選択し，マウスの右ボタンをクリックしてプルダウンメニューから [プロパティ] を選択するか，またはメニューバーから [ファイル] → [プロパティ] を実行します．

新たに「(ファイルまたはフォルダ名) のプロパティ」というウィンドウが開きます (図 C.9) ので，タブバーから [アクセス権] を選択します．すると，ファイルのアクセス権一覧が表示されますので，「所有者」，「グループ」，「その他」に対して「なし」，「読み込み専用」または「読み書き」とアクセス権を変更することができます．設定終了後はタイトルバーの強制終了ボタン (●) をクリックします．

ディレクトリを表示

希望するディレクトリを表示させるには，ロケーション (場所) の指定が必要です．Nautilus をターミナルウィンドウから起動する際に，表示したいディレクトリのロケーションを引数として指定することができます．例として，/usr/bin を指定します．

───── コマンドラインからの起動 (表示するディレクトリの指定) ─────

```
$ nautilus /usr/bin Enter
```

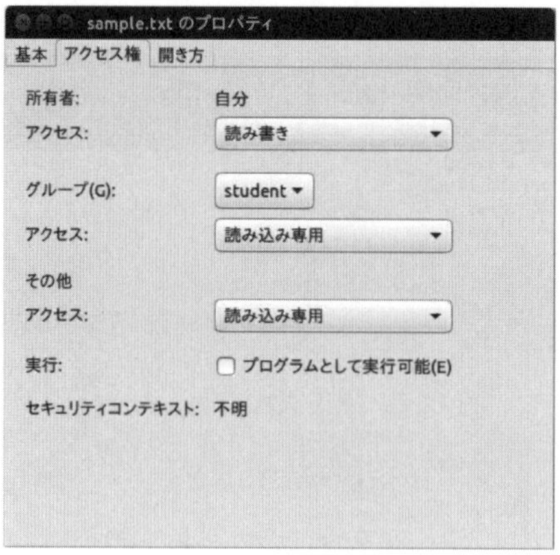

図 C.9 アクセス権の変更

ランチャーから起動した，または既に起動している場合は，メニューバーから [移動] → [場所を入力] を選択するとメインツールバーにロケーション入力バーが表示されますので，希望するロケーションを入力し，Enter を押します．

C.4 USB メモリを利用する

本書の環境では，端末に USB メモリを接続するとランチャー上に USB メモリアイコンが表示されます．このアイコンをマウスで左クリックすると，USB メモリ内を表示した Nautilus が起動します (図 C.10)．

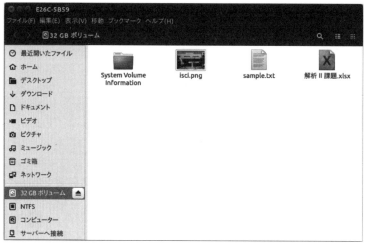

図 C.10　USB メモリ内の表示

文字コード

Windows など，Linux 以外のコンピュータ環境で作成されたテキストファイルを開いた際，意味不明の記号や文字の羅列が並ぶ，いわいる文字化けが起きることがあります．これは Linux の標準文字コード，UTF-8 以外が使われている際に起きる現象です．このような場合，Linux らしい解決方法は

ターミナルウィンドウから nkf コマンドを使用して文字コードを変更することですが，テキストファイルの文字コードに対応しているアプリケーションを使用することで，文字コードを変更せずに開けることもあります．

--- 文字コードの確認例 (nkf コマンド) ---
```
$ nkf -g sample.txt
```

使用するアプリケーションを変更する方法は，C.3 の「編集」の項を参照してください．

取り外し

USB メモリを端末から取り外すには，メインツールバーまたはサイドバーに表示されている USB メモリのデバイス (例では「32GB ボリューム」と表示されています) をマウスで右クリックしてプルダウンメニューから [ドライブの安全な取り出し] を選択する (図 C.11) か，またはサイドバーに表示されているイジェクトボタン (⏏) をクリックします．

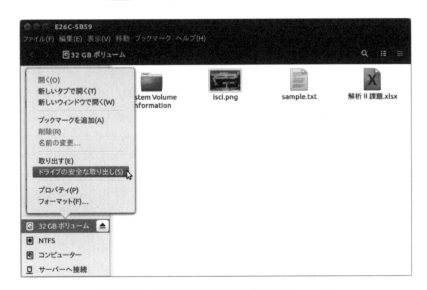

図 C.11　取り外し例 (プルダウンメニュー)

メニューバーから [ファイル] → [取り出す] を選択することもできますが，できれば [ドライブの安全な取り出し] を選択してください．

付録D　シェルスクリプトの概要

　Linux オペレーティングシステムの大きな特徴の 1 つは，多くの洗練されたコマンドが OS と一緒に標準提供されていることです．たいていのコンピュータ処理は，パイプ機能などを用いてこれらのコマンドを組み合わせることによって実現することができます．

　利用者が決まった手順で Linux コマンドを入力していく方法として，**シェルスクリプト**があります．シェルスクリプトとは，実行権を与えたファイルに，あらかじめコマンドの組合せを記述したものです．利用者はシェルスクリプトのファイル名を入力するだけで，一連のコマンドを連続して入力することができ大変便利です．また，条件判断や繰り返し処理を行うこともできます．

D.1　シェルの種類

　現在広く利用されているシェルについて，その特徴とおもな機能を簡単に紹介します．詳細については，10.3.7 項の man コマンドによるオンラインマニュアルを参照してください．

■sh　最も歴史があるシェルで，開発者 Steven Bourne の名前にちなんでボーンシェルと呼ばれています．機能が少ない分だけ高速に実行できるため，現在でもシェルスクリプトの実行環境としてよく使われています．このシェルはあらゆる Linux や UNIX 系のシステムに標準装備されていることから，**標準シェル**と呼ばれます．

■csh　構文が C 言語に似ているところから **C シェル**と呼ばれています．主な機能として，コマンド文字列に別の名前を付ける**別名機能**，過去の入力コマンドの履歴を記録しておき，後で修正して再利用する**ヒストリ機能**，ジョブ制御機能など，標準シェルにはない便利な機能がたくさんあります．

■ksh　標準シェルの上位互換シェルで，開発者 David Korn の名前にちなんで **Korn シェル**と呼ばれています．標準シェルの機能をすべて含んだ上で，過去に入力した文字列を vi あるいは Emacs エディタ風のキー操作で，直接コマンド行に呼び出して編集する機能や，ファイル名やコマンド名の補完機能などが追加されています．

■bash　bash も標準シェルの上位互換シェルで，**Bourne again shell** から命名されたといわれています．bash は ksh や csh の有用な機能をいくつか取り入れられています．例えば ksh にない機能として，コマンド行から "!" 文字と組み合わせて使用する csh のヒストリ機能が利用できます．また ksh と同様，vi あるいは Emacs エディタ風の行編集機能や，ファイル名やコマンド名の補完機能などが使用できます．

■tcsh　csh にファイル名補完機能やコマンド行編集機能など多数の機能を付加した csh の上位互換シェルです．Emacs に似たキー操作によるコマンド履歴やコマンド行の編集機能のほか，コマンド名やファイル名，ユーザ名の補完機能およびスペル訂正機能，コマンド入力途中にファイルやディレクトリを表示する機能などがあります．

D.2 簡単なシェルスクリプトの例

この節では，bash を利用した簡単なシェルスクリプトの作成を行います．今回は，C 言語で記述されたソースプログラム (ファイル名を curve.c とします) があったとき，コマンドラインから

```
$ ./ccomp curve.c Enter
```

のように入力すれば，自動的に以下の処理を行う ccomp スクリプトを作成します．

- 最初に現在の日付と C ソースファイルの詳細な情報を画面に出力する
- 実行性能が最大になるよう最適化してコンパイルする
- 実行可能プログラムを出力するファイル名は a.out ではなく，ソースファイル名から拡張子 ".c" を除いた名前とする (ここの例では curve)
- 各ステップごとに現在どのステップを実行中であるか，適当なメッセージを出力する
- コンパイルが正常に終了した場合は自動的に実行まで行う

図 D.1 に ccomp スクリプトの例を示します．1 行目は，このスクリプトを解釈するシェル本体が/bin/bash(bash の本体) であることを示しています．最初の "#" の前に空白を入れてはいけません．3 行目から 7 行目までは，ccomp スクリプトの引数の数を調べています．引数が指定されていない場合は，このスクリプトの使い方を表示し，exit コマンドの引数を 1 として，スクリプトを強制終了しています．なお，"$" で始まる文字列をシェル変数 ($#, $0, $?) といい，これらの文字列は特別な意味を持っています．

8 行目では，まず date コマンドが実行され，現在の日付が画面に表示されます．続いて "ls -l $1" コマンドが実行されます．しかし$1 は表 D.1 で定義されているシェル変数ですから，実際には "ls -l curve.c" コマンドが実行されます．9 行目と 10 行目では，シェル変数の定義を行っています．まず 9 行目でシェル変数 name が定義され，その値としてスクリプト起動時の第 1 引数であるソースファイル名 "curve.c" がセットされます．同様に 10 行目では，シェル変数 root の値としてソースファイル名から拡張子 ".c" を除いた文字列 "curve" がセットされます．既に定義されたシェル変数の値を参照するためには，それぞれの変数名の前に "$" を付けて$name, $root とします．なお，1 行目を除き "#" 以降に書かれた文字列はスクリプトの注釈を記述する際に使います．

16 行目では，シェル変数 name と root の値が参照されて，"cc -O3 -o curve curve.c" と同等な動作となります．17 行目の if 文でコンパイルエラーがあったかどうか判断しています．コンパイルエラーが存在する場合は，それ以降の処理を中断してスクリプトを終了させるようにしています．if 文中のシェル変数 "?" には，直前のコマンド (今回は cc コマンド) の実行結果が代入されています．実行に成功した場合は "0" となります．

24 行目では，シェル変数 root の値が参照されて，curve と同様な動作となります．コンパイル結果として作成されたプログラムが実行されます．

D.3 シェルスクリプトの実行

まず，エディタを用いて図 D.1 に示すスクリプト (各行左端の数字とコロン，および空白は説明のためのものです．実際には入力しないでください) を入力し，ファイル名を ccomp として保存します．次に，chmod コマンドで ccomp ファイルに実行権を与えます．実際にスクリプトを実行した結果は以下となります．

264　　　第 D 章　シェルスクリプトの概要

```bash
 1: #!/bin/bash
 2: # "ccomp" program for C compilation
 3: if [ $# == 0 ]
 4: then
 5:    echo "No argument.  Usage: $0 filename.c"
 6:    exit 1
 7: fi
 8: date; ls -l $1
 9: name=$1                    # variable definition
10: root=${1%.*}
12: echo "----------------------------------"
12: echo "Source program:" $name
13: echo "Output executable file:" $root
14: echo "----------------------------------"
15: echo "C compiler starts .... "
16: cc -O3 -o $root $name          # compilation
17: if [ $? != 0 ]
18: then
19:    echo "Error in Compilation."
20:    exit 1
21: fi
22: echo "Compilation normally finished."
23: echo "Execution starts .... "
24: $root                          # execution
25: echo
26: echo "Execution normally finished."
```

図 D.1　C コンパイルのためのシェルプログラム例 (ccomp)

───────── ccomp の実行結果 ─────────

```
$ chmod u+x ccomp [Enter]
$ ./ccomp curve.c [Enter]

2017 年　9 月　26 日 火曜日 12:08:01 JST
-rw-r--r-- 1 n230001x student 314　9 月 26 11:45 curve.c
----------------------------------
Source program: curve.c
Output executable file: curve
----------------------------------
C compiler starts ....
Compilation normally finished.
Execution starts ....
   -2.00000    7.00000
   -1.85000    6.12250
       ........
    4.00000    7.00000
Execution normally finished.
```

D.4 シェルスクリプト構文の概要

D.4.1 変数の定義

変数の定義と値の参照

C 言語や Java 言語と同様，シェルでも変数を利用することができます．これは**シェル変数**と呼ばれ，値を代入したり，必要に応じて値を参照したりすることができます．シェル変数の名前は英字またはアンダースコア "_" で始まる文字列です．シェル変数は，通常プログラミング言語のようなデータ型の区別はなく，すべて文字列として扱われます．

シェル変数への値の代入は，変数名と値を等号「=」で結ぶことによって行います．値に空白やメタキャラクタが含まれているときはシングルクォート「'」またはダブルクォート「"」で囲まなければなりません．また，シェル変数に対して，コマンド実行結果を文字列として直接代入することができます．この場合は以下の例に示すように，実行するコマンドをバッククォート「`」で囲み，シェル変数に代入します．

シェル変数の値の参照はすべて変数名の前に "$" を付けることで行います．

―――― シェル変数への値の代入 ――――

```
シェル変数名=値
```

―― シェル変数への代入例 ――

```
vvalue=2000
vname=curve.c
vcost="2000$"
```

―― コマンド実行結果の代入例 ――

```
cdate=`date`
users=`who | wc -l`
```

定義済みの特殊なシェル変数

コマンドの引数やプロセス番号を参照するために用いられる特殊なシェル変数の例を表 D.1 に示します．

表 D.1: 特殊なシェル変数

記号	意　味
$#	引数の数
$*	すべての引数
$0	コマンド名
$1	第 1 番目の引数
$2	第 2 番目の引数
$n	第 n 番目の引数
$$	コマンドのプロセス ID
$?	実行したコマンドの結果
$変数名	変数の内容の参照

表 D.2: メタキャラクタ

文字	シェルの特殊機能
$	シェル変数の値の参照
* ? [ ] { } ~ -	ファイル名の簡略指定
< > ! &	標準入出力の切り換え
|	パイプ処理
;	複数コマンドの区切り
( )	コマンドのグループ化
' " \	文字のエスケープ
`	コマンド実行結果で置き換え
&	バックグラウンドで実行

メタキャラクタとそのエスケープ

bash では，文字 "$" は特殊な意味を持っており，一般にシェル変数の前に付けてその値を参照するために用います．このように，シェルにとって特別な意味を持つ特殊文字のことを**メタキャラクタ** (meta character; メタ文字) と呼びます．表 D.2 にシェルのメタキャラクタを示します．

メタキャラクタの特殊な機能を無効にして普通の文字にすることを「**エスケープ** (escape; 脱出) する」といいます．メタキャラクタをエスケープする方法には，表 D.3 に示すような 2 つの方法があります．

表 D.3　メタキャラクタのエスケープ方法

方　　法	使用例	使用上の注意
" で囲む	echo "<<---[test]--->>"	! $ ` はエスケープ不可
' で囲む	echo '<<--- 100$ --->>'	!はエスケープ不可

D.4.2　制御構造

条件判断のための if 構文

if 構文の書式には次の 2 つがあります．書式 (1) では，条件式が真のときだけコマンド群が実行され，それ以外のときは fi 以降にスキップします．書式 (2) では，条件式が真のときはコマンド群 1 だけを実行して fi の次へ，それ以外のときはコマンド群 2 だけを実行して fi 以降にスキップします．

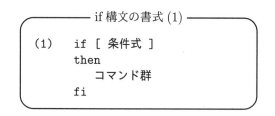

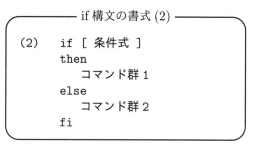

条件式を記述するための演算子には，表 D.4 に示す比較演算子と論理演算子の他に，表 D.5 に示すファイル検査演算子があります．ファイル検査演算子は，以下の例 2 に示すように，

　　　　検査演算子　　検査ファイル名

の形で用います．

表 D.4: 比較演算子と論理演算子

演算子	意　味
-eq	両辺が等しい
-ne	両辺が等しくない
-gt	左辺が右辺より大
-ge	左辺が右辺以上
-lt	左辺が右辺より小
-le	左辺が右辺以下
=	文字列パターン一致
!=	文字列パターン不一致
-a	論理積
-o	論理和
!	論理否定

表 D.5: ファイル検査演算子

演算子	意　味
-r	読み出し可能
-w	書き込み可能
-x	実行可能
-e	ファイルが存在
-o	ファイルの所有者
-f	普通のファイル
-d	ディレクトリ

if 構文の例として，引数が 1 かそれ以外かで who と finger コマンドを使い分けるシェルプログラム

D.4 シェルスクリプト構文の概要 267

を例1に示します．また，引数に指定されたファイルが存在するかどうかをチェックするプログラム
を例2に示します．

```
――― if 構文の例 1 ―――
#!/bin/bash
if [ $1 -eq 1 ]
then
    who
else
    finger
fi
```

```
――― if 構文の例 2 ―――
#!/bin/bash
if [ ! -e $1 ]
then
    echo $1 "does not exist."
else
    echo $1 "exists."
fi
```

繰り返し処理のための while 構文

while 構文は条件式が真である間，コマンド群を
繰り返し実行します．まず条件式が評価され，もし
偽なら done の次にスキップします．真ならば，do
から done の間に記述したコマンド群を実行します．
コマンド群の実行後，再び条件式の評価に戻り，同
様の処理を条件式が偽になるまで繰り返します．

```
――― while 構文の書式 ―――
while [ 条件式 ]
do
    コマンド群
done
```

while 構文を使った例として，1 から 10 までの和を求めて画面に表示するシェルプログラムの例を
示します．

```
――――――――――――――――――― while 構文の例 ―――――――――――――――――――
#!/bin/bash
sum=0
i=0                      # 変数の初期化
while [ $i -lt 10 ]      # カウンタ i の値が 10 以下の間繰り返す
do
    let i="${i}+1"       # カウンタ i に 1 を加える
    let sum="${sum}+i"   # i の値を sum に加える
done
echo $sum                # sum を表示
```

プログラム中の let という命令は，シェル変数の値を数値とみなして計算を行うために用います
(let を省略した場合，文字列の結合と解釈されてしまいます)．

単純繰り返しのための for 構文

for 構文は，単語リストに登録されているすべて
の単語について，左側から順に 1 つずつ取り出して
変数に代入し，最後の単語が取り出されるまでコマ
ンド群を繰り返し実行します．

```
――― for 構文の書式 ―――
for 変数 in 単語リスト
do
    コマンド群
done
```

コマンド群の実行時にこの変数の値を参照することにより，間接的に単語の値を参照することがで
きます．例として，カレントディレクトリのすべてのファイルを調べ，普通のファイルでかつ実行権
の設定されているものだけを表示するシェルスクリプトの例を以下に示します．if 構文の中で用いら
れている演算子の意味については表 D.4 および表 D.5 を参照してください．

第 D 章　シェルスクリプトの概要

```
─────── for 構文の例 ───────
#!/bin/bash
for name in *                    # すべてのファイルを単語リストにセットする
do
  if [ -f $name -a -x $name ]
  then
      echo $name                 # 普通のファイルで実行可能なものを表示
  fi
done
```

場合分け処理のための case 構文

　case 構文は，変数をパターンによって場合分けし，それぞれの場合に応じて異なった処理を行うためのものです．C 言語の case 文に類似していますが，パターンに一致した時点で処理が終了します.

　まず変数をパターン 1 と比較し，もし一致していたらコマンド群 1 を実行して esac の次に移ります. もし一致していない場合，パターン 2 と比較を行い一致していたらコマンド群 2 を実行して esac の次に移ります. 以下同様な処理を繰り返し，もしすべてのパターンと一致していない場合，デフォルトコマンド群を実行した後 esac の次に移ります.

　例として，オプションが"-e"なら Emacs エディタを，"-v"なら vi エディタを実行するシェルプログラムを次に示します.

　以下のプログラムではオプション以外の引数をエディタに引き渡すことも考慮しています. このシェルプログラムを editor というファイル名で保存を行い実行権を与えた後,

```
$ ./editor -e test.c
```

と入力すると，結果として"emacs test.c"コマンドが実行され Emacs が起動します.

```
─────── case 構文の書式 ───────
case 変数 in
    パターン 1)
        コマンド群 1
        ;;
    パターン 2)
        コマンド群 2
        ;;
        ....
        ....
    *)
        デフォルトコマンド群
        ;;
esac
```

```
─────── case 構文の例 ───────
#!/bin/bash
case $1 in
    -e)                          # 引数が-e であれば
        shift                    # コマンド引数を全体的に 1 つずらす
        emacs $*                 # -e 以外の全引数を付けて Emacs を起動
        ;;
    -v)                          # 引数が-v であれば
        shift                    # コマンド引数を全体的に 1 つずらす
        vi $*                    # -v 以外の全引数を付けて vi を起動
        ;;
    *)                           # 引数が-e,-v 以外であれば
        exit 1                   # exit 1 で異常終了
        ;;
esac
```

その他の制御コマンド

break, continue コマンドについて典型的な使用例を示します．これらのコマンドは，while 構文や for 構文などのループ構文と併用してプログラムの実行順序を変えるために用いられます．

―――――――― break, continue の典型的な使用例 ――――――――

```
while,for などの繰り返し文の先頭
    コマンド群 1
    if [ 条件式 1 ] then
        continue        # 条件式 1 が真なら繰り返し文の先頭に戻る
    fi
    コマンド群 2
    if [ 条件式 2 ] then
        break           # 条件式 2 が真なら繰り返し文の終了後へスキップ
    fi
    コマンド群 3
繰り返し文の終了
```

空白に関する注意

シェルプログラミングを行う場合，スクリプト中の空白の取り扱いに注意する必要があります．

シェル変数へ代入を行う場合，等号の前後に空白を置いてはいけません．空白があると，代入が行えずにエラーが発生します．また，分岐や繰り返しの制御文 (if, while) の記述には大括弧 "[" を用いますが，大括弧の前後には必ず空白が必要となります．

付録E 仮想化ソフトウェアを用いた Linux 環境の利用

　市販のパーソナルコンピュータのほとんどは，Windows などの OS がすでにインストールされた状態で提供されています．そうしたコンピュータで Ubuntu Linux を実際に使ってみようとすると，すでにインストールされている OS を一旦消去して Ubuntu に入れ直す必要があったりするので，なかなか気軽に試すことができません．しかし，**仮想化ソフトウェア**と呼ばれるアプリケーションを使うと，元の OS をそのまま使いながら Ubuntu などの別の OS も同時に動かすことができるようになります．

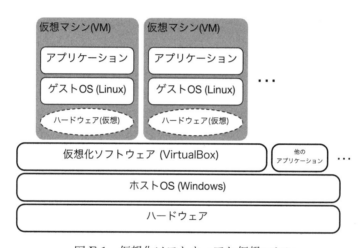

図 E.1　仮想化ソフトウェアと仮想マシン

　仮想化ソフトウェアは，元のコンピュータ (OS) の利用環境の中に，別のコンピュータハードウェアをソフトウェア的に模倣して作り出すことができます．仮想化ソフトウェアは，元の OS の世界における 1 つのファイルをハードディスクに見せかける，あるいは 1 つのウィンドウ画面をディスプレイ装置に見せかける，といった形で，仮想的なコンピュータハードウェア一式を作り出します．これを**仮想マシン (Virtual Machine；VM)** と呼びます．この VM に改めて OS をインストールすることにより，元のコンピュータの OS 環境に影響を与えることなく，別の様々な OS を動作させることができるようになります．なお，仮想化ソフトウェアが動作する基盤となる OS をホスト OS，VM 上で動作する OS をゲスト OS と呼びます．

　VM は，ソフトウェアによってハードウェアの動作を模倣する分，元のコンピュータよりも性能が落ちますが，近年では元のハードウェアが高性能化したことや，仮想化の技術が向上したこともあって，多くの用途で十分な性能が得られるようになってきました．使い方にもよりますが，同時に複数の VM を起動して利用することも可能です．

以下では **Oracle VM VirtualBox** という無償の仮想化ソフトウェアを使い，Windows10 をホスト OS として，その上で Ubuntu をゲスト OS として動作させる手順を簡単に説明します[*1]．大まかな流れは，

1. VirtualBox ソフトウェアのダウンロードとインストール
2. 新しい VM の作成
3. Ubuntu インストールパッケージのダウンロードと VM へのインストール
4. Ubuntu (ゲスト OS) のセットアップ

のようになります．なお，比較的大きな容量のファイルをダウンロードしますので，高速のネット回線に接続した状態で作業することをお勧めします．また，以下の説明は VirtualBox 5.2.4 と Ubuntu 16.04 に基づいていますが，それぞれバージョンアップなどが行われると，関係するファイル名やリンク先，作業手順なども変化することがあるのでご注意ください．

E.1 VirtualBox ソフトウェアのダウンロードとインストール

Web ブラウザで VirtualBox ソフトウェア公式サイトのダウンロードページを開きます (`https://www.virtualbox.org/wiki/Downloads`)．

図 E.2　VirtualBox 公式サイト (ダウンロードページ)

「VirtualBox 5.2.4 platform packages」項目に各種ホスト OS ごとのダウンロード用リンクが並んでいるので，「Windows hosts」と書かれたリンクをクリックして Windows 用のインストーラファイル (`VirtualBox-5.2.4-119785-Win.exe`) をダウンロードします．また，同じページの「VirtualBox 5.2.4 Oracle VM VirtualBox Extension Pack」項目の「All supported platforms」をクリックして，VirtualBox の機能拡張を行う VirtualBox Extension Pack (`Oracle_VM_VirtualBox_Extension_Pack-5.2.4-119785.vbox-extpack`) もダウンロードしておきます．

[*1] 仮想化ソフトウェアは有償のものを含めて何種類かが利用されており，ホスト OS として Windows の他に macOS や Linux などに対応したものもあります．

(a) インストール開始画面

(b) 最終画面

図 E.3　VirtualBox インストールウィザード

ダウンロードしたインストーラファイルを実行すると，インストールウィザードが起動します図 E.3(a)．インストールウィザードの動作中に各種の設定についての問い合わせ画面がいくつか開きますが，通常は「Next」「Yes」「Install」といったボタンをクリックして，標準設定のまま進めていきます．ただし途中「このアプリがデバイスに変更を加えることを許可しますか？」という画面では「はい」を，「このデバイス ソフトウェアをインストールしますか？」に対しては「インストール」を選択します．

インストールが完了すると図 E.3(b) のような画面が表示されます．中央のチェックボックスをチェックした状態で「Finish」ボタンをクリックすると，すぐに VirtualBox が起動し，VirtualBox マネージャ画面が表示されます．

次に VirtualBox Extension Pack (機能拡張パッケージ) のインストールを行います．起動した VirtualBox の VirtualBox マネージャの左上のメニューから [ファイル] → [環境設定] を選択して環境設定画面を開き，「機能拡張」を選択します．ここで画面の右端にある「+」マークのアイコンをクリックすると，機能拡張パッケージファイルの選択画面が出るため，ダウンロードしておいた Extension Pack のファイルを指定して「開く」をクリックします．

「機能拡張」画面

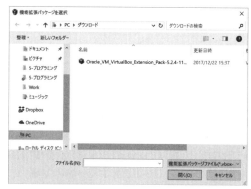
「機能拡張パッケージ選択」画面

確認画面が表示されるので「インストール」をクリックします．次にライセンス確認画面が表示されます．一般の個人が利用する範囲で特に問題となる内容はないので，文書の最後までスクロールしてから「同意します」をクリックし，インストールを進めます．以上で VirtualBox ソフトウェアのイ

ンストールは完了です．

E.2 VM の作成

　VirtualBox マネージャ画面で「新規」ボタンをクリックして，VM の作成を始めます．手順は次のようになります．

1. VM の名前と，インストールする OS のタイプ，バージョンを設定します．Ubuntu 16.04 の場合，タイプとバージョンはプルダウンメニューからそれぞれ「Linux」「Ubuntu (64-bit)」を選択します．
2. VM のメモリの量を設定します．ここは画面に最初から表示された設定値のままで次に進みます．必要に応じて，後から設定変更をすることもできます．
3. VM が使う仮想ハードディスクの設定を行います．
    (a) 「仮想ハードディスクを作成する」を選択して「作成」ボタンをクリック
    (b) 「ハードディスクのファイルタイプ」は「VDI」を選択 (既定値)
    (c) 「物理ハードディスクにあるストレージ」は「可変サイズ」を選択 (既定値)
    (d) 「ファイルの場所とサイズ」で仮想ハードディスクの容量を設定します．ここも最初に示される設定値のままでかまいませんが，VM でファイルをたくさん使う見込みがあれば，スライダを右に動かしてディスク容量を増やしておきます

　容量を設定したら，「作成」ボタンをクリックして仮想ハードディスクを作成します．
以上で新しい VM の作成は完了し，できあがった VM が VirtualBox マネージャーに表示されます．

図 E.4　VirtualBox マネージャ

E.3　Ubuntu のダウンロードとインストール

Ubuntu インストールパッケージのダウンロード

　ここからは作成した VM に Ubuntu をインストールしていきます．
　まず，VM にインストールする Ubuntu 16.04 のインストールパッケージをダウンロー

ドします[*2]．Web ブラウザで Ubuntu 公式サイトの Ubuntu 16.04 のダウンロードページ (http://releases.ubuntu.com/16.04.3/) を開き，「Desktop image」項目にある「64-bit PC (AMD64) desktop image」と書かれたリンクをクリックして，`ubuntu-16.04.3-desktop-amd64.iso` をダウンロードします．

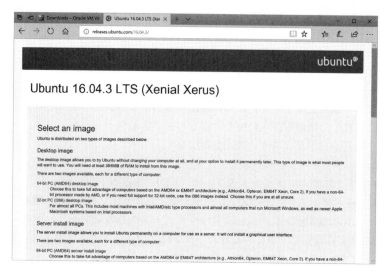

図 E.5　Ubuntu 公式サイト (Ubuntu 16.04 ダウンロードページ)

ちなみに，拡張子が iso のファイルは，通称 ISO 形式，ディスクイメージ形式などと呼ばれ，元々は CD–ROM や DVD–ROM などの光学ディスクに書き込んで使用するファイル形式です．OS などの比較的大規模なソフトウェアをパッケージして配布するのによく使われます．

VM へのインストール

まず，ダウンロードした Ubuntu インストールパッケージを，仮想的な光学ディスクとして VM に接続します．

VirtualBox マネージャ画面で VM を選択し，「設定」メニューを選んで環境設定画面を開きます．「ストレージ」を選択すると「Strage Devices」一覧の部分に「空」表示された光ディスクのアイコンがあるので，これをクリックして「属性」表示右端に光ディスクのアイコンを出します (図 E.6(a))．このアイコンををクリックし，メニューから「仮想光学ディスクファイルを選択」を選ぶとディスクイメージファイルの選択画面が開きます．ここで Ubuntu インストールパッケージのファイルを選んで「開く」をクリックすると，Ubuntu インストーラが入った仮想光学ディスクの接続が完了します (図 E.6(b))．「OK」をクリックして VirtualBox マネージャ画面に戻ります．

次に VirtualBox マネージャ画面の「起動」をクリックすると，VM 上で Ubuntu のインストーラが起動し，VM のディスプレイに相当するウィンドウが表示されます．少し経つとここにインストーラの開始画面が表示されます．初期状態では使用言語が英語 (English) になっているので，画面左の言語選択リストをスクロールして日本語を選択した上で (図 E.7(a))，「Ubuntu をインストール」をクリックして次に進みます．

[*2] 本書で紹介した Ubuntu16.04 パッケージは日本語 Remix 版ですが，インストール時に一部不具合があるため，本項では原典版を使用しています

E.4 Ubuntu (ゲスト OS) のセットアップ

(a) インストールパッケージ選択前

(b) 仮想光学ディスクを接続した状態

図 E.6　Ubuntu インストールパッケージの VM への接続

　ここからは，Ubuntu の設定に関する画面がいくつか現れます．標準的な設定で進める場合には，それぞれの画面で以下のように入力します．

1. **Ubuntu のインストール準備**：「Ubuntu のインストール中にアップデートをダウンロードする」「…サードパーティーソフトウェアをインストールする」はどちらもインストール後に実施できます．インストールを早く済ませるため，ここでは両方ともチェックをはずします．
2. **インストールの種類**：「ディスクを削除して Ubuntu をインストール」を選択します．「インストール」をクリックするとさらに確認画面が出るので，「続ける」を選択します．
3. **どこに住んでいますか？**：テキストボックスに「Tokyo」が入力されていることを確認して，「続ける」をクリック．
4. **キーボードレイアウト**：左右のリストの選択が，どちらも「日本語」になっていることを確認します (標準的な日本語キーボードの場合)．利用者名，パスワード，その他を設定します．
5. **あなたの情報を入力してください** (図 E.7(b))：
   - **あなたの名前**：通常は自分のフルネームを入れます
   - **コンピュータの名前**：コンピュータ (VM) の名前 (hostname) を設定します
   - **ユーザー名の入力**：Ubuntu にログインする際の利用者名 (username) を設定します
   - **パスワードの入力/確認**：パスワードを決めます．確認のため同じものを 2 回入力します
   - 「ログイン時にパスワードを要求する」を選択します

　ここまで設定が終わるとインストールが開始されます．インストールには数分〜数十分程度かかります．「インストールが完了しました」というウィンドウが表示されたら完了です．「今すぐ再起動する」をクリックして VM を再起動します．なお，再起動中に「`Please remove the installation medium, then press ENTER:`」というメッセージが表示されて動作が停止したら，Enter キーを押して続行します．

E.4　Ubuntu (ゲスト OS) のセットアップ

　ここでは，インストールした Ubuntu を使い始める上で，最小限必要なセットアップを行います．より進んだ使い方 (アプリケーションを追加したり，OS 設定を調整するなど) をする場合には，関連する書籍や雑誌，Web サイトなども参考にしてください．

 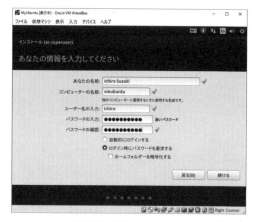

(a) インストーラ開始画面 (日本語)　　　(b) インストーラ画面 (利用者名，パスワード他の設定)

図 E.7　Ubuntu インストーラの画面

Guest Additions のインストール

VirtualBox ではゲスト OS に Guest Additions というソフトウェアをインストールすることにより，ホスト OS との間でコピー・アンド・ペーストやドラッグ・アンド・ドロップ，共有フォルダの設定をできるようにしたり，ディスプレイのサイズ (ホスト OS の立場ではウィンドウのサイズ) を自由に変更できるようになります．

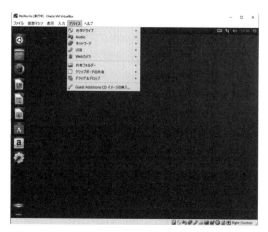 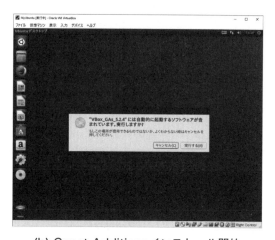

(a) メニューの選択　　　(b) Guest Additionsインストール開始

図 E.8　Guset Additions インストール

VM の Ubuntu にログインした状態で，VM のウィンドウのメニューから，[デバイス] → [Guest Additions CD イメージの挿入...] を実行すると (図 E.8(a))，ランチャーに CD-ROM のアイコンが表示され，「"VBox_GAs_5.2.4" には自動的に起動するソフトウェアが含まれています．実行しますか？」という確認画面が出る (図 E.8(b)) ので，「実行する」をクリックします．続いて表示される「認証」ウィンドウには自分のログインパスワードを入力して「認証する」をクリックします．その後「端

E.4 Ubuntu (ゲスト OS) のセットアップ

末」画面に作業の進行状況が表示されていき，「Press Return to close this window...」と表示されたら作業は完了です．ランチャーの CD-ROM アイコンを右クリックしてメニューを表示し「取り出し」を実行したら，最後に VM を再起動します．

　実際にコピー・アンド・ペーストやドラッグ・アンド・ドロップを有効にするためには，VM の設定メニューから [一般] → [高度] タブを選択し，「クリップボードの共有」「ドラッグ＆ドロップ」設定をそれぞれ「双方向」にします．

ソフトウェア更新

　Ubuntu のパッケージを構成する多くのソフトウェアは，不具合の修正や，セキュリティ的な問題の解決のため，パッケージが公開された後も継続的に更新が続けられています．パッケージをインストールしたままで「古い」ソフトウェアを使い続けることは，セキュリティ上の危険をはじめとする様々な問題を引き起こすおそれがあります．利用を始める前に，ソフトウェアを最新のものに更新しましょう．なお，更新作業中はかなりの量のダウンロードが発生します．高速のネット回線に接続した状態で作業しましょう．

　VM の Ubuntu にログインした状態で，アプリケーション検索機能を使って「update」を検索し (2.10 節参照)，検索結果に表示された「ソフトウェアの更新」を起動します．

　しばらくすると「Ubuntu 16.04 のリリース後に、ソフトウェアがアップデートされました。今すぐインストールしますか？」という確認のウィンドウが開くので，「今すぐインストール」をクリックします．続いて表示される「認証」ウィンドウに自分のログインパスワードを入力して「認証する」をクリックすると，更新作業を開始します．最後に「インストールを完了するには、コンピューターを再起動する必要があります。」というメッセージが出るので，「今すぐ再起動」をクリックして VM を再起動します．

参 考 文 献

　Linux / UNIX に関する解説書は内外ともにきわめて多く，初心者はかえってその選択に迷うほど
です．これらの中から，本書の執筆にあたって参考にした文献，あるいは本書で扱ったテーマをもう
少し詳しく勉強してみようと思っている読者に適切だと思われる文献をいくつか選び，テーマ別に分
類してみました．

1. **UNIX 詳細**
   [1] 沓名亮典 「[改訂第 3 版] Linux コマンドポケットリファレンス」技術評論社，2015 年 6 月
   [2] Cameron Newham,Bill Rosenblatt「入門 bash 第 3 版」オライリー・ジャパン，2005 年 10 月

2. **Ubuntu ／ unity デスクトップ**
   [1] Ubuntu 日本語フォーラム，https://forums.ubuntulinux.jp/

3. **文章作成関連**
   [1] Debra Cameron 他「入門 GNU Emacs 第 3 版」オライリー・ジャパン，2007 年 3 月

4. **WWW 関連**
   [1] http://www.w3.org/
   [2] TENTO「12 歳からはじめる HTML5 と CSS3」ラトルズ，2013 年 1 月
   [3] 株式会社アンク「HTML5&CSS3 辞典」翔泳社，2011 年 6 月

5. **C 言語**
   [1] B.W.Kernighan, D.M.Ritchie"The C Programming Language, Second Edition", Prentice-Hall Inc., 1988
   (石田晴久 訳「プログラミング言語 C 第 2 版」共立出版，1989 年 6 月)
   [2] 高橋麻奈「やさしい C 第 5 版」ソフトバンククリエイティブ，2017 年 6 月

6. **Java 言語**
   [1] David Flanagan「Java クイックリファレンス 第 4 版」オライリー・ジャパン，2003 年 2 月
   [2] 宮本信二「基礎からの Java 改訂版」ソフトバンククリエイティブ，2010 年 9 月
   [3] 木村 聡「Eclipse で学ぶはじめての Java 第 4 版」ソフトバンククリエイティブ，2015 年 3 月

7. **LaTeX**
   [1] 奥村晴彦「改訂第 7 版 LaTeX2ε 美文書作成入門」技術評論社，2017 年 1 月
   [2] 吉永徹美「独習 LaTeX2ε」翔泳社，2008 年 3 月
   [3] 藤田眞作「LaTeX2ε マクロ作法」ピアソン桐原，2010 年 10 月

8. **作図ツール**
   [1] 野沢 直樹「GIMP 2.8 スーパーリファレンス for Windows & Macintosh」ソーテック社，2012 年 8 月
   [2] 矢吹道郎 (監修)，大竹敢「使いこなす GNUPLOT 改訂第 2 版」テクノプレス，2004 年 10 月

9. 利用環境

[1] 山下哲典「UNIX シェルスクリプトコマンドブック 第 3 版」ソフトバンククリエイティブ, 2015 年 5 月

[2] 山森丈範「[改訂第 3 版] シェルスクリプト基本リファレンス」技術評論社, 2017 年 1 月

索　　引

A

Anthy　69
　アルファベット入力モード　70
　拡張モード　75
　キー操作　77
　候補一覧表示モード　74
　次変換候補の表示　74
　文節の移動　72
　文節の切り分け　72
　文節の再変換　74
　文節を縮める　73
　文節を伸ばす　73
　前変換候補の表示　74
　ローマ字かな対応表　78
　ローマ字かな入力モード　70

B

bash　197, 239, 262
　カーソル移動　197
　コマンド名の補完　199
　コマンド文字列の編集　198
　ファイル名の補完　199
　文字の削除　198
　文字の挿入　198
bash の制御　239
　history　239
　ignoreeof　239
　noclobber　239
　notify　239
BlueGriffon　141, 145
　All Tags モード　155
　CSS スタイルの設定方法　156
　CSS プロパティ　156
　CSS プロパティウィンドウ　156
　HTML ソースの確認　162
　Span　158
　Web ページの作成　148
　Web ページの装飾　156
　新しいページの作成　148
　影　157
　画像の貼り付け　152
　画像を挿入または編集　152
　記号付きリスト　150
　起動　146
　クラス　159
　言語　149
　構造ツールバー　162
　構造バー　147
　コンテント　159
　サイドメニューの項目作成　159
　サイドメニューの項目複製　161
　作成者　149
　終了　148
　初期設定　148
　書式ツールバー　147
　垂直オフセット　157
　水平オフセット　157

　水平線　154, 162
　隙間　160
　ステータス・アドオンバー　147
　選択範囲に適用するクラスを選択　159
　センタリング　150
　代替文字列　153
　タイトル　149
　タブボックス　147
　段落書式　149
　中央揃え　150
　名前を付けて保存　162
　背景色　160
　パディング　159
　表によるレイアウト　151
　表のプロパティ　152
　表を挿入または表の設定を編集　152
　フッターの作成　154
　フッターの装飾　161
　プレビュー　162
　プレビューソースボタン　162
　文書のプロパティ　149
　ページのプロパティ　149
　ぼかしの半径　157
　ボックスモデル　159
　マージン　159, 162
　見出しの作成　149
　見出しの装飾の変更　157
　メインツールバー　147
　メニューバー　146
　文字セット　149
　文字の影　157
　文字の装飾　158
　リストの作成　150
　リストを解除　150
　リンク先を修正　154
　リンクの設定　153
　ルーラー　147
　枠線　159

C

C プログラミング　224
　ソースプログラムのコンパイル　225
　ソースプログラムの作成　224
　ソースプログラムの訂正　226
　プログラムの実行　226
CPU(Central Processing Unit)　2
csh　262
CSS　141, 156
　background-color　144
　border-color　144
　border-style　144
　border-width　144
　color　144
　margin　144
　padding　144
　text-align　144
　値　144
　色　144
　大きさ　144

セレクタ 144
中央揃え 144
透明度 144
背景色 144
プロパティ名 144
文字色 144
文字揃え 144
領域と内容の幅 144
隣接する領域との隙間 144
枠 144
　—の色 144
　—のスタイル 144
　—の太さ 144
CSS ファイル 144

D

Dash 146

E

Eclipse 233
起動と終了 233
プログラムの作成 235
プログラムの実行とデバッグ 236
プロジェクトの作成 234
Emacs 41, 241
—環境のカスタマイズ 241
—の起動 43
—の終了 48
Info モード 65
Lisp 41, 242
ウィンドウ 43
　—の分割 55
ウィンドウ操作 55
カーソル移動 49
カットバッファ 57
画面スクロール 50
基本操作 41
コマンド 42
　—のキャンセル 48
操作の取り消し (undo) 64
ディレクトリエディタ (Dired) モード 65
バッファ 43
　—の一覧表示 54
　—の切り替え 53
　—の削除 54
バッファ操作 50
ファイルの保存 47, 52
ファイルの読み込み 51
ブロック編集 57
ミニバッファ 43, 44
メタキー 42
メニューバー 43
文字の削除 44
文字の入力 44
文字列の検索 59
文字列の削除 50
文字列の置換 59
モード行 44
リージョン 57
　—のコピー 59
　—の削除 59
　—の指定 58

F

Firefox 101

—の起動 101
—の終了 101
URL を指定する 104
Web ページの印刷 109
進む 103
設定 110
タブブラウズ 106
次 103
停止と再読み込み 104
手持ちの HTML ファイルを指定する 105
ブックマーク 108
ページの移動 103
ホームページの設定 110
文字エンコーディングの設定 102
戻る 103
リンクをたどる 102

G

gedit 258
GIMP 125
—のウィンドウ 126
—の終了 127
画像編集 128
起動 125
初期設定 125
塗りつぶし処理 130
ファイルに保存 133
編集 129
文字の入力 131
読み込み 128
gnuplot 134
—の起動 134
—の終了 134
plot コマンド 135
set コマンド 134
2 次元グラフの作図 135
簡単なグラフ作成 231
グラフの出力 (PostScript 形式) 137
グラフの出力 (LaTeX 形式) 137
データファイルの読み込み 135

H

HTML 100, 141
HTML5 141
HTML エディタ 145
HTML タグ 141, 155
a 144
body 143
charset 143
class 144
DOCTYPE 142
h1 143, 144
head 143
hr 144
href 144
html 142
id 144
img 144
li 144
link 143
meta 143
p 143, 144
span 158
src 144
style 143, 145
style プロパティ 145

索　　引　　283

table　144
td　144
title　143
tr　144
ul　144
アンカー　144
箇条書き　144
画像　144
記号付きリスト　144
区切り　144
コメント　143
水平線　144
段落　143, 144
表　144
　　―の行，列　144
見出し　143
見出し文字　144
HTML 文書　141
　　BODY 部　143
　　HEAD 部　143
　　HTML タグ　142
　　XHTML　142
　　大文字小文字　142
　　終わり　142
　　始まり　142
　　見出し　143

J

Java プログラミング　227
　　ソースプログラムのコンパイル　227
　　ソースプログラムの訂正　227, 228
　　プログラムの実行　228, 229

K

KDE
　　ログアウト　24

L

LaTeX　165
　　bibitem コマンド　180
　　center 環境　176
　　chapter コマンド　168
　　cite コマンド　180
　　cline コマンド　178
　　description 環境　174
　　document 環境　174
　　dvi 形式　170
　　enumerate 環境　174
　　EPS 形式　178
　　figure 環境　179
　　flushright 環境　176
　　graphicx パッケージ　178
　　hline コマンド　177
　　includegraphics コマンド　178
　　itemize 環境　174
　　label コマンド　179
　　minipage 環境　182
　　multicolumn コマンド　178
　　newcommand コマンド　185
　　ref コマンド　179
　　section コマンド　168
　　subsection コマンド　168
　　table 環境　176, 177
　　tabular 環境　176
　　verb コマンド　180

verbatim 環境　180
　　インラインモード　181
　　改行の制御　169
　　箇条書き環境　174
　　空白の制御　169
　　コンパイル　165, 169
　　　　印刷前の画面表示 (xdvi)　171
　　　　結果の印刷 (dvips)　171
　　参考文献の参照　180
　　数式スタイル　181
　　図形の取り込み　178
　　図の表題　179
　　ソースファイル　165
　　段落の制御　169
　　中央揃え　176
　　ディスプレイモード　182
　　特殊文字　183
　　表の作成　176
　　表の表題　177
　　表や図の参照　179
　　フォントの変更　184
　　プリアンブル　167
　　プレビューア　171
　　文書クラス　167
　　マクロ　185
　　右寄せ　176
　　文字サイズの変更　184
LibreOffice Draw　117
　　―の起動　117
　　―の終了　119
　　各部名称　118
　　基本的な作図方法　121
　　作図結果の保存　123
　　作図結果の読み込み　124
　　作図操作方法　121
　　図形の拡大・縮小と移動　123
　　図形の設定変更　123
　　図形を LaTeX へ挿入　124
　　直線と折れ線の作図　122
　　日本語入力　122
　　文字入力　122
Linux
　　―コマンド　21
　　コマンドのオプション　22
　　コマンドの形式　22
Linux-PC の停止　24

N

nautilus　254

O

OPAC　111
　　検索条件の記述　112
OS(Operating System)　3, 191

S

SSD (Solid State Drive)　2
SSH　249

T

tcsh　262
Thunderbird　82, 245
　　―のカスタマイズ　245
　　―の起動　82

284　　索　　引

—の終了　82
添付ファイル　93
返事を書く　87
メールを出す　86
メールを読む　84

U

Unity　6, 242
　dash　30
　コントロールセンター　242
　詳細ツールの使い方　244
　デスクトップ環境の設定　242
　背景とランチャーのカスタマイズ　243
　ランチャー　243
UNIX　191
URI(Uniformed Resource Identifier)　101
URL(Uniformed Resource Locator)　101

V

VM (Virtual Machine)　270

W

Web ページ　100
World Wide Web　99
WWW サーバ　100
WWW ブラウザ　100
WYSIWYG　145

X

X ウィンドウシステム　6, 11, 26

あ　行

アイコン　16
アプリケーションソフトウェア　3
アンカー　102
アンカーテキスト　102, 154

威力業務妨害　164
印刷　215
　—状況の表示　215
　—の中止　216
インターネット (Internet)　1, 99

ウィンドウ (Emacs の)　43
　エコー領域　44
　カーソル　43
　カーソル移動　45
　カーソル移動コマンド　45
　スクロールバー　43
　ミニバッファ　44
　モード行　44
ウィンドウ (X ウィンドウの)　6, 18, 26
　ウィンドウサイズの変更　27
　強制終了ボタン　26
　コンソールウィンドウを開く　26
　最小化ボタン　26, 27
　最大化ボタン　26, 28
　—の選択　19
　—の操作
　　移動　18
　　大きさの変更　27
　　オープンする　26
　　開く　26

メニューバー　26
ウィンドウシステム　6, 11

エイリアス機能 (別名機能)　262
エディタ　41, 239

オプション　22
オペレーティングシステム (OS)　191
親ディレクトリ　37
オンラインマニュアル　216

か　行

開始タグ　142
拡張子 (extension)　35
カスタマイズ　239
画像　117
画像形式とファイル拡張子　117
仮想マシン　270
カーソル　14
かな漢字変換機能　41, 69
カーネル　192
カレントディレクトリ　38, 209
カレントワーキングディレクトリ　38
環境設定ファイル　239
　.bashrc　239
　.emacs　241
環境のカスタマイズ　239
環境変数　239
漢字データ　202

記号の名称　13
キーの名称　13
キーボード　3, 11
基本ソフトウェア　3
基本的な操作方法　255

クラス　159
クリック　18

ゲスト OS　270
検索サイト　110, 113

個人情報　164
子ディレクトリ　37
コピー　28, 29
　—アンドペースト　28
　—バッファ　28
コマンド (Linux)　191, 204
　alias　240
　bc　202
　bg　214
　cat　204
　cc　202
　cd　209
　chmod　210
　cp　207
　du　211
　exit　212
　export　239
　fg　214
　grep　217
　jobs　214
　kill　212, 215
　lpq　215
　lpr　215
　lprm　216

ls 205
man 216
mkdir 208
more 205
mv 207
nkf 202, 218
ps 211
pwd 209
rm 208
rmdir 208
set 239
sort 218
umask 240
コンテント 159
コントロールキー 12
コンピュータ 1, 2
コンピュータ・ウィルス 7, 82
コンピュータ資源 7
コンピュータ・ネットワーク 1, 4, 249
コンピュータ・リテラシー 1

さ 行

サイトライセンス 8
サフィックス (suffix) 35
サブディレクトリ 37

シェル 192, 239, 262
　bash 197, 262
　　カーソル移動 197
　　コマンド名の補完 199
　　コマンド文字列の編集 198
　　ファイル名の補完 199
　　文字の削除 198
　　文字の挿入 198
　csh 262
　sh 262
　tcsh 262
　—のエスケープ 266
　—の終了 212
　ヒストリ機能 262
　メタキャラクタ 265
シェルスクリプト 262
シェルプログラミング 264
　break コマンド 269
　case 構文 268
　continue コマンド 269
　for 構文 267
　if 構文 266
　while 構文 267
シェルプログラム 264
シェル変数 239, 263, 265
　PATH 239
　PS1 239
　特殊なシェル変数 265
シグネチャ 248
シフトキー 12
シャットダウン 24
終了タグ 142
主記憶装置 2
肖像権 164
情報資源 100
ジョブ 196
　一時停止中の—処理再開 214
　バックグラウンド—
　　—の起動 (&) 213
　　—の強制終了 215
　　—の状態表示 214

フォアグラウンド—
　　—に切り換えて処理を継続 214
　　—の一時停止 213
　　—の強制終了 213
ジョブ制御 196, 213
ジョブ番号 196
署名 248

スクロールバー 30
スクロール領域 30
スタイルシート 141
スペースキー 12

正規表現 217
絶対パス名 38
セレクタ 144
センタリング 150

相対パス名 38
ソート 218
ソフトウェア 2

た 行

タイトルバー 143
ダブルクリック 18
ターミナルウィンドウ 21
端末 21

知的所有権 8, 164
中央処理装置 (CPU) 2
著作権法 115, 164

ツリー構造 37

ディスプレイ 3
ディレクトリ 36, 207, 254
　カレント—の移動 209
　カレント—の表示 209
　—の削除 208
　—の作成 208
　—の操作 208
　—名の変更 207
デスクトップ環境 6, 242
デフォルト 22
電源を入れる 14
電子メール 79

統合開発環境 233
ドラッグ 18

な 行

並べ替え 218

日本語入力 69
　アルファベット入力モード 70
　拡張モード 75
　候補一覧表示モード 74
　次変換候補の表示 74
　フェンスモード 71
　文節の移動 72
　文節の切り分け 72
　文節の再変換 74
　前変換候補の表示 74
　ローマ字かな入力モード 70
日本語文字コードの変換 218
入出力装置 3

ネットワーク接続機器　3

ノーチラス　254

は　行

パイプ　193
バグ　7
パスワード　8, 14
　　—の入力　15
バックグラウンドジョブ　196
パディング　159
ハードウェア　2
ハードディスク　2
ハンドル　121

引数　22, 23
標準エラー出力　193
標準シェル　262
標準出力　193
標準入出力　193
　　—のリダイレクション　193, 201
標準入力　193

ファイル　4, 23, 35, 255
　　—情報の表示　205
　　—の移動　207
　　—の書き込み権　194
　　—の画面単位での表示　205
　　—のコピー　207
　　—の削除　208
　　—の実行権　194
　　—の操作　204
　　—の内容の表示　204
　　—の保護モード　38, 194
　　　　—の変更　210
　　—の保存と WWW ブラウザによる確認　162
　　—の読み出し権　194
ファイルサーバ　7
ファイルシステム　191
ファイル転送 (sftp)　250
　　bye サブコマンド　253
　　get サブコマンド　251
　　put サブコマンド　251
　　—の起動　250
　　—の終了　253
　　リモートコンピュータ　249
　　ローカルコンピュータ　249
ファイルマネージャ　254
ファイル名　4, 23
　　—の拡張子　35
　　—の簡略指定　203, 207
　　—の変更　207
ファイルモード　38
フォアグラウンドジョブ　196
フォルダ　254
不正アクセス行為の禁止等に関する法律　115
ブックマーク　143
フッター　161
プライバシー　8, 164
フリーソフトウェア　7
プリンタ　3
プログラミング言語　221
プログラム　2, 221
　　インタプリタ　221
　　機械語　221
　　コンパイラ　221

コンパイル　221
コンパイルエラー　223
作成手順　222
実行可能プログラム　221
実行時エラー　223
出力結果の貼り付け　229
ソースプログラムのコンパイル　225, 227
ソースプログラムの作成　224, 227
ソースプログラムの訂正　226, 228
デバッグ　223
バグ　223
標準ライブラリ　221
プログラムの実行　226, 229
プロセス　195, 211
　　—情報の表示　211
　　—の終了　212
プロセス ID　196
プロセス制御　196
プロパティ　143, 144
プロパティ名 (CSS)　144
プロンプト　240
文書整形システム　165

ペースト　28, 29

法的権利　8
保護モード　38, 194, 240
補助記憶装置　2
ホスト OS　270
ボックスモデル　159
ホームディレクトリ　38

ま　行

マウス　3
　　マウスカーソル　17
　　—の基本操作　16, 17
　　マウスボタン　17
マージン　159
マニュアル　216
マルチタスク　191
マルチユーザ　191

名誉毀損　164
メモリ　2
メーリングリスト　81
メールアドレス　80
メールサーバ　7
メールリーダ　82

文字コードセット　143

ら　行

リダイレクション　24, 193
　　標準出力と標準エラー出力の— (&>)　202
　　標準出力の— (>)　201
　　標準出力の—(追加モード) (>>)　201
　　標準入力と標準出力両方の切り換え　202
　　標準入力の— (<)　201
　　連結された標準出力の—　202
利用環境のカスタマイズ　239
利用者名　8, 14
　　—の入力　15
リンク　102
リンク先　144

ルートウィンドウ　16
ルートディレクトリ　37

ログアウト　24
ログイン　14
ログイン画面　14

デスクトップLinuxで学ぶ
コンピュータ・リテラシー **第2版**　　　　　定価はカバーに表示

2018 年 4 月 10 日　初版第 1 刷		
2024 年 1 月 25 日　　　第 4 刷	編　者	九 州 工 業 大 学 情 報 科 学 センター
	発行者	朝 倉 誠 造
	発行所	株式 会社 朝 倉 書 店

東京都新宿区新小川町 6-29
郵便番号　　 1 6 2 - 8 7 0 7
電　話 0 3 (3 2 6 0) 0 1 4 1
Ｆ Ａ Ｘ 0 3 (3 2 6 0) 0 1 8 0
https://www.asakura.co.jp

〈検印省略〉

Ⓒ 2018 〈無断複写・転載を禁ず〉　　　　　　　　Printed in Korea

ISBN 978-4-254-12231-2　 C 3041

JCOPY ＜出版者著作権管理機構 委託出版物＞

本書の無断複写は著作権法上での例外を除き禁じられています．複写される場合は，
そのつど事前に，出版者著作権管理機構（電話 03-5244-5088，FAX 03-5244-5089，
e-mail: info@jcopy.or.jp）の許諾を得てください．

九州工業大学情報科学センター編

Linuxで学ぶコンピュータ・リテラシー
―KNOPPIXによるPC-UNIX入門―

12168-1 C3041　　　　　B5判 296頁 本体3000円

初心者でもUNIX環境を習得できるよう解説した情報処理基礎教育のテキスト。〔内容〕UNIXの基礎／ファイルとディレクトリ／エディタと漢字入力／電子メール，Webページの利用法／作図・加工ツール／LATEX／UNIXコマンド／他

北陸大 鶴田陽和編著

演習でまなぶ 情報処理の基礎

12222-0 C3041　　　　　A5判 208頁 本体3000円

パソコンの基本的な使い方を中心に計算機・Webの仕組みまで，手を動かしながら理解。学部初年級向け教科書。〔内容〕コンピュータ入門／電子メール／ワープロ／表計算／プレゼン／HTML／ネットワーク／データ表現／VBA入門／他

前東北大 丸岡　章著

情報トレーニング
―パズルで学ぶ，なっとくの60題―

12200-8 C3041　　　　　A5判 196頁 本体2700円

導入・展開・発展の三段階にレベル分けされたパズル計60題を解きながら，情報科学の基礎的な概念・考え方を楽しく学べる新しいタイプのテキスト。各問題にヒントと丁寧な解答を付し，独習でも取り組めるよう配慮した。

宮内ミナミ・森本喜一郎著

情報科学の基礎知識

12201-5 C3041　　　　　A5判 192頁 本体2200円

コンピュータの構造やしくみ，情報の処理と表現をソフトウェアの役割と方法に重点をおき解説。[内容]構成と動作／2進数／負の数／実数と文字／2値の論理／演算と記憶／ソフトウェア／問題解決／データ／処理手順／ネットワーク／他

河西宏之・北見憲一・坪井利憲著

情報ネットワークの仕組みを考える

12202-2 C3041　　　　　A5判 168頁 本体2500円

情報が送られる／届く仕組みをわかりやすく解説した入門書・教科書。電話や電子メール，インターネットなど身近な例を挙げ，情報ネットワークを初めて学ぶ読者が全体像をつかみながら学べるよう配慮した。

岩間一雄著

アルゴリズム理論入門

12203-9 C3041　　　　　A5判 200頁 本体3300円

学部の専門科目でアルゴリズムや計算量理論を学ぶ人を対象とした入門書。事前の知識を前提せず，高校生でも問題なく理解できる構成となっている。「ちょっと面白い話」を多数挿入し，通読しやすくするために平易な記述に努めた。

木下哲男著

人工知能と知識処理

12204-6 C3041　　　　　A5判 192頁 本体2600円

人工知能の初学者を対象に，人工知能の基礎的な概念や手法に焦点を絞って解説した学部生向け教科書。本書では，とくに人工知能研究から生み出されてきた様々なアイディアを探り活用してゆくための糸口が豊富に提供されている。

吉村賢治著

C言語によるプログラミング入門（第2版）

12205-3 C3041　　　　　A5判 216頁 本体2200円

ANSI規格準拠の教科書。32ビット機に対応。〔内容〕基本概念／アルゴリズムの表現／Cの規則／計算／プリプロセッサ／条件による分岐／繰返し／配列／関数と記憶クラス・再帰／ポインタ／文字と文字列／構造体と共用体／ビット処理

横国大 長尾智晴著

C言語による画像処理プログラミング入門
―サンプルプログラムから学ぶ―

12206-0 C3041　　　　　A5判 250頁 本体3000円

初学者向けに典型的かつ重要な画像処理に絞って解説。[内容]階調補正／2値化／空間フィルタリング／周波数フィルタリング／圧縮符号化／電子透かし／2値画像／立体・3次元環境／動画像／文字・図形・画像／カラー画像／他

亀山充隆著

ディジタルコンピューティングシステム

12207-7 C3041　　　　　A5判 180頁 本体2800円

初学者を対象に，計算機の動作原理の基礎事項をハード寄りに解説。初学者が理解しやすいように論理設計の基礎と本質的概念について可能な限り平易に記述し，具体的構成方法については豊富な応用事例を挙げて説明している。

滋賀大 竹村彰通監訳

機械学習
―データを読み解くアルゴリズムの技法―

12218-3 C3034　　　　　A5判 392頁 本体6200円

機械学習の主要なアルゴリズムを取り上げ，特徴量・タスク・モデルに着目して論理的基礎から実装までを平易に紹介。〔内容〕二値分類／教師なし学習／木モデル／ルールモデル／線形モデル／距離ベースモデル／確率モデル／特徴量／他

前筑波大 中田育男・前電通大 渡邊　坦・東工大 佐々政孝・理科大 滝本宗宏著

コンパイラの基盤技術と実践
―COINSを用いて―

12173-5 C3041　　　　　A5判 260頁 本体4800円

初心者から作成者までを対象。コンパイラの技術を集積し，新しいコンパイラの研究と開発を容易にすることを目的として開発されたCOINSが実際にどのように実現されているかを説明し，実用的なコンパイラを作成する手法を丁寧に解説。

リードイン 太田真智子・千葉大 斎藤恭一著

理系英語で使える強力動詞60

10266-6 C3040　　A5判 176頁 本体2300円

受験英語から脱皮し，理系らしい英文を書くコツを，精選した重要動詞60を通じて解説。〔内容〕contain／apply／vary／increase／decrease／provide／acquire／create／cause／avoid／describeほか

千葉大 斎藤恭一・ベンソン華子著

書ける！ 理系英語 例文77

10268-0 C3040　　A5判 160頁 本体2300円

欧米の教科書を例に，ステップアップで英作文を身につける。演習・コラムも充実。〔内容〕ウルトラ基本セブン表現／短い文（強力動詞を使いこなす）／少し長い文（分詞・不定詞・関係詞）／長い文（接続詞）／徹底演習（穴埋め・作文）

千葉大 斎藤恭一・千葉大 梅野太輔著

アブストラクトで学ぶ 理系英語 構造図解50

10276-5 C3040　　A5判 160頁 本体2300円

英語論文のアブストラクトで英文読解を練習。正確に解釈できるように文の構造を図にしてわかりやすく解説。強力動詞・コロケーションなど，理系なら押さえておきたい重要語句も丁寧に紹介した。研究室配属後にまず読みたい一冊。

前九工大 栗山次郎編著

理科系の日本語表現技法 （新装版）

10271-0 C3040　　A5判 184頁 本体1800円

"理系学生の実状と関心に沿った"コンパクトで実用的な案内書。〔内容〕コミュニケーションと表現／ピタゴラスの定理の表現史／コンポジション／実験報告書／レポートのデザイン・添削／口頭発表／インターネットの活用

核融合科学研 廣岡慶彦著

理科系のための 入門英語論文ライティング

10196-6 C3040　　A5判 128頁 本体2500円

英文法の基礎に立ち返り，「英語嫌いな」学生・研究者が専門誌の投稿論文を執筆するまでになるよう手引き。〔内容〕テクニカルレポートの種類・目的・構成／ライティングの基礎的修辞法／英語ジャーナル投稿論文の書き方／重要表現のまとめ

核融合科学研 廣岡慶彦著

理科系のための 入門英語プレゼンテーション
［CD付改訂版］

10250-5 C3040　　A5判 136頁 本体2600円

著者の体験に基づく豊富な実例を用いてプレゼン英語を初歩から解説する入門編。ネイティブスピーカー音読のCDを付してパワーアップ。〔内容〕予備知識／準備と実践／質疑応答／国際会議出席に関連した英語／付録（予備練習／重要表現他）

核融合科学研 廣岡慶彦著

理科系のための 実戦英語プレゼンテーション
［CD付改訂版］

10265-9 C3040　　A5判 136頁 本体2800円

豊富な実例を駆使してプレゼン英語を解説。質問に答えられないときの切り抜け方など，とっておきのコツも伝授。音読CD付〔内容〕心構え／発表のアウトライン／研究背景・動機の説明／研究方法の説明／結果と考察／質疑応答／重要表現

高橋麻奈著

入門テクニカルライティング

10195-9 C3040　　A5判 176頁 本体2600円

「理科系」の文章はどう書けばいいのか？ベストセラー・ライターがそのテクニックをやさしく伝授〔内容〕テクニカルライティングに挑戦／「モノ」を解説する／文章を構成する／自分の技術をまとめる／読者の技術を意識する／イラスト／推敲／他

前広大 坂和正敏・名市大 坂和秀晃・南山大 MarcBremer著

自然・社会科学者のための 英文Eメールの書き方

10258-1 C3040　　A5判 200頁 本体2800円

海外の科学者・研究者との交流を深めるため，礼儀正しく，簡潔かつ正確で読みやすく，短時間で用件を伝える能力を養うためのEメールの実例集である〔内容〕一般文例と表現／依頼と通知／訪問と受け入れ／海外留学／国際会議／学術論文／他

京大 青谷正妥著

英 語 学 習 論
―スピーキングと総合力―

10260-4 C3040　　A5判 180頁 本体2300円

応用言語学・脳科学の知見を踏まえ，大人のための英語学習法の理論と実践を解説する。英語学習者・英語教師必読の書。〔内容〕英語運用力の本質と学習戦略／結果を出した学習法／言語の進化と脳科学から見た「話す・聞く」の優位性

前筑波大 生田誠三著

LATEX 2ε 入 門

12157-5 C3041　　B5判 148頁 本体3300円

LATEX2εを習得したいがマニュアルをみると混乱するという人のための「これが本当の入門書」。大好評の「LATEX2ε文典」とも対応し，必要にして最小不可欠の知識を具体的演習形式で伝授。悩んだときも充実した索引で解消［多色刷］

前筑波大 生田誠三著

LATEX 2ε 文 典

12140-7 C3041　　B5判 372頁 本体5800円

LATEX2εを使い始めた人が必ず経験する"このあとどうすればいいのだろう"という疑問の答を，入力と出力結果を示しながら徹底的に伝授。〔内容〕クラス／プリアンブル／ヘッダ／マクロ命令／数式のレイアウト／行列／色指定／図形／他

前筑波大 中田育男著

コンパイラの構成と最適化 (第2版)

12177-3　C3041　　　　A5判 624頁 本体9800円

好評いただいた初版から10年，以降の進展も折り込み，全体の構成を整理し，さらに新たな章として，レジスタ割付け，データの流れの解析の別法，オブジェクト指向言語での最適化，を設けた。「コンパイラのバイブル」として君臨する内容である。

首都大 福本　聡・首都大 岩崎一彦著

コンピュータアーキテクチャ (第2版)

12209-1　C3041　　　　A5判 208頁 本体2900円

モデルアーキテクチャにCOMET IIを取り上げ，要所ごとに設計例を具体的に示した教科書。初版から文章・図版を改訂し，より明解な記述とした。サポートサイトから授業計画案などの各種資料ををダウンロードできる。

元筑波大 中澤喜三郎著

計算機アーキテクチャと構成方式

12100-1　C3041　　　　A5判 586頁 本体13000円

著者の40年に及ぶ研究・開発経験・体験を十二分に反映した書。〔内容〕基礎／addressing／register stack／命令／割込み／hardware／入出力制御／演算機構／cache memory／RISC／super computer／並列処理／RAS／性能評価／他

前電通大 尾内理紀夫著
情報科学こんせぷつ1

コ ン ピ ュ ー タ の 仕 組 み

12701-0　C3341　　　　A5判 200頁 本体3400円

計算機の中身・仕組の基本を「本当に大切なところ」をおさえながら重点主義的に懇切丁寧に解説〔内容〕概論／数の表現／オペランドとアドレス／基本的演算と操作／MIPSアセンブリ言語と機械語／パイプライン処理／記憶階層／入出力／他

日本IBM 黒川利明著
情報科学こんせぷつ2

プログラミング言語の仕組み

12702-7　C3341　　　　A5判 180頁 本体3300円

特定の言語を用いることなく，プログラミング言語全般の基本的な仕組を丁寧に解説。〔内容〕概論／言語の役割／言語の歴史／プログラムの成立ち／プログラムの構成／プログラミング言語の成立ち／プログラミング言語のツール／言語の種類

前日本IBM 岩野和生著
情報科学こんせぷつ4

ア ル ゴ リ ズ ム の 基 礎
—進化するIT時代に普遍な本質を見抜くもの—

12704-1　C3341　　　　A5判 200頁 本体2900円

コンピュータが計算をするために欠かせないアルゴリズムの基本事項から，問題のやさしさ難しさまでを初心者向けに実質的にやさしく説き明かした教科書〔内容〕計算複雑度／ソート／グラフアルゴリズム／文字列照合／NP完全問題／近似解法

慶大 河野健二著
情報科学こんせぷつ5

オペレーティングシステムの仕組み

12705-8　C3341　　　　A5判 184頁 本体3200円

抽象的な概念をしっかりと理解できるよう平易に記述した入門書。〔内容〕I/Oデバイスと割込み／プロセスとスレッド／スケジューリング／相互排除と同期／メモリ管理と仮想記憶／ファイルシステム／ネットワーク／セキュリティ／Windows

前明大 中所武司著
情報科学こんせぷつ7

ソ フ ト ウ ェ ア 工 学 (第3版)

12714-0　C3341　　　　A5判 160頁 本体2600円

ソフトウェア開発にかかわる基礎的な知識と"取り組み方"を習得する教科書。ISOの品質モデル，PMBOK，UMLについても説明。初版・2版にはなかった演習問題を各章末に設定することで，より学習しやすい内容とした。

前電通大 渡邊　坦著
情報科学こんせぷつ8

コ ン パ イ ラ の 仕 組 み

12708-9　C3341　　　　A5判 196頁 本体3800円

ある言語のコンパイラを実現する流れに沿い，問題解決に必要な技術を具体的に解説した実践書。〔内容〕概要／字句解析／演算子順位／再帰的下向き構文解析／記号表と中間語／誤り処理／実行環境とレジスタ割付／コード生成／Tiny C／他

前名大 鳥脇純一郎著
情報科学こんせぷつ9

パ タ ー ン 情 報 処 理 の 基 礎

12709-6　C3341　　　　A5判 168頁 本体3000円

パターン認識と画像処理の基礎を今日的なテーマも含めて簡潔に解説。〔内容〕序論／パターン認識の基礎／画像情報処理(機能，画像認識，手法，エキスパートシステム，画像変換，イメージング，CG，バーチャルリアリティ)

東大 山口　泰著

Javaによる 3D CG　　入　　門

12210-7　C3041　　　　B5判 176頁 本体2800円

Javaによる2次元・3次元CGの基礎を豊富なプログラミングの例題とともに学ぶ入門書。「第I部 Java AWTによる2次元グラフィックス」と「第II部 JOGLによる3次元グラフィックス」の二部構成で段階的に学習。

静岡大 三浦憲二郎著

OpenGL 3Dグラフィックス入門 (第2版)

12145-2　C3041　　　　B5判 196頁 本体3800円

3次元グラフィックスソフトのOpenGLの機能の基本を"使いこなす"立場から明確に解説。第2版ではauxライブラリでなくglutライブラリとしWindows98や2000標準で稼働。さらにVisual C++への対応もはかった。豊富なカラー口絵も挿入。

上記価格（税別）は2023年12月現在